Historischer Verein für
Stadt und Kreis Ludwigsburg e.V.

Ludwigsburger Geschichtsblätter

Band 78/2024 mit 196 Abbildungen

Ungeheuer+Ulmer KG GmbH+Co.
Körnerstraße 14–18, 71634 Ludwigsburg

ISSN 0179-1842
ISBN 978-3-946061-64-9

Herausgegeben vom Historischen Verein für Stadt und Kreis Ludwigsburg.
Redaktion: Wolfram Berner M.A., Marbach am Neckar,
unter Mitarbeit von Sophie Froehlich M.A., Renningen
und Dr. Simon Karzel, Ludwigsburg.
Lektorat: Dr. Fenja Sommer, Heilbronn.

Für den Inhalt der Beiträge zeichnen die Verfasserinnen und Verfasser verantwortlich.
Gesamtherstellung und Kommissionsverlag:
Ungeheuer+Ulmer KG GmbH+Co., Körnerstraße 14–18, 71634 Ludwigsburg.
Geschäftsstelle des Historischen Vereins:
Stadtarchiv Ludwigsburg, Mathildenstraße 21, 71638 Ludwigsburg.
Titelbild: Stadtarchiv Bietigheim-Bissingen.

Inhalt

Mitarbeitende an diesem Band 4

Vorwort (Klaus Herrmann) 5

Christliche Sakralbauten und ihre Vorläufer aus römischer und keltischer Zeit.
Überlegungen zur Standortfrage von frühen christlichen Stätten im nördlichen Raum des Landkreises Ludwigsburg
von Günter Keller 7

173 Jahre Bankgeschäfte – 158 Jahre Genossenschaft.
Wurzeln und Geschichte der Volksbank Ludwigsburg
von Bernd Weisheit 23

Weihnachtsbaum- und Krippentraditionen in Ludwigsburg.
Traditionen und Brauchhandlungen im Wandel der Zeit
von Dr. Ruth Kappel 49

Ludwigsburger Keramikmalerinnen und Keramikmaler.
Neu entdeckte Personen mit abgebildeten Arbeiten aus den Ludwigsburger Manufakturen
von Dr. Hans Dieter Flach 88

Wilhelm Förstner (1861–1925)
und sein Heimatbuch des Oberamtsbezirks Marbach
von Prof. Dr. Hermann Ehmer 95

Das ehemalige Dampfkraftwerk der »Neckarwerke AG«.
Über 50 Jahre lang wurde in Bissingen Strom erzeugt
von Erwin Ruff 110

Richard Hoffmann – Maler, Grafiker, Bildhauer –
und die Ludwigsburger Kunstszene der 1950er Jahre
von Günther Bergan 145

Kleinbottwar und Höpfigheim.
Ein halbes Jahrhundert bei Steinheim
von Helga Becker 176

Grenzsteinforschung in Großbottwar.
Wie man historische Zeugen zum Sprechen bringt
von Markus und Elias Pantle 190

Veranstaltungen des Historischen Vereins 2023/2024 ..... **212**

Berichte und Mitteilungen 2024 ..... **218**

Buchbesprechungen **228**

Bildnachweise **238**

Ludwigsburger Geschichtsblätter 1900–2024 ..... **239**

Mitarbeitende an diesem Band

Helga Becker, Heimatpflegerin und Archivarin, Steinheim an der Murr
Günther Bergan, Diplom-Ingenieur, Ludwigsburg
Wolfram Berner, M.A., Kreisarchivar, Marbach am Neckar
Prof. Dr. Hermann Ehmer, Kirchenoberarchivdirektor i. R., Stuttgart
Dr. Alke Hollwedel, Leitung Ludwigsburg Museum, Ludwigsburg
Dr. Hans Dieter Flach, Wenzenbach
Sophie Froehlich, M.A., Kreisarchivarin, Renningen
Klaus Herrmann, Landtagsabgeordneter a. D., Diplom-Verwaltungswirt (FH), Ludwigsburg
Uwe Jansen, Gymnasiallehrer, Ludwigsburg
Dr. Simon Karzel, Stadtoberarchivrat, Ludwigsburg
Dr. Ruth Kappel, Historikerin, Kunsthistorikerin, Archivarin, Kommunikationsexpertin, Kornwestheim
Günter Keller, Diplom-Kaufmann i. R., Softwareentwickler, Brackenheim-Hausen
Elias Pantle, Vermessungsingenieur, Großbottwar
Markus Pantle, Dipl.-Ing. (FH), Freier Architekt, Großbottwar
Walter Reichert, 1. Vorsitzender Heimatverein Möglingen, Möglingen
Margrit Röder, M.A., Kuratorin Ludwigsburg Museum, Ludwigsburg
Erwin Ruff, Verwaltungsbeamter a. D., Bietigheim-Bissingen
Kurt Sartorius, 1. Vorsitzender Historische Gesellschaft Bönnigheim, Bönnigheim
Dr. Fenja Sommer, Historikerin, Heilbronn
Reiner Theurer, 1. Vorsitzender Geschichtsverein Bietigheim-Bissingen, Bietigheim-Bissingen
Dr. Erich Viehöfer, Historiker, Marbach am Neckar
Bernd Weisheit, Technik- und Wissenschaftsjournalist, Pforzheim

Vorwort

Klaus Herrmann,
Vorsitzender des Historischen Vereins für Stadt und Kreis Ludwigsburg

Am 9. Juni 2024 wurden in Baden-Württemberg und somit auch im Landkreis Ludwigsburg die kommunalen Gremien neu gewählt. Zahlreiche Bürgerinnen und Bürger haben sich um Mandate im Kreistag, in den Gemeinderäten und in den Ortschaftsräten beworben. Dem neuen Kreistag gehören wieder 105 Mitglieder an, die aus 835 Kandidatinnen und Kandidaten ausgewählt wurden. Von den 3.338 Bewerberinnen und Bewerber für die Gemeinderäte wählten die Wählerinnen und Wähler in den 39 Landkreiskommunen 735 Gemeinderätinnen und Gemeinderäte. In 21 Ortschaften wurden insgesamt 210 Ortschaftsrätinnen und Ortschaftsräte gewählt, 473 Personen hatten sich hier zu einer Kandidatur bereit erklärt. Ihnen allen ist für ihr gesellschaftliches Engagement, sich in einem kommunalen Gremium einzubringen, zu danken. Gerade in einer Zeit, in der der politische Diskurs an Schärfe gewinnt, ist es von großer Bedeutung, auf demokratischem Weg nach Lösungen zu suchen.

Die neu- oder wiedergewählten kommunalen Mandatsträgerinnen und Mandatsträger stehen vor schwierigen Aufgaben. Konsensfähige Vorschläge zu erarbeiten und Mehrheiten für ihre Umsetzung zu finden, ist in einer immer schnelllebigeren und aufgeregteren Zeit keine leichte Angelegenheit. Die finanzielle Situation der öffentlichen Haushalte hat sich – unter anderem bedingt durch eine Vielzahl von Krisen – deutlich verschlechtert. Viele wünschenswerte Dinge können nicht mehr so verwirklicht werden, wie es in den vergangenen Jahren möglich war. Gleichzeitig hat sich die Erwartungshaltung vieler Bürgerinnen und Bürger an den Staat und die Kommunen verändert. Diese Spannungen auszutarieren, wird die zentrale Aufgabe der kommunalen Gremien in der aktuellen Legislaturperiode darstellen.

Bundesweit steht das Gesundheitswesen vor einem Umbruch, der sich auch im Landkreis Ludwigsburg bemerkbar macht. Noch gibt es mit Ludwigsburg, Bietigheim-Bissingen und Markgröningen drei Klinikstandorte. Bedauerlicherweise ist der laufende Betrieb der Kliniken trotz intensiver Bemühungen inzwischen defizitär. Erstmals musste der Landkreis 2023 den laufenden Betrieb bezuschussen. Dabei ist ein verlässliches und gut ausgestattetes Gesundheitswesen nach wie vor ein wichtiger Standortfaktor. Nicht zuletzt die Corona-Pandemie hat dies eindrücklich vor Augen geführt. Damals konnte die medizinische Infrastruktur des Landkreises den akuten Herausforderungen gerecht werden. Diesen Standard auch zukünftig zu bewahren, ist eine weitere große Herausforderung für die nächsten Jahre.

Vor 50 Jahren, genauer gesagt am 1. Januar 1975, wurde die Gemeindereform in Baden-Württemberg abgeschlossen. Das vom Landtag verabschiedete Gemeindereformgesetz trat zu diesem Zeitpunkt in Kraft. Auf dem Gebiet des heutigen Landkreises Ludwigsburg gab es 1968 noch 78 selbständige Gemeinden – ihre Zahl wurde bis 1975 halbiert. Durch das Landesgesetz wurden in diesem Zusammenhang Korntal-Münchingen und Eberdingen als letzte Kommunen im Kreis neu geschaffen. In mehreren Gemeinden gab es starke Widerstände gegen den Verlust der Selbständigkeit. Dieser Unmut hat sich inzwischen längst gelegt und alle Beteiligten haben ein weitgehend spannungsfreies Verhältnis zueinander gefunden. Aus heutiger Warte lässt sich feststellen, dass sich die Gemeindereform bewährt hat. Ihr Ergebnis sind leistungsfähige und immer noch bürgernahe, kommunale Einheiten.

Ebenfalls vor 50 Jahren, am 3. Oktober 1974, wurde das Marstall-Center in Ludwigsburg eröffnet. Noch heute besteht dieses das Stadtbild prägende Einkaufszentrum, wenn auch unter dem neuen Namen Marstall. Es steht in mehrerlei Hinsicht beispielhaft für den Wandel der städtebaulichen Architektur und des Konsumverhaltens seit den 1970er Jahren. Mit diesem Einkaufszentrum entstand, ebenso wie mit dem 1973 eröffneten Breuningerland, ein neuartiges Geschäftsmodell mit ungeahnten Effekten. Vor allem in den Ortskernen der umliegenden Kommunen zeigten sich die Auswirkungen dieser Entwicklung. Kleinere Einzelhandelsgeschäfte schlossen und erst mit großem Aufwand konnten die alten Ortsmitten später wieder attraktiv gestaltet werden. Die immer noch weithin sichtbaren Betonbauten der Einkaufszentren galten einst als fortschrittliche, zukunftsweisende Gebäude, eine Sichtweise, die heute viele Relativierungen erfahren hat. Wie schnell haben sich in diesen Bereichen die Meinungen doch geändert. In dieser Hinsicht erscheint ein halbes Jahrhundert nur wie ein kurzer Augenblick…

Der Ludwigsburger Kleriker, Stadthistoriker und Ehrenbürger Dr. Albert Sting, der auch Ehrenmitglied unseres Vereins war, wäre am 7. Mai 2024 100 Jahre alt geworden. An sein Wirken wurde von der Stadt Ludwigsburg mit einer Festveranstaltung an seinem Geburtstag erinnert. Auch der Verein hat im Rahmen einer seiner Veranstaltungen nochmals den großen »Geschichtenerzähler« gewürdigt. Seine zahlreichen Veröffentlichungen, insbesondere sein dreibändiges Standardwerk *Geschichte der Stadt Ludwigsburg,* werden ihn dauerhaft mit der Geschichte unserer Region verbinden. Gleichzeitig steht er stellvertretend für die vielen Geschichtsbegeisterten in Stadt und Kreis, die durch ihre ehrenamtliche Arbeit die Lokalgeschichte bereichern.

Die neue 78. Ausgabe der Ludwigsburger Geschichtsblätter enthält wieder zahlreiche Beiträge zur Historie in Stadt und Kreis. Für die finanzielle Unterstützung bei der Herausgabe der Geschichtsblätter bedanken wir uns bei der Stadt Ludwigsburg, dem Landkreis Ludwigsburg, der Wüstenrot Stiftung und zahlreichen weiteren Spenderinnen und Spendern. Kreisarchivar Wolfram Berner konnte als verantwortlicher Redakteur wieder qualifizierte Autorinnen und Autoren gewinnen. Ihnen danke ich für die inhaltsreichen Beiträge mit einer großen Themenvielfalt. Die vom Ludwigsburger Stadtarchivar Dr. Simon Karzel betreuten Rezensionen zeigen, wie vielfältig die Veröffentlichungen zur Lokalgeschichte in unserem Kreis sind.

Ich wünsche Ihnen Freude beim Lesen und viele neue Erkenntnisse über unsere Heimat.

Klaus Herrmann
Ludwigsburg im November 2024

Christliche Sakralbauten und ihre Vorläufer aus römischer und keltischer Zeit

Überlegungen zur Standortfrage von frühen christlichen Stätten im nördlichen Raum des Landkreises Ludwigsburg

von Günter Keller,
Brackenheim-Hausen;
Dipl.-Kaufmann, Software-entwickler, Heimatforscher;
Verfasser heimatgeschichtlicher Schriften zum Zabergäu und Umgebung.

Betrachtet man den frühen Kirchenbau im altwürttembergischen Gebiet nördlich von Stuttgart, stellt man schnell fest, dass es hier viele Kirchen[1] gibt, die außerhalb von Siedlungen standen, und zu denen als Pfarrkirchen ein Kirchhof als Bestattungsplatz gehörte. In jahrelanger Forschertätigkeit hat der Autor dazu Informationen gesammelt. Bei fast allen diesen Kirchen lassen sich in der Literatur römerzeitliche Relikte bei den Bauten selbst oder in deren unmittelbarer Umgebung finden. So gibt es auf den Michaelsbergen bei Cleebronn und Gundelsheim-Böttingen, für die Martinskirchen in Meimsheim und auf dem Hohenasperg, bei den Peterskirchen in Mühlacker-Dürrmenz, Bietigheim und Oberstenfeld, bei der Bergkirche in Bad Rappenau-Heinsheim und bei einer nach der Reformation abgegangenen Michaelskirche auf dem Wunnenstein römerzeitliche Steinfunde.[2] Der einschlägige Flurname »Steinäcker« ist bei der Johanneskirche Brackenheim und der Martinskirche Meimsheim benachbart. »Steinäcker« in reinen Lößbodengebieten deuten auf Steine, die von Menschen dorthingebracht wurden. Bei der Meimsheimer Martinskirche sprechen zusätzlich die eingemauerten Spolien für sich. Warum hat man diese Kirchen gebaut? Einige dieser Kirchen standen auf der Höhe. Gab es dafür einen besonderen Grund?

»Bergheiligtum?« Michaelsberg mit Katharinenplaisir bei Cleebronn. (Foto: Günter Keller)

Auf dem Michaelsberg bei Cleebronn hat Oscar Paret 1930 römerzeitliche Fundamente, zahlreiche Ziegel und bemalte Putzreste ausgegraben. Schon früher fanden sich dort Bruchstücke von Statuen und zahlreiche römische Dachziegel.

Was haben die Römer da gebaut? Warum haben sie da gebaut? Paret sah damals aufgrund der gefundenen Statuen und des Standorts »ein altes Bergheiligtum«.[3] So referierte er in einem Vortrag beim Zabergäuverein: »Es kann nach Lage der Dinge kein Zweifel sein, daß diese Fundamente von einem Kultbau, einem Tempel stammen.«[4] In seiner Schlussfolgerung war Paret vielleicht in den Anschauungen seiner Zeit befangen. Vor 90 Jahren und noch vor der Ausgrabung der keltischen Funde bei Nordheim am Neckar um die Jahrtausendwende war die archäologische Forschung stets gerne auf Heiligtümer fokussiert. Ein besonderer Wert wurde auf sogenannte Höhenheiligtümer gelegt.[5] So definierte Paret die Michaelskirchen in Gundelsheim-Böttingen, auf dem Wunnenstein und auf dem Hohenasperg als »gallisch-römisch« und legte diesen Plätzen kultische Bedeutung schon vor der Römerzeit nahe.[6] Für die Schweiz und das Mosel-Saar-Gebiet gibt es dazu Abhandlungen noch aus den 1980er Jahren.[7] Errichtete Bergheiligtümer werden insbesondere den Kelten und der gallorömischen Bevölkerung nachgesagt. Vermutet wird, dass römische Bauten auf Bergen als Kultplatz von der gallischen/keltischen Vorbevölkerung übernommen wurden. Als eines der ältesten Bergheiligtümer überhaupt gilt der heilige Berg des Alten Testaments, Bethel in Judäa. Wolfram Angerbauer hat 1975 in seinem Überblick über Geschichte

Die Peterskirche in Bietigheim im Winter 2020. (Foto: Günter Keller)

und Landschaft im Zabergäu von den Anfängen bis zum Beginn des 19. Jahrhunderts behauptet: »Der Michaelsberg war schon in der keltischen Zeit ein kultischer Mittelpunkt der Landschaft am Stromberg.«[8] Aber Achtung: Nicht jeder römerzeitliche Bau auf einem Berg muss einen keltischen Vorläufer gehabt haben. Trotzdem könnte jeder römerzeitliche Bau auf einem Berg ein Kultbau gewesen sein, solange nicht eindeutige Indizien dagegensprechen.

Ingo Stork hat in seiner Abhandlung 1989 über die Vor- und Frühgeschichte der Gemarkung Bietigheim eine Deutung einer römerzeitlichen Kultstätte nur aufgrund von Fundamentresten unter einer Kirche im Falle der Bietigheimer Peterskirche als »keineswegs zwingend« erklärt.[9] Als »völlig haltlos« verurteilt er es, die römerzeitlichen Überreste einem Gräberfeld zuzuordnen. Römerzeitliche Überreste ja, aber »die Funktion des römischen Baus kann [...] eine ganze andere und durchaus profane gewesen sein.«[10] Somit stellt sich die Frage, was es dann gewesen sein könnte. Stork schlägt einen Gutshof in exponierter Höhenlage vor.[11]

In seiner Dissertation über Religion an der Grenze[12] hat Leif Scheuermann auch Höhenheiligtümer im württembergischen Neckarraum untersucht und die fünf bei Paret in dessen grundlegender Abhandlung Die Römer in Württemberg 1932[13] erwähnten Berghöhen thematisiert, darunter den Cleebronner Michaelsberg. In seiner Beweisführungsmethode baut er auf Stork und stellt fest, dass sich am Michaelsberg ein römerzeitliches »Höhenheiligtum als zentraler Kultplatz der Region [...] aus den bisherigen Funden nicht rekonstruieren« lasse.[14] Aus der korrekten Feststellung lässt sich aber nicht indizieren, dass es gar keine römischen Heiligtümer auf der Höhe oder abseits von Siedlungen gab. Scheuermanns Fazit lautet nämlich: Römerzeitliche Kultplätze standen an »neu« platzierten Stätten, zweckmäßigerweise »in oder möglichst nahe an den Siedlungen«.[15]

Bei Scheuermann ist ein neues Attribut aufgetaucht: »zentral«. Er unterscheidet in zwei Abschnitten zentrale und lokale römerzeitliche Heiligtümer, wobei die Unterscheidung nicht erläutert und nur durch die Größe des Kultareals indirekt erklärt wird.[16] Für Paret war dieses Attribut nicht relevant. Es ergeben sich mehrere Fragen: Was zeichnet »zentrale« römische Kultplätze aus? Können römerzeitliche Kultplätze auch auf dem Berg abseits von Siedlungen liegen und welche möglichen Zwecke könnten römerzeitliche Gebäude auf der Höhe gehabt haben? Im Zusammenhang mit diesen Themen steht die ursprüngliche Frage: Warum wurden Kirchen im Frühmittelalter abseits von einer Siedlung gebaut?

Römische Kultplätze

Definition

In der Regel werden römerzeitliche Kultplätze durch archäologische Funde identifiziert. Scheuermann nennt als Kriterien die Deponie von Opfergaben, Bauinschriften in situ mit Begriffen wie aedes, aedicula, ara, templum, maceria, Statuen, Mithräen und Bildwerke (z. B. Jupitergigantensäulen und Epona-Reliefs) sowie Fundament-Grundrisse von Podiums- und Umgangstempeln mit zwei ineinander liegenden Mauergevierten.[17]

Die ersten drei Kriterien gelten für größere Tempelbezirke wie für die viel zahlreicheren kleineren Kultstätten bis hin zu den Kultbezirken in römischen Gutshöfen. Danach gab es beispielsweise im römischen Gutshof von Brackenheim-Hausen/Zaber einen Kultplatz und im Vicus Güglingen natürlich mehrere. Dass Kultplätze »zweckmäßig«[18] angelegt wurden, ist logisch. Nur: Was ist zweckmäßig? Muss ein Kultplatz unbedingt bei einer Siedlung liegen, um »zentral« zu sein? Dies leitet zur nächsten Frage über:

»Zentrale« römische Kultplätze und Bergheiligtümer

Da es unbestritten ist, dass die Kelten ihre Heiligtümer gerne auf dem Berg errichteten, liegt es nicht fern, dass gerade deshalb auch die gallorömischen Siedler – am gleichen Platz – ihren Kultplatz aufbauten. Lag der vorrömische Kultplatz auf dem Berg, hat man dort die Götterverehrung nach römischer Art weiter gepflegt, indem alte und neue Götter vereint angebetet und damit die keltischen Gottheiten ins Göttersystem integriert wurden. Gleichzeitig wurde ein Zeichen gesetzt, da anstelle von rein keltischen Göttervorstellungen nun die neue griechisch-römische Götterverehrung galt, die mit Elementen der keltischen Götterverehrung ergänzt wurde. Die Römer waren Meister des Synkretismus, der Synthese verschiedener Religionsvorstellungen in ein erweitertes Anbetungsweltbild. Links des Rheins gelten viele römische Höhenheiligtümer als Nachfolger von »uralten« keltischen Kultplätzen. Das ist die Lesart von Wolfram Angerbauer auch in Bezug auf den Cleebronner Michaelsberg.[19]

Scheuermann beschreibt im von ihm gewählten Untersuchungsgebiet nur zwei Heiligtümer, die bei ihm als »zentrale Heiligtümer« eingeordnet sind: Es sind die weitläufigen Areale von Rottenburg und Neuenstadt-Bürg, ihre Größe beträgt 70x80 m bzw. 60x53 m;[20] sie sind keine Höhenheiligtümer, und sie liegen in der Nähe von Siedlungen. Der Apollo-Grannus-Tempel von Neuenstadt-Bürg steht am sanften Hang, in Rottenburg wäre ein Bergheiligtum auf dem 442 m ü. NN. liegenden Streimberg in der Nähe möglich gewesen, der Kultbereich lag jedoch beim 100 m tiefer liegenden Stadtbezirk. Ein Quell- und Heilgott Apollo Grannus kann kaum auf dem Berg verehrt werden, doch eher an einer Quelle.[21] Damit scheidet natürlich »Berg« als notwendiges Kriterium für ein römisches Heiligtum aus, ist aber durch zwei Gegenbeispiele als Möglichkeit noch nicht ausgeschlossen.

Dass ein Kultplatz auch dann zentral sein kann, wenn er nicht bei einer Siedlung liegt, zeigt sich beispielsweise beim Michaelsberg im Zabergäu. Dieser hat heute den Beinamen »Wächter des Zabergäus«. Eine dominante Lage auf dem Berg wirkt über den Ort hinaus. Ergo zeigt sich, dass der Begriff »zentrales Heiligtum« nicht mit Siedlungsnähe gleichzusetzen ist. Wieso sollte ein römerzeitlicher »zentraler« Kultplatz unbedingt in der Nähe einer Siedlung stehen? Er kann »im freien Feld« oder auf einem Berg entstanden sein, zum Beispiel, wenn er einen vorrömischen Kultplatz besetzen wollte. Wichtiger ist die Frage, was und warum die Römer und später die Christen auf den Höhen und abseits von größeren Siedlungen bauten. Für frühe christliche Pfarrkirchen abseits von Siedlungen, auf Bergen, an Hängen oder in Tallage gibt es genügend Beispiele. Es schien, als ob »Zentralität« eine untergeordnete Rolle gespielt habe. Bei fast allen diesen Kirchen fanden sich Reste römerzeitlicher Vorgängerbauten. In dieser nun folgenden Darstellung werden vier – zum Teil ehemalige – Pfarrkirchen in Berglagen vorgestellt. Auf dem Michaelsberg bei Gundelsheim-Böttingen, dem Michaelsberg bei Cleebronn, auf dem Wunnenstein und auf dem Hohenasperg wurde römisches Baumaterial gefunden. Somit scheint es, als ob Siedlungsnähe kein vorauszusetzendes Attribut für frühe Kirchen ist. Gut gelegene Berglagen hat man dagegen gerne in der frühen Christenheit und davor bei den Römern als Baugrund benutzt. Daraus ergibt sich die dritte Frage.

Römische Bauten auf dem Berg

Können römerzeitliche Funde, die abseits von Siedlungen auf dominanten Höhen mit Weitblick gefunden werden, auf bestimmte Bauten schließen lassen?

Zunächst gilt es zu prüfen, ob römische Relikte auf dem Berg Militäranlagen waren. Die von Claus-Michael Hüssen im Umland von Heilbronn untersuchten bzw. vermuteten Kleinkastelle liegen jedoch nicht an diesen dominanten Stellen, zum Beispiel in Bad Friedrichshall-Duttenberg am Fuß des Ranzenbergs, in Bad-Friedrichshall Kochendorf bei einer Siedlung (vicus), in Zweiflingen-Westernbach am Hang.[22] Ebenso unbekannt sind, zumindest im nördlichen Alt-Württemberg, römerzeitliche Wachttürme oder Schutzburgen. Beneficiarier- und Straßenstationen bedingen Hauptverkehrsstraßen oder Kastelle in der Nähe. Bekannte Bauten zu diesen Zwecken liegen im Untersuchungsbereich nicht auf Bergen. Diese Möglichkeit scheidet bei Militäranlagen aus.

Die 1932 bekannten römischen Gutshöfe haben bei einer Aufzählung von Paret Ausmaße, deren kürzere Seiten einer rechteckigen Hofanlage 60 bis 70 m lang sind.[23] Die vorhandene Fläche auf der Höhe des Michaelsbergs bei Cleebronn reicht für die Anlage solcher Höfe nicht aus. Grundsätzlich machen landwirtschaftliche Gutshöfe auf Berghöhen in befriedeten Gebieten keinen Sinn, wenn die Felder im Tal liegen. Die Ernten müssten aufwendig auf steilen Steigen eingebracht werden sowie Zug- und Milchvieh mühselig zur Tränke geführt werden.[24] Römerzeitliche Gutshöfe lagen daher in der Regel am Hang und erstreckten sich oft bis ans Tal.[25] Einige nachgewiesene Gutshöfe auf Bergrücken, wie Mundelsheim (Steinmäurich), Besigheim (Bürgle), Talheim (zwischen Neckar und Schozach), scheinen das Gegenteil zu beweisen. Dort liegen aber um die Hofplätze in Höhenlage direkt in der Nachbarschaft auch die fruchtbaren Lössäcker.[26] Die Überlegungen von Ingo Stork und Leif Scheuermann, die Römer hätten wohl auf dem Michaelsberg bei Cleebronn und im Bereich der Bietigheimer Peterskirche villae rusticae gebaut, erweisen sich als sehr unpraktisch. Das Tränken von Tieren, ein entsprechendes repräsentatives Bad, die Lage und Qualität der umliegenden Felder und den Transport des Ernteguts auf einen hochgelegenen Hof haben sie bei ihrer Deutung nicht thematisiert.[27]

Die Cornelienkirche mit Friedhof in Bad Wimpfen im Tal liegt am östlichen Ende des Kastellvicus. Blick von Norden auf die Ausgrabungen der 1980er Jahre mit Vicusmauer, Zwischenturm »sacellum«, Töpferöfen und Kultgebäude mit Apsidenraum. (Foto: Landesamt für Denkmalpflege im Regierungspräsidium Stuttgart)

Im Raum steht die Frage, was Römer sonst auf einem Berg gebaut haben könnten. Vielleicht bauten sie repräsentative Villen auch auf dem Berg. Belege dazu sind dem Autor nicht bekannt. Römerzeitliche Repräsentation mit einem luxuriösen Bad ist durchaus in der Niederung möglich, wie das Beispiel von Güglingen-Frauenzimmern zeigt.[28] Möglicherweise bauten die Römer doch auch kultische Stätten in Berglage abseits von Siedlungen, wie Paret vermutete. Ob die Kultstätten auf dem Berg mit ihren römerzeitlichen Vorgängerbauten sich sogar »gallisch-römisch« auf ursprünglich keltische Bergheiligtümer zurückführen lassen, soll nicht weiter thematisiert werden. Parets Überlegungen lassen sich darauf zurückführen, dass er bei der Untersuchung und Klassifizierung römerzeitlicher Fundorte festgestellt hat, dass diese abseits von Siedlungen in einigen Fällen von frühen Kirchen überbaut wurden.

Scheuermann stützte seine These, »dass die römischen Siedler neue Kultplätze schaffen mussten, die sie zweckmäßig in oder möglichst nahe an den Siedlungen errichteten«[29] auf lediglich zwei Beispiele auf, nämlich auf die schon oben erwähnten Heiligtümer in Neuenstadt-Bürg und bei Rottenburg. Weitere umfangreichere Areale mit vielen Kultrelikten (z. B. im Vicus-Gelände von Wimpfen im Tal[30]) platzierte er als »lokale Heiligtümer«.[31] Ob diese Kultplätze »neu« sind oder auf vorrömischen heiligen Plätzen stehen, ist in der Regel nicht zu entscheiden. Ob römerzeitliche Kultplätze auf dem Berg oder im Tal liegen, ist für ihre Existenz nicht relevant. Wenn man den Begriff »lokal« als Unterscheidungsmerkmal für römische Kultplätze verwenden will, sollte er nach der Meinung des Verfassers die privaten Kultplätze in einer Streusiedlung oder eines Gutshofs (sogenannten »Streubauhofs«) definieren. Für die Untersuchung der Existenz von kultischen Nachfolgebauten bringt er nur Verwirrung.[32]

Offen muss die Funktion einer Kultstätte im Bereich von Bietigheim bleiben. Indizien sind zwei in der Eberhardstraße 18 gefundene Geniusstatuen. Eine davon trägt (nach Frank Merkle) eine Inschrift »Das Collegium der Matisonensier, Julius Venustissimus und Lucius […], haben diese Statue dem Genius geweiht«.[33] Frank Merkle ordnet »Matisonensier« dem Fluss Metter zu und sieht mit der Existenz eines »Collegiums«, einer Siedlergemeinschaft, das notwendige Vorhandensein eines römischen Vicus in Bietigheim südlich der Metter. Ein Zusammenhang des Funds mit den römischen Relikten unter der Peterskirche Bietigheim kann allerdings aufgrund des Abstands von ca. 870 Metern zwischen beiden Orten kaum konstruiert werden. Nachdem es in diesem Bereich bisher keinerlei Hinweise auf eine größere zusammenhängende Siedlung gibt, bis in die jüngste Zeit hier keine Bebauung vorlag und keine Meldungen über alte ausgegrabene Fundamente vorliegen, ist zu vermuten, dass dieser Fund zu einer privaten »lokalen« Weihestätte ohne kultische Nachfolgerbauten gehört.[34]

Frühmittelalterliche Kirchen abseits von Siedlungen

Paret fand an vielen frühen auf freiem Feld stehenden Pfarrkirchen römerzeitliche Relikte im Boden. Daraus postulierte er im Umkehrschluss eine Begründung für den Bau dieser frühmittelalterlichen Kirchen: »Bei abseits von heutigen Siedlungen stehenden Kirchen und Kapellen wird man immer auch an vorausgehende gallisch-römische Kultbauten denken dürfen.«[35] Das muss man dürfen, solange nichts Gegenteiliges dafürspricht. Paret hat bis 1932 geforscht und dann die Michaelskirchen von Cleebronn, Gundelsheim-Böttingen und auf dem Wunnenstein, eine Martinskirche auf dem Hohenasperg sowie eine weitere Kirche in

Belsen bei Mössingen als Nachfolgerbauten von römerzeitlichen »Höhenheiligtümern« identifiziert, möglicherweise gar von keltischen Urkultstätten, weil sie abseits von Siedlungen und gleichzeitig auf dem Berg stehen. Bewiesen sind seine Vermutungen damit noch nicht, aber auch nicht falsifiziert. Das Gegenteil zu behaupten und dem Sinn nach zu äußern »Da war vorher nichts Heiliges«, ist noch weniger angesagt, wenn man nicht erklären kann, was da sonst gewesen sein soll.

Frühe Kirchenstandorte auf der Höhe mit römerzeitlichen Vorgängerbauten

Bei der St. Michaelskapelle in Gundelsheim-Böttingen ist schon in der Oberamtsbeschreibung Neckarsulm 1881 zu lesen, »daß an dieser Stelle seit uralten Zeiten eine Kapelle stand, beweist der Name des St. Michael: die Kapelle erhob sich an der Stätte alten, heidnischen Gottesdienstes.«[36] Der Michaelsberg im Zabergäu, der Wunnenstein und der Asperg sind weitere erhabene dominant weit in die Landschaft reichende Höhen, die zum Bau von christlichen Pfarrkirchen geradezu reizten. Das fünfte bei Paret erwähnte Beispiel der romanischen Pfarrkirche von Belsen mit Friedhof, die oberhalb des Ortes auf einer Kuppe im Vorland der Alb erbaut ist, mag man vielleicht als »Höhenheiligtum« bestreiten; es ist eher ein Beweis dafür, dass die Christen nicht nur auf dem Berg vorchristlich bebaute Plätze gezielt weiter benutzten. Paret postulierte mit keinem Wort, dass römische Kultstätten ausschließlich auf Bergen stehen. Er listete weitere Kultstätten abseits von Siedlungen auf, darunter die fünf Kapellen eines vermuteten Friedhofs im Gewann »Ghäuwald« bei Kirchheim am Neckar.[37] Als ein weiteres Beispiel von im Mittelalter abseits der Siedlung, aber auf der Höhe stehenden Kirche mit römischen Vorgängerbauten ist die Alexanderkirche bei Marbach zu nennen.[38]

Blick vom Altstadtrand auf das ehemalige Gerberhaus, ältestes noch erhaltenes Wohnhaus, und auf die Alexanderkirche in Marbach am Neckar. (Foto: Kreisarchiv Ludwigsburg)

Bei der oberhalb des alten Dorfs Unterriexingen stehenden Frauenkirche handelt es um eine Wallfahrtskirche aus der vorreformatorischen Zeit. Eine mögliche Begründung für diesen Bauplatz steht bisher noch aus.[39]

Alte Pfarrkirchen an »alten Wegen«?

Fritz Fezer stellte eine neue These auf. Möglicherweise seien die ersten Kirchen häufig an alten Fernwegen aus römischer oder gar vorrömischer Zeit errichtet worden. Er sah einzelne freistehende Kirchen abseits vom Ort als Belege für Etappenpunkte solcher früherer alter Fernwege.[40] Als Beispiele zeichnete er in einer Karte mit den Nord-Süd-Verbindungen entlang des Neckarbeckens die Martinskirche Meimsheim, die Johanniskirche Brackenheim und die Peterskirche Bietigheim. Auch die Kirche von Vaihingen liegt an einer alten römischen Handelsstraße. Die früher als Pfarrei mit Friedhof benutzte Peterskirche stand zunächst östlich vom alten Dorfkern.[41] Unbestritten steht die Meimsheimer Martinskirche nicht auf einer markenten Anhöhe, sondern am Schnittpunkt von sieben römerzeitlichen Wegen am Rande des sanft ansteigenden Zabertals. Auch die Römerstraße von Benningen führte über den Neckar, an der Alexanderkirche Marbach vorbei, zum Kastell nach Murrhardt. Sie kreuzte nach Albrecht Gühring bei der Alexanderkirche eine weitere Straße, die aus Richtung Poppenweiler nach Norden in Richtung Steinheim führte und Teil einer alten Fernhandelsstraße gewesen sein soll.[42]

Ausschnitt aus dem Stadtgrundriss von Marbach am Neckar von Johann Friedrich Haug aus dem Jahr 1786 mit der Fernwegesituation an der Alexanderkirche. (Stadtarchiv Marbach)

Verallgemeinert muss indes bezweifelt werden, dass aufgrund von abseitsstehenden frühen Kirchen, insbesondere bei erhöht stehenden Kirchen, auf vorbeiziehende Handelswege zu schließen ist. Der mühsame Transport schwerer Waren auf den Steigen spricht dagegen. Trotzdem gibt es genug freistehende Kirchen auf erhöhten Stellen (Bad Rappenau-Heinsheim, Wunnenstein, Oberstenfeld). Die Johanniskirche Brackenheim liegt so dicht am römischen Straßenknoten bei Meimsheim, dass ein kaum ein Kilometer von der Meimsheimer Martinskirche entfernter weiterer Etappenpunkt sicher nicht benötigt wurde. Falls bei alten Pfarrkirchen römische Wege vorbeiführten, können dort sicher auch einzelne römerzeitliche Weihe- oder Gedenksteine aufgestellt gewesen sein, die von frühen Christen als Kultstätten interpretiert waren.

Christlicher Kirchenbau im Frühmittelalter

Es lässt sich nicht verallgemeinern: Wo Römerbauten abseits von Siedlungen standen, waren es Kultstätten, womöglich sogar Nachfolger von vorrömischen heiligen Plätzen. Es ist aber auffallend, dass tatsächlich sehr viele frühchristliche

Spolie an der südlichen Außenwand der Alexanderkirche in Marbach am Neckar. (vgl. Seite 10 oben; Foto [vertikal gedreht]: Kreisarchiv Ludwigsburg)

Kirchen außerhalb vom germanischen Ortskern gebaut worden sind. Dafür stehen im Untersuchungsgebiet die Michaelberge bei Cleebronn und Gundelsheim-Böttingen, die Brackenheimer Johanniskirche mit den benachbarten Steinäckern, die Martinskirchen in Meimsheim und auf dem Hohenasperg, die Peterskirchen in Mühlacker-Dürrmenz, Bietigheim und Oberstenfeld, die Bergkirche in Bad Rappenau-Heinsheim und die nach der Reformation abgegangene Michaelskirche auf dem Wunnenstein. Nur bei der Peterskirche von Vaihingen/Enz und der Frauenkirche von Unterriexingen ließen sich noch keine Publikationen über römerzeitliche Funde finden. Für Hans-Heinz Hartmann (1931–2020), Zahnarzt, Archäologe und Autor, macht der Bau der Heinsheimer Bergkirche in ungünstiger Höhenlage oberhalb des Dorfs Bad Rappenau-Heinsheim nur Sinn, »wenn dort oben eine vom Volk von altersher gern besuchte, vielleicht schon vorrömische, römische bis hin zu einer heidnisch-vorchristlichen Kultstätte […] existiert hat«. [43]

In mehreren alten Kirchen, die abseits von den mittelalterlichen Siedlungen liegen, sind römerzeitliche Spolien eingemauert. Wie bei allen einzeln gefundenen römerzeitlichen Steinen ist natürlich zu erwägen, wie weit ihr neuzeitlicher Fundort vom ursprünglichen Standort entfernt ist. In der Alexanderkirche Marbach wurde, vielleicht absichtlich auf den Kopf gestellt, eine Bauinschrift eingemauert, die ursprünglich von einem Militärbau stammt, die von einem Militärlager gestammt haben muss.[44] Gab es auch auf der rechten Neckarseite bei Marbach ein kleines Kastell oder wurde dieser Stein vom Kastell Benningen herübertransportiert? Weitere Spolien befinden sich in der Meimsheimer Martinskirche und der Michaelskirche bei Gundelsheim. In allen drei Fällen geht man von römerzeitlichen Vorgängerbauten unter diesen Kirchen aus.[45] Spolien könnten aus weit entfernten Orten stammen und somit keine Indizien über die ursprünglichen Standorte aussagen. Die schweren Steine bewegen sich aber nicht so leicht, es müssten schon gute Gründe für eine weitreichende Verlagerung angeführt werden.[46]

Die ergänzte Inschrift an der Alexanderkirche könnte geheißen haben: (vgl. Foto Seite 15)
[IMPERATOR CAESAR TITVS AE]LIVS HADRIAN[VS [ANTONIVS AVGVSTVS PI] VS PONTIFEX MAXIM[VS TRIBVNICIA] [POTESTAS?? C]OS IIII P(PATER) P(ATRIAE) COH XXIIII VO[LVNTARIORUM CIVIVM ROMANORVM] [...] NE LEG AVG PR.

Übersetzung:
»Imperator Caesar Titus Aelius Hadrianus Antoninus Pius, oberster Priester, im Besitz der Amtsgewalt des Volkstribuns, zum vierten Male Konsul, Vater des Vaterlandes (ließ) durch die 24. Kohorte freiwilliger römischer Bürger und den Statthalter ... das Lager bauen.«

Herzog Christoph (1515–1568, reg. 1550–1568) hat in einem Reskript vom 16. Mai 1555 befohlen, alle im freien Feld stehenden württembergischen Kirchen und Kapellen abzureißen, sofern sie nicht noch für Beerdigungspredigten benötigt wurden.[47] Als Beispiel für verschwundene Feldkapellen sei das ehemalige St.-Johann-Kirchlein bei Markgröningen, in der Nähe der Reblage St.-Johännser genannt, das 1544 noch vorhanden war.[48] Die Liebfrauenkirche bei Lienzingen hingegen, ehemaliger Wallfahrtsort mit Marienverehrung, hat bis heute überlebt, denn es wurde 1555 festgestellt, »es würt die Kürch zu ainer Leiblegin gepraucht«.[49]

Kirchbauten über Kastellen oder Kastellvici

Drei der vier früheren römerzeitlichen Neckarkastelle mit ihren zugehörigen Zivilvici in den heutigen Kreisen Ludwigsburg und Heilbronn dürften seit der Römerzeit bis heute – zumindest fast – ohne Unterbrechungen besiedelt gewesen sein. Dafür stehen eine Vielzahl römischer Ausgrabungsfunde in den mittelalterlichen Siedlungskernen von Wimpfen im Tal, Walheim und Benningen. Eine Ausnahme bildet vielleicht das Kastellvicusareal von Böckingen. Die genauen Abgrenzungen des südlichen Bereichs des Kastellvicus sind nicht bekannt, umfassten aber möglicherweise auch noch das Gelände um die Böckinger Stadtkirche.

Aktueller Blick auf die Stephanuskirche in Walheim mit Überresten der Wehrmauer oberhalb des Treppenaufgangs, deren Fundamente sich teilweise an der Mauer des römischen Kohortenkastells orientieren. (Foto: Kreisarchiv Ludwigsburg)

Neben den beiden Kirchen von Wimpfen im Tal, die noch im Areal der civitas oder unweit davon in Halbhöhenlage am Altenberg errichtet wurden, befindet sich die frühgotische Stiftskirche St. Peter sogar inmitten des vormaligen Kastellbereichs. Ihre »Entstehung [...] liegt weitgehend im Dunkeln«.[50]

Das Gleiche gilt für die Walheimer Stephanuskirche. Sie liegt in der südöstlichen Ecke der römerzeitlich errichteten Bauten des

Kastells I Walheim. Da die alte Walheimer Chorturmkirche nicht genau nach Osten ausgerichtet ist, wie es üblich war und in fast allen umgebenden Orten auch so ist, wird vermutet, dass sie gezielt auf einem römischen Vorgängerbau errichtet wurde.[51] Ob sich zuvor genau dort ein Kultplatz befand oder etwa weiter südlich beim Fundort der schönen Jupitergigantensäule, lässt sich nicht entscheiden. Eigentlich bauten auch die frühen Christen lieber auf die Höhe. Der Hügel der »Vorderen Burg« hätte sich in Walheim hierfür geradezu angeboten. War ein Grund der, dass dort bisher keine römischen Steintrümmer gefunden wurden? Warum bauten wahrscheinlich auch die Römer dort kein »Höhenheiligtum«? Könnte es deswegen sein, weil sie kein keltisches Höhenheiligtum dort vorfanden? Nach Frank Merkle war auf der »Burg« eine keltische Höhensiedlung. Kultgegenstände benennt er nicht.[52] Die Datierungen für die dortigen keltenzeitlichen Funde enden um 200 vor Christus. Weil da weder bei den Römern noch bei den Kirchenbauplanern nichts Kultisches zu sehen war, war möglicherweise kein Drang vorhanden, an dieser Stelle etwas darüber zu bauen.

Wie in Walheim sind auch in Benningen römerzeitliche Fundamente unter der heutigen Annakirche nicht bekannt. Aber die Kirche könnte wiederum noch im Gelände des ehemaligen Kastellvicus gelegen haben. Das etwa 15 Hektar große Vicus-Gelände auf Markung Benningen umfasste in einer Skizze, in der sämtliche römische Fundstellen und eine vermutete Umfangslinie eingezeichnet sind, eine Fläche zwischen dem Prallhang des Gäbelen/Benzrains im Norden, der Ludwigsburger Straße im Westen, der Schillerstraße im Süden und

Benningen am Neckar aus nordwestlicher Richtung mit Blick vom, unter Streuobstwiesen konservierten, römischen Kastellareal zur Annakirche, 1962. (Luftbild: Hugo Moser, Slg. Kreisarchiv Ludwigsburg)

(grob) der Marsstraße sowie dem Kastell im Osten.[53] Möglicherweise ist auch die Annakirche direkt auf einem römischen Tempel errichtet worden. Denn ein bereits 1579 in einem Weinkeller »in der Nähe unserer Kirche«[54] entdeckter und dem Vulcan geweihter Altar wurde nach einem Gelübde der damaligen Dorfbewohner, der vicani murrenses, errichtet; »gerne und freiwillig nach Gebühr eingelöst«, wie die lateinische Übersetzung lautet.[55]

Kartenausschnitt mit den lila markierten römischen Fundstellen und dem gelb markierten Römerstraßenverlauf, 2011. (Vorlage: Jürgen Berner, Slg. Kreisarchiv Ludwigsburg)

Römerzeitliches und frühchristliches kultisches Machtbedürfnis – eine Schlussbetrachtung

Zusammengefasst lässt sich sagen (aber natürlich nicht beweisen), dass der Mensch seinen Machtbereich schon immer gerne mit selbstgewählten Hoheitszeichen gekennzeichnet hat. Es fängt schon am eigenen Schreibtisch an, geht weiter über ein Veränderungsbedürfnis eines neuen Chefs, erst recht einer neuen Regierung oder Religion. Die eigene »Duftnote« setzt man besonders gerne an den Stellen, wo einem zuvor das Alte nicht mehr »duftete«: Als Credo gilt: »Da sind jetzt wir!« Durch die archäologische Fundsituation an frühchristlichen Kirchen liegt der Gedanke nahe, dass die Christen ihren Machtbereich durch ihre Architektur in Form religiöser und kultureller Bauten demonstriert haben. Wo zuvor ein kulturell bedeutsamer heidnischer Ort bestand, lokal oder zentral, auf dem Berg oder im Tal, wurde ein christliches Gotteshaus gebaut. Es ergibt sich die These, dass dies bewusst getan wurde, um den christlichen Glauben dort fest zu verankern.

Eine Logik, dass eine römische Kultstätte fast ausgeschlossen wird, weil sie nicht nachweisbar ist, ist kein bisschen überzeugender als die überschwängliche Deutung Parets. Eine unbekannte Funktion von Gebäuden kann mit verschiedenen Thesen und unterschiedlichen Argumenten durchaus diskutabel belegt werden, aber es bleiben Thesen und keine Beweise.

Solange nicht das Gegenteil beweisbar ist, darf man außerdem als Vermutung weiterhin sagen: Es kann römerzeitliche Höhenheiligtümer im Untersuchungsgebiet gegeben haben, zum Beispiel an der später errichteten Bietigheimer Peterskirche oder der Alexanderkirche Marbach. Ein weiteres Beispiel dafür kann der Cleebronner Michaelsberg gewesen sein, wo vor der Michaelskirche vielleicht schon ein Heiligtum aus gallisch-römischer Zeit gestanden hat.

Interessant sind zu Spolien in frühen Kirchen die Fragen: Woher stammen die römerzeitlichen Spolien der Michaelskirche in Gundelsheim-Böttingen, der Alexanderkirche in Marbach und der Martinskirche in Meimsheim? Mit welcher Absicht sind sie eingebaut und wo sind sie platziert worden? In Meimsheim sind die zwei römischen Spolien nur in der Sakristei zu sehen, während sie in Böttingen schon mindestens seit 140 Jahren neben dem südlichen Haupteingang aufgestellt sind, und in Marbach liegt der Inschriftenstein auf dem Kopf. Schwere steinerne Spolien bedeuten einen erschwerten Transport. Ein Buntsandstein in der Umgebung des Muschelkalks wie in Böttingen ist vermutlich eher nicht erst beim Einbau in die Michaelskirche von weither transportiert worden. Die Einbauten könnten als möglichst gut sichtbares Dekorationsobjekt, als billiges schon quaderförmig behauenes Recyclingmaterial oder bewusst entweder Erinnerung an eine frühere Zeit oder als Demütigung eines Vorgängerkults erfolgt sein. Im Falle von Böttingen scheint die Nutzung des Weihesteins durch nachträgliches Austiefen der flachen Opferschale auf der Stirnseite in Richtung eines Weihwassersteins geändert worden zu sein. Spolien sind äußerst vieldeutig interpretierbar.

Durch Ausdehnung des Betrachtungsgebiets und intensivere Untersuchung der herangezogenen Indizien wie Flurnamen und Spolien sind möglicherweise weitere und bessere Erkenntnisse über die Weiterverwendung von Kultstätten über mehrere Zivilisationen hinweg zu erzielen.

Anmerkungen

1 Wir betrachten nur christliche Sakralbauten mit Kirchhof. Stehen diese Gebäude abseits der Siedlungen nannte man sie früher oft »Feldkirche«. Dieser Begriff wird hier vermieden, weil er nach dem heutigen Forschungsstand nur noch für Wallfahrtskirchen und -kapellen benutzt wird.

2 Zur Literatur: Grundlegend ist Oscar Paret: Die Römer in Württemberg, Teil III: Die Siedlungen, Stuttgart 1932. Weiterführende Literatur zu den genannten Kirchen mit römischen Relikten, die zum Teil heute in den vergrößerten Siedlungen aufgegangen sind, findet sich im Literaturverzeichnis und im Internet und werden hier nur verkürzt erwähnt: Zur Michaelskirche bei Cleebronn siehe Oscar Paret: Die Römer im Zabergäu (1930); zur Michaelskirche bei Gundelsheim-Böttingen siehe Julius Fekete/Christoph Morrissey/Markus Numberger (2008); zur Martinskirche Meimsheim siehe Kurt Sartorius (1980); zur Martinskirche Hohenasperg siehe Paret (1932); zur Peterskirche Dürrmenz siehe https://www.hav-muehlacker.de/de/geschichtliche-beitraege/zeit-bis-500-n-chr/Friedhof-St-Peter/Friedhof-St-Peter.php [zuletzt aufgerufen am 08. Juli 2024]; zur Peterskirche Bietigheim siehe Ferdinand Haug/Gustav Sixt (Hgg.) (1914); zur Peterskirche Oberstenfeld siehe Otto Conrad: Geschichtliches (1977); zur Bergkirche Heinsheim siehe Hans-Heinz Hartmann (2009); zur Kirche auf dem Wunnenstein siehe Otto Conrad: Christianisierung (1977).

3 Paret: Die Römer in Württemberg (wie in Anm. 2), S. 174.

4 Oscar Paret: Die Römer im Zabergäu, in: Zeitschrift des Zabergäuvereins 4 (1930), S. 49–64, S. 61.

5 Bei den keltenzeitlichen Gutshöfen mit Gelände in großen Quadraten (»Viereckschanzen«) vermutete man bis zu den Ausgrabungen in Nordheim zunächst Nutzungen als Kultstätten (vgl. Oscar Paret: Benningen am Neckar. Ur- und Früh-Geschichte, Benningen 1962, S. 23.) Ähnliche Interpretationen als Kultstätte oder römerzeitliches Höhenheiligtum sind in weiteren älteren Publikationen, u.a. bei Claus-Michael Hüssen: Die römische Besiedlung im Umland von Heilbronn. Forschungen und Berichte zur Vor- und Frühgeschichte in Baden-Württemberg, Dissertation Stuttgart 2000, S. 72f, über den Michaelsberg bei Gundelsheim-Böttingen, den Michaelsberg bei Cleebronn und den Wunnenstein zu finden. In der heutigen Forschung fallen die Beurteilungen differenzierter aus; siehe u.a. die Literaturangaben bei Christoph Morrissey/Dieter Müller: Vor- und frühgeschichtliche Befestigungen. Atlas Archäologischer Geländedenkmäler in Baden-Württemberg, Bd. 2/Heft 17: Wallanlagen im Stadt- und Landkreis Heilbronn, Stuttgart 2006, S. 29.

6 Oscar Paret: Die Römer in Württemberg (wie Anm. 2), S. 175f.

7 Claus-Michael Hüssen: Die römische Besiedlung im Umland von Heilbronn. Forschungen und Berichte zur vor- und Frühgeschichte in Baden-Württemberg (univ. Dissertation), Stuttgart 2000, S. 72.

8 Wolfram Angerbauer: Überblick über Geschichte und Landschaft im Zabergäu von den Anfängen bis zum Beginn der 19. Jahrhunderts, in: Zeitschrift des Zabergäuvereins 1 (1975), S. 3–11, S. 3.
9 Ingo Stork: Zur Vor- und Frühgeschichte der Gemarkung Bietigheim, in: Stadt Bietigheim-Bissingen (Hg.): Bietigheim 789–1989. Beiträge zur Geschichte von Siedlung, Dorf und Stadt, Bietigheim-Bissingen 1989, S. 17–110, S. 58.
10 Ebd., S. 60.
11 Vgl. ebd., S. 60.
12 Leif Scheuermann: Religion an der Grenze. Provinzialische Götterverehrung am Neckar- und äußeren obergermanischen Limes (univ. Dissertation), Rahden/Westfalen 2013.
13 Paret, Die Römer in Württemberg (wie Anm. 2), S. 173–181.
14 Scheuermann: Religion an der Grenze (wie Anm. 12), S. 33.
15 Ebd., S. 34.
16 Vgl. ebd. das zweite Kapitel »Kultplätze«, S. 24–61, insbesondere, S. 24–28, 33f., 58–62.
17 Vgl. ebd., S. 24–28.
18 Ebd., S.34.
19 Vgl. Angerbauer: Überblick über Geschichte und Landschaft im Zabergäu (wie Anm. 8), S. 3–11.
20 Vgl. Scheuermann: Religion an der Grenze (wie Anm. 12), S. 28–34, 100–108.
21 Vgl. Max Ihm: Grannus, in: Paulys Realencyclopädie der classischen Altertumswissenschaft, Bd. VII/1, Stuttgart 1910, Sp. 1823–1827. So hieß beispielsweise Aachen wegen der dort entspringenden heißen Quellen wenigstens seit dem Frühmittelalter Aquae Granni (Wasser des Grannus). Siehe bei Emil Pauls: Zur Granussage, in: Aus Aachens Vorzeit. Mitteilungen des Vereins für Kunde der Aachener Vorzeit, Jhg. 2 (1889), S. 21–26 und Max Ihm: Aquae Grani (Granni), in: Paulys Realencyclopädie der classischen Altertumswissenschaft, Bd. II/1, Stuttgart 1895, Sp. 300.
22 Hüssen, Die römische Besiedlung (wie Anm. 7), S. 29–73.
23 Paret, Die Römer in Württemberg (wie Anm. 2), S. 117.
24 Dagegen Scheuermann, Religion an der Grenze (wie Anm. 12): »Wahrscheinlicher ist, dass es sich um die Überreste eines römischen Gutshofes handelt.« Frank Merkle macht daraus mit Bezug auf Scheuermann einen »zweifellos nachgewiesenen Gutshof. […] Ein Heiligtum […] gilt als überholt.« Siehe Frank Merkle: Das Umland von Ottmarsheim in römischer Zeit, in: Rainer Boldt/Frank Merkle: Das römische Ottmarsheim, in: Besigheimer Geschichtsblätter 36 (2021), S. 83–122, hier S. 97f.
25 Paret, Die Römer in Württemberg (wie Anm. 2), S. 123.
26 Ebd., S. 127.
27 Grundlage sind die Erfahrungen des Verfassers als nebenberuflicher Weingärtner.
28 Romy Heyner: Mythenrezeption und bauliche Repräsentation lokaler Eliten in den gallisch-germanischen Provinzen: Die römische Villa von Güglingen-Frauenzimmern und das Grabmonument von Cleebronn (Kr. Heilbronn). Arbeitstitel einer 2024 laufenden Dissertation an der Universität Bamberg.
29 Scheuermann: Religion an der Grenze (wie Anm. 12) S. 34.
30 Umfangreiche Literaturangaben finden sich bei Scheuermann, Religion an der Grenze (wie Anm. 12), S. 35, Anm. 218.
31 Ralph Häußler: Rezension zu Leif Scheuermann, Religion an der Grenze, in: Bonner Jahrbücher, Bd. 215 (2015) S. 566–569, S. 567: »Die Unterscheidung von zentralen und lokalen Heiligtümern erscheint künstlich und oberflächlich, und daher ist auch das Fazit hinfällig, dass es [bei Scheuermann] in der Region »nur zwei Kultbezirke mit zentralräumlichem Charakter« gebe«.
32 Imperium Romanum (hg. v. Archäologischen Landesmuseum Baden-Württemberg), Esslingen 2005, S. 273.
33 Frank Merkle: Der Bietigheimer Raum in römischer Zeit. Ein Vicus im Stadtgebiet südlich der Metter?, in: Ludwigsburger Geschichtsblätter 75 (2021), S. 7–30, S. 12.
34 Vgl. ebd., S. 12f.
35 Paret, Die Römer in Württemberg (wie Anm. 2), S. 177.
36 Karl Eduard Paulus (u. a.): Beschreibung des Oberamts Neckarsulm (hg. v. d. Königlichen statistisch-topographischen Bureau Württemberg), Stuttgart 1881, S. 295.
37 Vgl. Paret, Die Römer in Württemberg (wie Anm. 2), S. 173–181.
38 Vgl. Karl Eduard Paulus: Beschreibung des Oberamts Marbach, hg. v. d. Königlichen statistisch-topographischen Bureau Württemberg, Stuttgart 1866, S. 106: »Nach allen bis jetzt aufgefundenen römischen Überresten scheint im ganzen Bezirk bei Marbach die bedeutendste römische Niederlassung gestanden zu haben und zwar nördlich der Stadt in der Nähe der Alexanderkirche«.
39 Siehe bei Harald Goldschmidt: Arbeitskreis Geschichtsforschung und Denkmalpflege Markgröningen e.V., o. D., URL: <https://www.agd-markgroeningen.de/> Reiter Frauenkirche bei Unterriexingen [zuletzt aufgerufen am 08. Mai 2024]. Vgl. auch Petra Schad: Die Frauenkirche in Unterriexingen. Pfarrkirche – Wallfahrtskirche – Friedhofskirche, in: Ludwigsburger Geschichtsblätter 59 (2005), S. 17–38.

40 Fritz Fezer: Vier Generationen von Verkehrswegen, in: Schwaben und Franken 3 (1964), S. 3.
41 Ebd., Karte auf S. 3.
42 Siehe bei Albrecht Gühring: Die Alexanderkirche in Marbach am Neckar, in: Ludwigsburger Geschichtsblätter 50 (1996), S. 20–60, S. 21. Nach der Römerstraßenkarte von Hertlein/Goeßler sowie ab Seite 91 führte die römerzeitliche Nord-Südverbindung allerdings von Eglosheim über Hoheneck, Benningen und Murr weiter westlich in nördliche Richtung. Siehe Friedrich Hertlein/Peter Goeßler (Hg.): Die Römer in Württemberg Teil II. Die Straßen und Wehranlagen des römischen Württemberg, Stuttgart 1930.
43 Siehe Literatur zu den bei Paret (in Anm. 2) genannten römischen Relikten in den Kirchen bei Gundelsheim-Böttingen und Cleebronn, auf dem Wunnenstein und dem Hohenasperg. Zur Heinsheimer Bergkirche siehe Hans-Heinz Hartmann: Die Heinsheimer Bergkirche. Vom Kultplatz zur Wehrkirche, in: Bad Rappenauer Heimatbote 20 (2009), S. 18–23. Lange bevorzugte die Forschung zu alleinstehenden Kirchen im Feld gerne eine Deutung als Überreste ehemaliger Siedlungen, z.B. bei der Johanniskirche Brackenheim. Um 1500 stand ja in der Wüstung Niederramsbach im Zabergäu nur noch die Kirche. Ähnlich soll die noch heute bestehende Mundelsheimer Friedhofskirche, die Kilianskirche, einst zu einem untergegangenen Ort namens Tiefenbach gehört haben.
44 Siehe bei Rüdiger Krause: Die römische Inschrift in der Alexanderkirche, in: Dieter Planck: Die Römer in Baden-Württemberg, Stuttgart 2005, S. 206.
45 Die Inschriftensteine in der Meimsheimer Kirche sind keine Weiheinschriften, sie ehren einen Sieg von Kaiser Caracalla und das Angedenken der Eltern des Stifters. Wo könnten diese Inschriftensteine platziert gewesen sein? War vor dem christlichen Friedhof dort bereits ein römerzeitlicher Begräbnisplatz?
46 Scheuermann, Religion an der Grenze (wie Anm. 12), S. 25 bezweifelt die Herkunft des reichhaltigen Fundes von Hausen an der Zaber aus einer Grube: »Es ist nicht sicher, woher die sekundär verlagerten Funde stammen«. Die Bildwerke »könnten aus mehreren kleineren Kultplätzen zusammengefasst und in die Grube geworfen sein.« Im Falle von Hausen befindet sich aber die mittlerweile überbaute Flur »Steinäcker« mit römerzeitlichen Funden ebenfalls in unmittelbarer Nähe. Hans Klumbach: Der römische Skulpturenfund von Hausen an der Zaber. Forschungen und Berichte zur Vor- und Frühgeschichte in Baden-Württemberg, Bd. 5, Stuttgart 1973, zitiert S. 9 von Paret (aus Anm. 2): »Die Steinäcker (!) am NW-Rand des Orts […] enthalten römische Baureste. […] besonders in Parz. 4296–4302«.
47 Christian Friderich Sattler: Geschichte des Herzogthums Würtenberg unter der Regierung der Herzogen, Ulm 1771, S. 85.
48 Vgl. Ludwigsburger Kreiszeitung (11.05.2023), S. 11.
49 Zitiert in Andreas Butz: Wallfahrt und Marienverehrung in der Liebfrauenkirche in Lienzingen, in: Der Enzkreis. Historisches und Aktuelles, Bd. 16 (hg. v. Landratsamt Enzkreis), Pforzheim 2019, S. 39–49, hier S. 42, Anm. 4 (HStAS A 63 Bü 23/2, Katalog „Was für fürneme Walfahrten …", S. 1 f.).
50 Wikipedia: Stiftskirche St. Peter (Bad Wimpfen), URL: <https://de.wikipedia.org/wiki/Stiftskirche_St._Peter_(Bad_Wimpfen)> [zuletzt aufgerufen am 30. Juni 2024].
51 Siehe bei John Walter Siebert: Die Stephanuskirche in Walheim, in: Dekanat Besigheim/Dekan Martin Luscher (Hgg.): Kirchen im evangelischen Kirchenbezirk Besigheim, Besigheim 2007, S. 56–57, S. 56.
52 Frank Merkle: Das keltische Walheim, in: Ludwigsburger Geschichtsblätter 76 (2022) S. 7–25, S. 8.
53 Diese Skizze kann im »Museum im Adler« Benningen eingesehen werden.
54 Jürgen Berner: Ältester Zeuge unserer Dorfgeschichte, in: Gemeinde Benningen am Neckar, 30. Oktober 2015, URL: <https://www.benningen.de/de/leben/sehenswertes/roemer/roemerstrasse> [zuletzt aufgerufen am 05. Mai 2024].
55 Imperium Romanum (wie Anm. 32), S. 99, 114; Jürgen Berner (wie in Anm. 54); Stork, Frühgeschichte (wie Anm. 9), S. 58–60.
Karl-Eduard Paulus, Oberamtsbeschreibung Neckarsulm (wie Anm. 36), S. 296.
Hierzu wäre weitere Literatur heranzuziehen; zum Beispiel: Hans-Rudolf Meier: Spolien, Berlin 2020.
Julius Fekete/Christoph Morrissey/Markus Numberger: »Droben bringt man sie zu Grabe, die sich freuten in dem Thal.« Die Michaelskirche bei Gundelsheim und die Denkmalpflege im 20. Jahrhundert, in: Denkmalpflege in Baden-Württemberg, Bd. 37/1 (2008), S. 45–50, hier S. 46.

Literatur

Wolfram Angerbauer: Überblick über Geschichte und Landschaft im Zabergäu von den Anfängen bis zum Beginn der 19. Jahrhunderts, in: Zeitschrift des Zabergäuvereins 1 (1975), S. 3–11.

Andreas Butz: Wallfahrt und Marienverehrung in der Liebfrauenkirche in Lienzingen, in: Der Enzkreis. Historisches und Aktuelles, Bd. 16 (hg. v. Landratsamt Enzkreis), Pforzheim 2019, S. 39–49.

Otto Conrad: Geschichtliches um das Peterskirchlein in Oberstenfeld, in: Schwaben und Franken 10 (1977), S. 4.
Otto Conrad: Christianisierung und die Michaelskirche auf dem Wunnenstein, in: Schwaben und Franken (11) 1977, S. 3–4.
Julius Fekete/Christoph Morrissey/Markus Numberger: »Droben bringt man sie zu Grabe, die sich freuten in dem Thal.« Die Michaelskirche bei Gundelsheim und die Denkmalpflege im 20. Jahrhundert, in: Denkmalpflege in Baden-Württemberg, Bd. 37/1 (2008), S. 45–50.
Fritz Fezer: Vier Generationen von Verkehrswegen; in: Schwaben und Franken 3 (1964), S. 3.
Albrecht Gühring: Die Alexanderkirche in Marbach am Neckar, in: Ludwigsburger Geschichtsblätter 50 (1996), S. 20–60.
Ralph Häußler: Rezension zu Leif Scheuermann, Religion an der Grenze. (2013) In: Bonner Jahrbücher, Band 215 (2015) S. 566 – 569.
Hans-Heinz Hartmann: Die Heinsheimer Bergkirche. Vom Kultplatz zur Wehrkirche, in: Bad Rappenauer Heimatbote 20 (2009), S. 18 – 23.
Ferdinand Haug/Gustav Sixt (Hgg.): Die römischen Inschriften und Bildwerke Württembergs (Im Auftrag des Württembergischen Geschichts- und Altertumsvereins), Mannheim-Stuttgart 1914.
Friedrich Hertlein/Peter Goeßler: Die Römer in Württemberg Teil II. Die Straßen und Wehranlagen des römischen Württemberg, Stuttgart 1930.
Romy Heyner: Mythenrezeption und bauliche Repräsentation lokaler Eliten in den gallisch-germanischen Provinzen: Die römische Villa von Güglingen-Frauenzimmern und das Grabmonument von Cleebronn (Kr. Heilbronn). Arbeitstitel einer 2024 laufenden Dissertation an der Universität Bamberg.
Claus-Michael Hüssen: Die römische Besiedlung im Umland von Heilbronn. Forschungen und Berichte zur Vor- und Frühgeschichte in Baden-Württemberg (univ. Dissertation Stuttgart), Stuttgart 2000.
Imperium Romanum (hg. v. Archäologischen Landesmuseum Baden-Württemberg), Esslingen 2005.
Hans Klumbach: Der römische Skulpturenfund von Hausen an der Zaber. Forschungen und Berichte zur Vor- und Frühgeschichte in Baden-Württemberg Band 5, Stuttgart 1973
Rüdiger Krause: Die römische Inschrift in der Alexanderkirche, in: Dieter Planck: Die Römer in Baden-Württemberg, Stuttgart 2005, S. 206.
Hans-Rudolf Meier: Spolien. Berlin 2020.
Frank Merkle: Das Umland von Ottmarsheim in römischer Zeit, in: Rainer Boldt/Frank Merkle: Das römische Ottmarsheim (Besigheimer Geschichtsblätter 36), Besigheim 2021, S. 83–122.
Frank Merkle: Der Bietigheimer Raum in römischer Zeit. Ein Vicus im Stadtgebiet südlich der Metter?, in: Ludwigsburger Geschichtsblätter 75 (2021), S. 7–30.
Frank Merkle: Das keltische Walheim, in: Ludwigsburger Geschichtsblätter 76 (2022), S. 7–25.
Christoph Morrissey/Dieter Müller: Vor- und frühgeschichtliche Befestigungen. Atlas Archäologischer Geländedenkmäler in Baden-Württemberg Band 2, Heft 17: Wallanlagen im Stadt- und Landkreis Heilbronn, Stuttgart 2006.
Oscar Paret: Die Römer im Zabergäu, in: Zeitschrift des Zabergäu-Vereins 4 (1930), S. 49–64.
Oscar Paret: Die Römer in Württemberg Teil III. Die Siedlungen, Stuttgart 1932.
Oscar Paret: Benningen am Neckar. Ur- und Früh-Geschichte, Benningen 1962.
Karl Eduard Paulus: Beschreibung des Oberamts Marbach (hg. v. d. Königlichen statistisch-topographischen Bureau Württemberg), Stuttgart 1866.
Karl Eduard Paulus (u.a.): Beschreibung des Oberamts Neckarsulm (hg. v. d. Königlichen statistisch-topographischen Bureau Württemberg), Stuttgart 1881.
Kurt Sartorius: Brackenheim in vor- und frühgeschichtlicher Zeit. In: Brackenheim. Heimatbuch der Stadt Brackenheim und ihrer Stadtteile, S. 33 - 52. Hg. Stadt Brackenheim, Brackenheim 1980.
Christian Friedrich Sattler: Geschichte des Herzogthums Würtenberg unter der Regierung der Herzogen. Vierter Theil, Ulm 1771.
Petra Schad: Die Frauenkirche in Unterriexingen. Pfarrkirche – Wallfahrtskirche – Friedhofskirche. In: Ludwigsburger Geschichtsblätter, Heft 59, 2005, S. 17–38.
Leif Scheuermann: Religion an der Grenze. Provinzialische Götterverehrung am Neckar- und äußeren obergermanischen Limes (univ. Dissertation), Rahden/Westfalen 2013.
John Walter Siebert: Die Stephanuskirche in Walheim, in: Dekanat Besigheim/Dekan Martin Luscher (Hg.): Kirchen im evangelischen Kirchenbezirk Besigheim, Besigheim 2007, S. 56–57.
Ingo Stork: Zur Vor- und Frühgeschichte der Gemarkung Bietigheim, in: Stadt Bietigheim-Bissingen (Hg.): Bietigheim 789–1989. Beiträge zur Geschichte von Siedlung, Dorf und Stadt, Bietigheim-Bissingen 1989, S. 17–110.

173 Jahre Bankgeschäfte – 158 Jahre Genossenschaft

Wurzeln und Geschichte der Volksbank Ludwigsburg

von Bernd Weisheit,
Pforzheim; Technik- und Wissenschaftsjournalist, Diplom-Physikingenieur, MSc Kommunikationswissenschaften. Von 2005 bis 2020 Leiter der Unternehmenskommunikation bei der Volksbank Ludwigsburg.

Die insgesamt 173-jährige Geschichte der Volksbank Ludwigsburg und ihres Vorgängerinstituts »Localbank« ist in vielem exemplarisch für die allgemeine Entwicklung des genossenschaftlichen Bankenwesens. Sie zeigt vor allem aber die enge Bindung zwischen der Stadt Ludwigsburg und ihrer Bevölkerung – den Bürgern, Unternehmern, Handwerkern, Kaufleuten sowie einer aus ihrer Mitte gegründeten Gemeinschaft, der Ludwigsburger Bank.

Darüber hinaus präsentiert sie auch die Lebendigkeit und Kraft des genossenschaftlichen Gedankens über diesen langen Zeitraum hinweg. Immerhin entsprang die ihr zugrunde liegende Idee einer Epoche, die nur 30 Jahre nach dem Sieg über Napoleon von der Aufbruchstimmung des Vormärz über die Revolutionswirren 1848/49 bis hin zur frühen Gründerzeit ab 1860 einen enormen gesellschaftlichen Wandel sah. Noch viel mehr haben sich seitdem Zeitgeist, Gesellschaft und Wirtschaft in diesen beinahe zwei Jahrhunderten weiterentwickelt – und mit den Menschen ihre hier beschriebene Einrichtung.

Eine Stadt, ihre Bürger und ihre Bank

In der aufkommenden Gründerzeit entstanden auch in Ludwigsburg erste größere Wirtschaftsbetriebe. Der im Oktober 1846 bevorstehende Anschluss an das Eisenbahnnetz beschleunigte ebenfalls den wirtschaftlichen Aufschwung. Aus solchen Überlegungen heraus gründeten am 9. Januar 1846 unter dem Vorsitz des Kaufmanns Weigle[1] mehrere Ludwigsburger Unternehmer und Handwerker wie Rudolph Behr oder (Christian) Friedrich Bührer (senior) einen Gewerbe- und Handelsverein für Ludwigsburg.

Dabei war den weitblickenden Männern wie Behr, Bührer, Dietrich, Elsass, Pflüger oder Rees an der Spitze des Vereins klar, dass Handwerk, Handel und mittelständische Wirtschaft vor allem an einem krankten: der Bereitstellung von ausreichendem Investitions- und Betriebskapital. Natürlich hatten viele Vereinsmitglieder durchaus etwas Geldbesitz. Es fehlte aber an einer Stelle, dieses zu bündeln, zu verwalten und bedarfsgerecht an Dritte weiterzugeben. Zwar gab es schon private Bankhäuser sowie verschiedene, zumeist öffentliche und eher sozial geprägte Einrichtungen wie etwa Witwen- und Waisenkassen – was aber fehlte, war eine Bank für den aufstrebenden Mittelstand. Benötigt wurden von ihm weder sehr hohe, langfristig aufgenommene Geldbeträge noch ging es den Handwerkern und Unternehmern um eine systematische Rücklage sehr kleiner Geldbeträge für Notzeiten.

Da kamen die Ideen von Hermann Schulze-Delitzsch und Friedrich Wilhelm Raiffeisen, in ganz Deutschland Solidargemeinschaften der »Hilfe zur Selbsthilfe« auch im Finanzbereich zu gründen, ebenfalls für Ludwigsburg gerade recht: »Schon [...] 1846 hatte hier der Kupferschmied und Stadtrat Friedrich Bührer das Kreditwesen der Gewerbetreibenden zur Sprache gebracht. In einem mit viel Interesse aufgenommenen Vortrag stellte er zwölf Merksätze und Richtlinien für eine Lokalbank auf, die sich fortan wie ein roter Faden durch die Zusammenkünfte des [Gewerbe]Vereins zogen.«[2]

Bührer und viele seiner Mitstreiter waren davon überzeugt, dass die neue genossenschaftliche Idee der finanziellen Hilfe zur Selbsthilfe auch der Schlüssel zur weiteren positiven Entwicklung Ludwigsburgs sei. Noch gab es hierfür im Königreich Württemberg aber keine rechtliche Grundlage – diese sollte noch weitere 15 Jahre auf sich warten lassen.

Die »Localbank« – eine erste Bank für Ludwigsburger Unternehmer

Am 23. August 1847 gründeten die Mitglieder des Gewerbe- und Handelsvereins eine vereinseigene »Localbank für kleinere Gewerbe«. Sie entstand auf Basis des damals geltenden Vereinsrechts. Als Bank von Mitgliedern für Mitglieder umging sie geschickt das Manko, dass zu dieser Zeit weder Gesetz noch Gewerbeordnung die Gründung einer genossenschaftlichen Bank in Württemberg ermöglichten.

Zum ersten Vorsitzenden der »Localbank« wurde der Mann gewählt, dessen Idee und Engagement diese Bank ihre Gründung zu verdanken hatte: Stadtrat Friedrich Bührer (senior), der als Kupferschmiedemeister 1829 den ersten Industriebetrieb in Ludwigsburg, die Friedrich Bührer sen. GmbH (später Hünersdorff), gegründet hatte. Als Vorgängerinstitut der späteren Volksbank Ludwigsburg sollte die »Localbank« bereits die eingebrachten Gelder ihrer Mitglieder verzinsen oder von ihnen benötigte Kredite unabhängig von Großbanken oder privaten Geldverleihern gewährleisten.

Die erhalten gebliebenen Statuten der »Localbank« zeigen die Übernahme des grundlegenden Konzepts der zeitgleich in anderen Regionen Deutschlands entstehenden genossenschaftlichen Bankideen für Vorschussvereine, Darlehenskassen oder Handwerkerbanken: Das Statut sah ein Anlagevolumen von insgesamt sechstausend Gulden vor. Dazu wurden 240 Anteilsscheine zu je 25 Gulden an interessierte Vereinsmitglieder ausgegeben. Die Anteile wurden mit bis zu 5 % verzinst.[3]

Bis Ende 1848 gaben 25 akkreditierte Anleger Geld in die Hände der »Localbank«, 1849 waren es bereits 35 Mitglieder und 1852 sogar 43 Geldgeber. Die Vereinsbank konnte damit Kredite zu 25, 50, 100 oder 200 Gulden vergeben. Das so vergebene Kreditvolumen stieg in den ersten Jahren von 4.400 Gulden (1849) auf 9.118 Gulden (1852), der Zinsgewinn der »Localbank« von 93 auf 366,24 Gulden.[4]

Die Statuten sahen in § 10 auch eine frühe Form des Aufsichtsrats vor: »Über die [...] Kreditvergaben erkennt eine von den Vereinsmitgliedern [...] gewählte Kommission von 7 Personen, wovon wenigstens 4 Mitglieder des [Gewerbe- und Handels-] Vereins sein müssen.« Dies bedeutet im Umkehrschluss, dass über die Kreditvergaben nicht nur Vereinsmitglieder entscheiden konnten, sondern auch Dritte. Möglich, dass

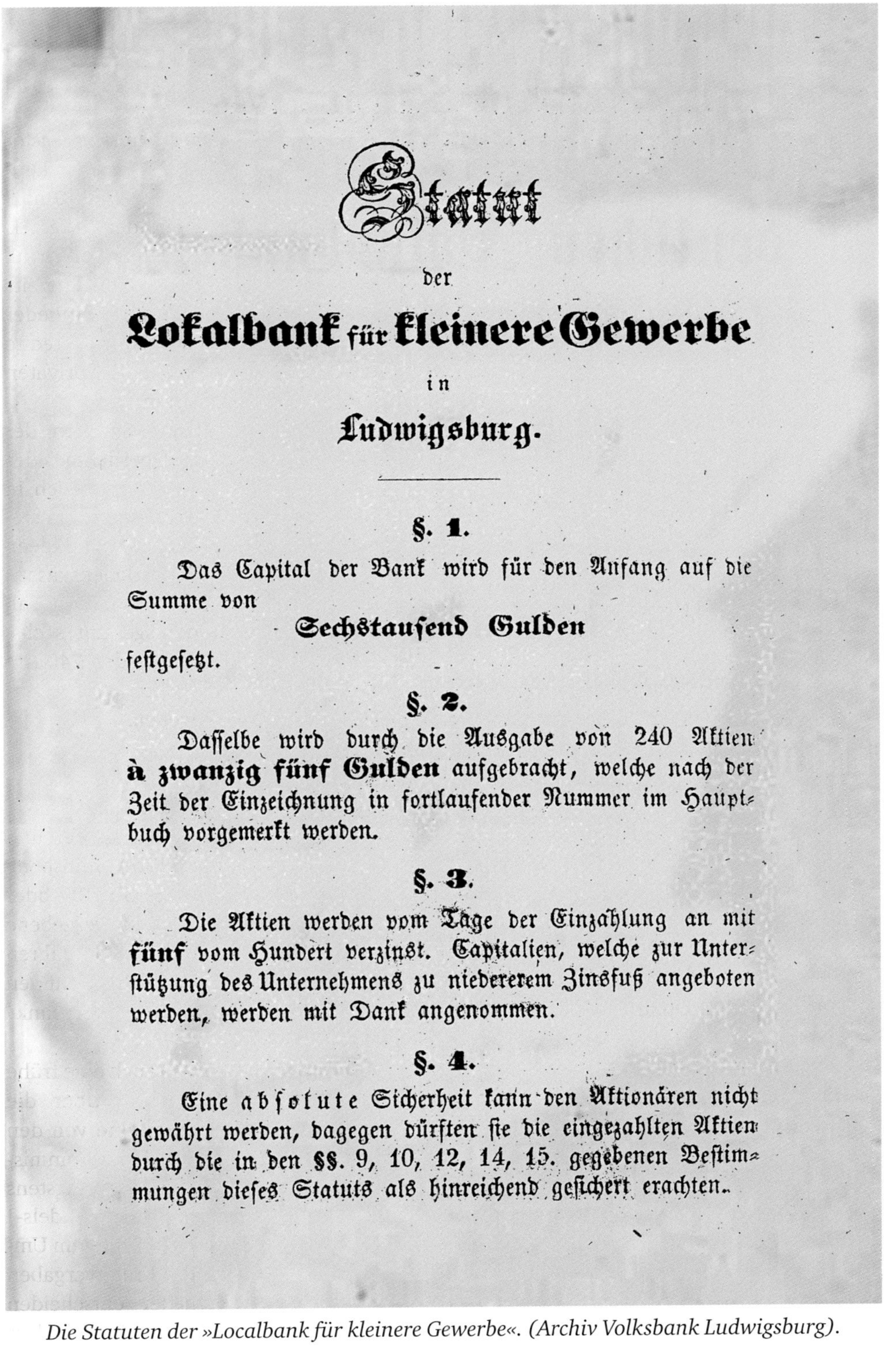

Statut

der

Lokalbank für kleinere Gewerbe

in

Ludwigsburg.

---

§. 1.

Das Capital der Bank wird für den Anfang auf die Summe von

Sechstausend Gulden

festgesetzt.

§. 2.

Dasselbe wird durch die Ausgabe von 240 Aktien **à zwanzig fünf Gulden** aufgebracht, welche nach der Zeit der Einzeichnung in fortlaufender Nummer im Hauptbuch vorgemerkt werden.

§. 3.

Die Aktien werden vom Tage der Einzahlung an mit **fünf** vom Hundert verzinst. Capitalien, welche zur Unterstützung des Unternehmens zu niedererem Zinsfuß angeboten werden, werden mit Dank angenommen.

§. 4.

Eine absolute Sicherheit kann den Aktionären nicht gewährt werden, dagegen dürften sie die eingezahlten Aktien durch die in den §§. 9, 10, 12, 14, 15. gegebenen Bestimmungen dieses Statuts als hinreichend gesichert erachten.

Die Statuten der »Localbank für kleinere Gewerbe«. (Archiv Volksbank Ludwigsburg).

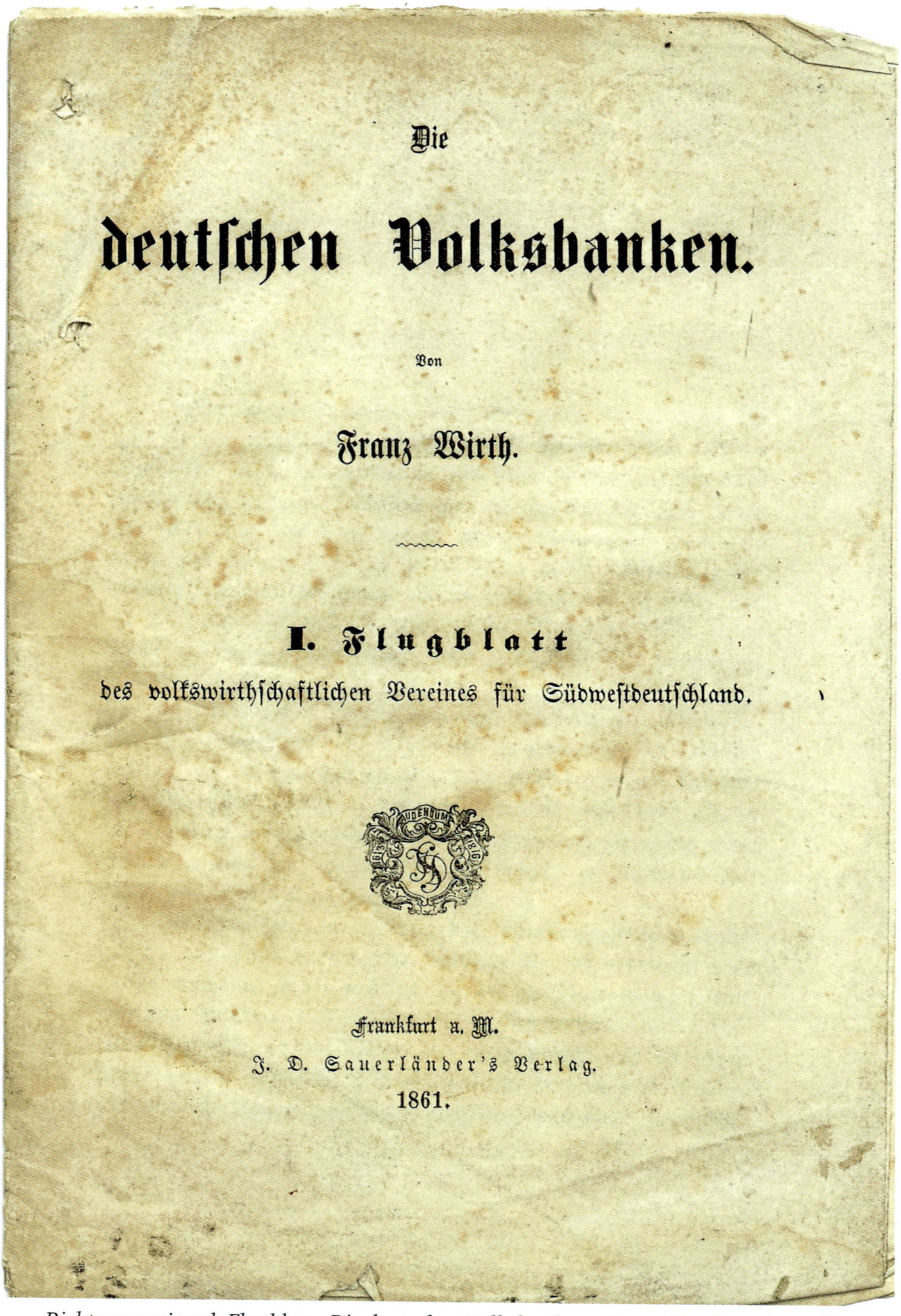

Die

deutschen Volksbanken.

Von

Franz Wirth.

I. Flugblatt

des volkswirthschaftlichen Vereines für Südwestdeutschland.

Frankfurt a. M.

J. D. Sauerländer's Verlag.

1861.

Richtungsweisend: Flugblatt »Die deutschen Volksbanken – Erstes Flugblatt des volkswirtschaftlichen Vereins für Südwestdeutschland«. (Archiv Volksbank Ludwigsburg) hierbei beispielsweise an Vertreter aus dem kommunalen Bereich, aus der Betriebswirtschaft oder an beratende Juristen gedacht wurde.[5]

Für die kommenden 15 Jahre deckte die »Localbank« den Finanzierungsbedarf ihrer Mitglieder aus Mittelstand und Handwerk, bis der gesellschaftliche Wandel eine neue Chance bot: Das mittelalterliche Zunftwesen, das bislang dem wirtschaftlichen und technischen Fortschritt teilweise im Wege gestanden hatte, fiel im Königreich Württemberg per Gesetzgebung vom 12. Februar 1862. Damit war ein wesentliches Hemmnis für die Fortentwicklung der Volkswirtschaft – und auch der »Localbank« – beseitigt.

Die genossenschaftliche Idee wird konkreter

Natürlich war der reichsweit in breitem Umfeld Einzug haltende genossenschaftliche Gedanke auch beim Gewerbeverein in Ludwigsburg weiterhin aufmerksam verfolgt worden. Das 1861 erschienene Flugblatt »Die deutschen Volksbanken – 1. Flugblatt des volkswirtschaftlichen Vereins für Südwestdeutschland« von Franz Wirth sorgte landesweit für angeregte Diskussionen. Wir dürfen daher davon ausgehen, dass das Flugblatt auch in der Findungsphase zur Gründung der späteren Volksbank Ludwigsburg von Bedeutung war. Wirth spricht in seinem Flugblatt neben Konsumvereinen (Betreiber von Verbrauchermärkten) und Rohstoffvereinen (etwa handwerkliche oder landwirtschaftliche Einkaufsgenossenschaften) explizit auch von »Vorschussvereinen«, die sich auf Geldgeschäfte beschränken. In den Unterlagen der Gründungsphase der späteren Volksbank ist sogar ein Exemplar des Flugblatts erhalten geblieben. In Veröffentlichungen des Gewerbevereins zitiert Carl Eduard Pflüger (1815–1865) hieraus wörtlich zwei längere Abschnitte, um die Beweggründe des Vereins zur Schaffung einer genossenschaftlichen Bank zu erläutern.[6]

Schon am 26. Januar 1861 hatte sich die Idee einer Weiterentwicklung der »Localbank« hin zur genossenschaftlichen Bank auch in den Sitzungsprotokollen des Gewerbe- und Handelsvereins Ludwigsburg gefunden: »Der Ausschuss [der ›Localbankverantwortlichen‹] möchte in Erwägung ziehen, ob mit der ›Localbank‹ nicht auch eine Ersparnisbank verbunden werden könne, wie dies bei der Stuttgarter Handwerkerbank der Fall sei.«[7]

Dies zeigt zum einen den Wunsch, dem Kreditgeschäft auch ein weitergehendes Geldanlage-Angebot zur Seite zu stellen, es zeigt aber auch die Absicht, das Geschäft auf Nicht-Vereinsmitglieder auszudehnen.

Die Gewerbefreiheit läutet neue Zeiten ein

Vor diesem Hintergrund stellte am 19. Februar 1862 der 1. Kassier der »Localbank«, Kaufmann Rudolf Behr, anlässlich der Generalversammlung des Gewerbe- und Handelsvereins den formellen Antrag auf »Einführung einer Handwerkerbank nach dem Vorgang von Schulze-Delitzsch«, nachdem wenige Tage zuvor am 12. Februar 1862 im Königreich Württemberg die Gewerbefreiheit per Gesetz eingeführt worden war. Hierzu wurde eine Kommission bestehend aus den Vereinsmitgliedern Rudolf Behr, Louis Bührer, Wilhelm Dieterich, Louis Elsaß, und C.A. Rees bestimmt, die einen Entwurf der Statuten für eine Genossenschaftsbank erarbeiten sollte.[8] Schon nach fünf Wochen, am 26. März 1862, wurde der Statutenentwurf vorgestellt und nach Änderungen durch Rechtsanwalt Dr. G. Höring in zwei allgemeinen Bürgerversammlungen am 4. und 6. August 1862 der Öffentlichkeit vorgestellt.

In der Beilage Nummer 89 des »Hausfreund«, welcher von 1856 bis 1864 im täglichen Wechsel mit dem Ludwigsburger

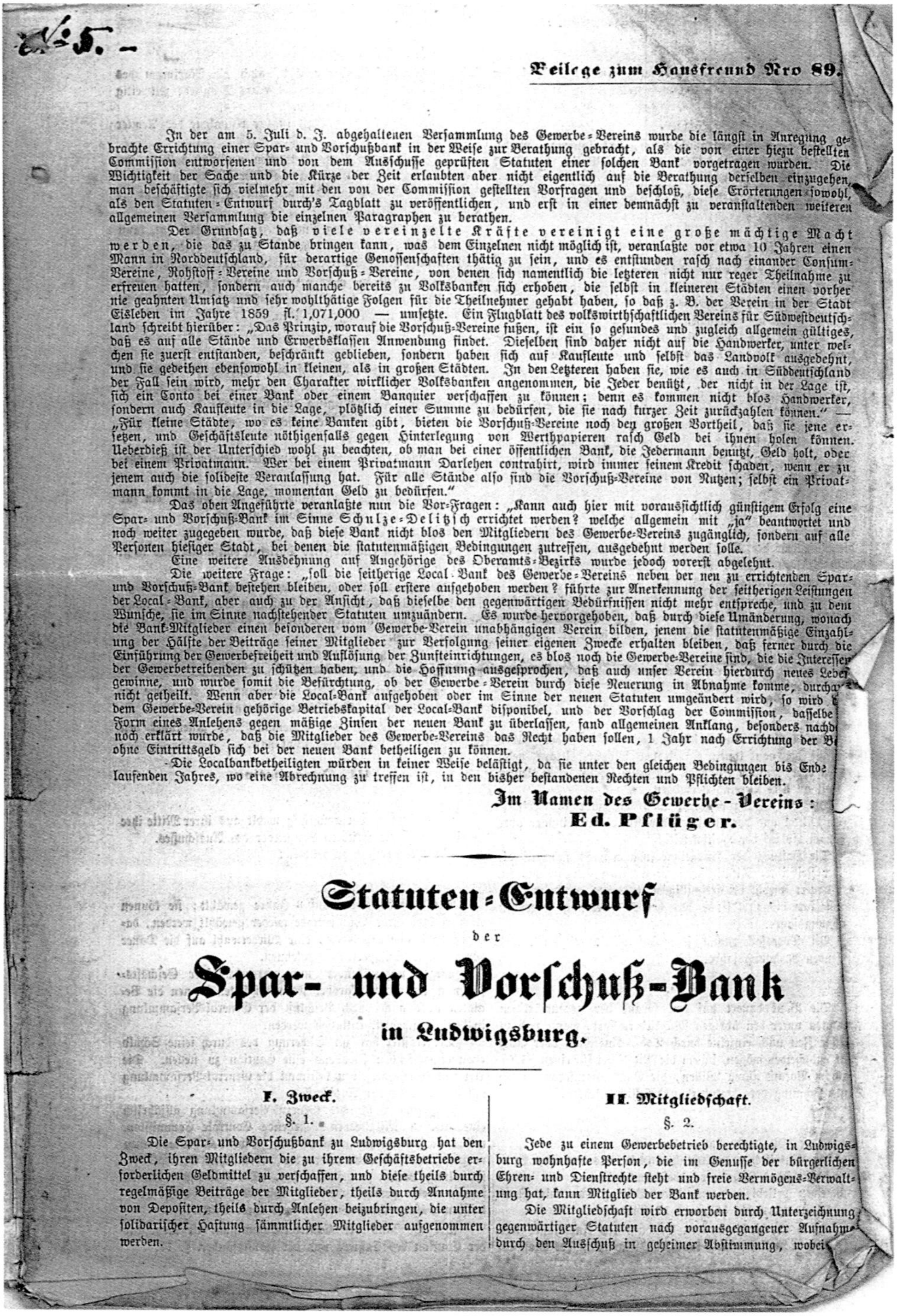

N° 5. –

Beilage zum Hausfreund Nro 89.

In der am 5. Juli d. J. abgehaltenen Versammlung des Gewerbe-Vereins wurde die längst in Anregung gebrachte Errichtung einer Spar- und Vorschußbank in der Weise zur Berathung gebracht, als die von einer hiezu bestellten Commission entworfenen und von dem Ausschusse geprüften Statuten einer solchen Bank vorgetragen wurden. Die Wichtigkeit der Sache und die Kürze der Zeit erlaubten aber nicht eigentlich auf die Berathung derselben einzugehen, man beschäftigte sich vielmehr mit den von der Commission gestellten Vorfragen und beschloß, diese Erörterungen sowohl, als den Statuten-Entwurf durch's Tagblatt zu veröffentlichen, und erst in einer demnächst zu veranstaltenden weiteren allgemeinen Versammlung die einzelnen Paragraphen zu berathen.

Der Grundsatz, daß viele vereinzelte Kräfte vereinigt eine große mächtige Macht werden, die das zu Stande bringen kann, was dem Einzelnen nicht möglich ist, veranlaßte vor etwa 10 Jahren einen Mann in Norddeutschland, für derartige Genossenschaften thätig zu sein, und es entstunden rasch nach einander Consum-Vereine, Rohstoff-Vereine und Vorschuß-Vereine, von denen sich namentlich die letzteren nicht nur reger Theilnahme zu erfreuen hatten, sondern auch manche bereits zu Volksbanken sich erhoben, die selbst in kleineren Städten einen vorher nie geahnten Umsatz und sehr wohlthätige Folgen für die Theilnehmer gehabt haben, so daß z. B. der Verein in der Stadt Eisleben im Jahre 1859 fl. 1,071,000 — umsetzte. Ein Flugblatt des volkswirthschaftlichen Vereins für Südwestdeutschland schreibt hierüber: „Das Prinzip, worauf die Vorschuß-Vereine fußen, ist ein so gesundes und zugleich allgemein gültiges, daß es auf alle Stände und Erwerbsklassen Anwendung findet. Dieselben sind daher nicht auf die Handwerker, unter welchen sie zuerst entstanden, beschränkt geblieben, sondern haben sich auf Kaufleute und selbst das Landvolk ausgedehnt, und sie gedeihen ebensowohl in kleinen, als in großen Städten. In den Letzteren haben sie, wie es auch in Süddeutschland der Fall sein wird, mehr den Charakter wirklicher Volksbanken angenommen, die Jeder benützt, der nicht in der Lage ist, sich ein Conto bei einer Bank oder einem Banquier verschaffen zu können; denn es kommen nicht blos Handwerker, sondern auch Kaufleute in die Lage, plötzlich einer Summe zu bedürfen, die sie nach kurzer Zeit zurückzahlen können." — „Für kleine Städte, wo es keine Banken gibt, bieten die Vorschuß-Vereine noch den großen Vortheil, daß sie jene ersetzen, und Geschäftsleute nöthigenfalls gegen Hinterlegung von Werthpapieren rasch Geld bei ihnen holen können. Ueberdieß ist der Unterschied wohl zu beachten, ob man bei einer öffentlichen Bank, die Jedermann benutzt, Geld holt, oder bei einem Privatmann. Wer bei einem Privatmann Darlehen contrahirt, wird immer seinem Kredit schaden, wenn er zu jenem auch die solideste Veranlassung hat. Für alle Stände also sind die Vorschuß-Vereine von Nutzen; selbst ein Privatmann kommt in die Lage, momentan Geld zu bedürfen."

Das oben Angeführte veranlaßte nun die Vor-Fragen: „Kann auch hier mit voraussichtlich günstigem Erfolg eine Spar- und Vorschuß-Bank im Sinne Schulze-Delitzsch errichtet werden? welche allgemein mit „ja" beantwortet und noch weiter zugegeben wurde, daß diese Bank nicht blos den Mitgliedern des Gewerbe-Vereins zugänglich, sondern auf alle Personen hiesiger Stadt, bei denen die statutenmäßigen Bedingungen zutreffen, ausgedehnt werden solle.

Eine weitere Ausdehnung auf Angehörige des Oberamts-Bezirks wurde jedoch vorerst abgelehnt.

Die weitere Frage: „soll die seitherige Local-Bank des Gewerbe-Vereins neben der neu zu errichtenden Spar- und Vorschuß-Bank bestehen bleiben, oder soll erstere aufgehoben werden? führte zur Anerkennung der seitherigen Leistungen der Local-Bank, aber auch zu der Ansicht, daß dieselbe den gegenwärtigen Bedürfnissen nicht mehr entspreche, und zu dem Wunsche, sie im Sinne nachstehender Statuten umzuändern. Es wurde hervorgehoben, daß durch diese Umänderung, wonach die Bank-Mitglieder einen besonderen vom Gewerbe-Verein unabhängigen Verein bilden, jenem die statutenmäßige Einzahlung der Hälfte der Beiträge seiner Mitglieder zur Verfolgung seiner eigenen Zwecke erhalten bleiben, daß ferner durch die Einführung der Gewerbefreiheit und Auflösung der Zunfteinrichtungen, es blos noch die Gewerbe-Vereine sind, die die Interessen der Gewerbetreibenden zu schützen haben, und die Hoffnung ausgesprochen, daß auch unser Verein hierdurch neues Leben gewinne, und wurde somit die Befürchtung, ob der Gewerbe-Verein durch diese Neuerung in Abnahme komme, durchaus nicht getheilt. Wenn aber die Local-Bank aufgehoben oder im Sinne der neuen Statuten umgeändert wird, so wird d[as] dem Gewerbe-Verein gehörige Betriebskapital der Local-Bank disponibel, und der Vorschlag der Commission, dasselbe [in] Form eines Anlehens gegen mäßige Zinsen der neuen Bank zu überlassen, fand allgemeinen Anklang, besonders nachdem noch erklärt wurde, daß die Mitglieder des Gewerbe-Vereins das Recht haben sollen, 1 Jahr nach Errichtung der B[ank] ohne Eintrittsgeld sich bei der neuen Bank betheiligen zu können.

Die Localbankbetheiligten würden in keiner Weise belästigt, da sie unter den gleichen Bedingungen bis Ende laufenden Jahres, wo eine Abrechnung zu treffen ist, in den bisher bestandenen Rechten und Pflichten bleiben.

Im Namen des Gewerbe-Vereins:
Ed. Pflüger.

Statuten-Entwurf

der

Spar- und Vorschuß-Bank

in Ludwigsburg.

I. Zweck.

§. 1.

Die Spar- und Vorschußbank zu Ludwigsburg hat den Zweck, ihren Mitgliedern die zu ihrem Geschäftsbetriebe erforderlichen Geldmittel zu verschaffen, und diese theils durch regelmäßige Beiträge der Mitglieder, theils durch Annahme von Depositen, theils durch Anlehen beizubringen, die unter solidarischer Haftung sämmtlicher Mitglieder aufgenommen werden.

II. Mitgliedschaft.

§. 2.

Jede zu einem Gewerbebetrieb berechtigte, in Ludwigsburg wohnhafte Person, die im Genusse der bürgerlichen Ehren- und Dienstrechte steht und freie Vermögens-Verwaltung hat, kann Mitglied der Bank werden.

Die Mitgliedschaft wird erworben durch Unterzeichnung gegenwärtiger Statuten nach vorausgegangener Aufnahme durch den Ausschuß in geheimer Abstimmung, wobei

In der »Beilage zum Hausfreund Numero 89« kündigte der Ludwigsburger Gewerbeverein 1862 die Gründung der Genossenschaftsbank an. (Archiv Ungeheuer + Ulmer KG GmbH+Co.)

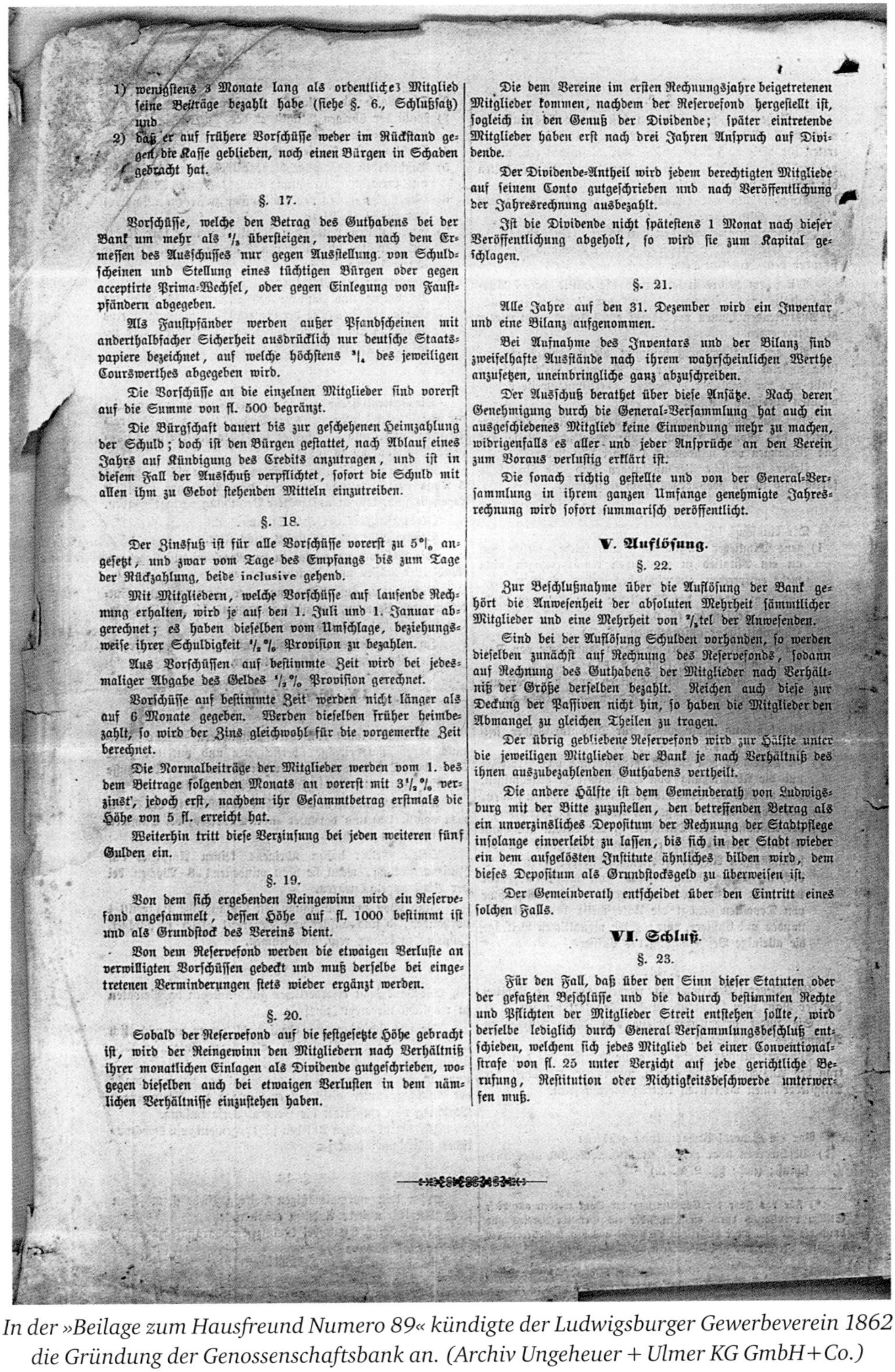

1) wenigstens 3 Monate lang als ordentliches Mitglied seine Beiträge bezahlt habe (siehe §. 6., Schlußsatz) und
2) daß er auf frühere Vorschüsse weder im Rückstand gegen die Kasse geblieben, noch einen Bürgen in Schaden gebracht hat.

§. 17.

Vorschüsse, welche den Betrag des Guthabens bei der Bank um mehr als 1/3 übersteigen, werden nach dem Ermessen des Ausschusses nur gegen Ausstellung von Schuldscheinen und Stellung eines tüchtigen Bürgen oder gegen acceptirte Prima-Wechsel, oder gegen Einlegung von Faustpfändern abgegeben.

Als Faustpfänder werden außer Pfandscheinen mit anderthalbfacher Sicherheit ausdrücklich nur deutsche Staatspapiere bezeichnet, auf welche höchstens 3/4 des jeweiligen Courswerthes abgegeben wird.

Die Vorschüsse an die einzelnen Mitglieder sind vorerst auf die Summe von fl. 500 begränzt.

Die Bürgschaft dauert bis zur geschehenen Heimzahlung der Schuld; doch ist den Bürgen gestattet, nach Ablauf eines Jahrs auf Kündigung des Credits anzutragen, und ist in diesem Fall der Ausschuß verpflichtet, sofort die Schuld mit allen ihm zu Gebot stehenden Mitteln einzutreiben.

§. 18.

Der Zinsfuß ist für alle Vorschüsse vorerst zu 5% angesetzt, und zwar vom Tage des Empfangs bis zum Tage der Rückzahlung, beide inclusive gehend.

Mit Mitgliedern, welche Vorschüsse auf laufende Rechnung erhalten, wird je auf den 1. Juli und 1. Januar abgerechnet; es haben dieselben vom Umschlage, beziehungsweise ihrer Schuldigkeit 1/2% Provision zu bezahlen.

Aus Vorschüssen auf bestimmte Zeit wird bei jedesmaliger Abgabe des Geldes 1/2% Provision gerechnet.

Vorschüsse auf bestimmte Zeit werden nicht länger als auf 6 Monate gegeben. Werden dieselben früher heimbezahlt, so wird der Zins gleichwohl für die vorgemerkte Zeit berechnet.

Die Normalbeiträge der Mitglieder werden vom 1. des dem Beitrage folgenden Monats an vorerst mit 3 1/2% verzinst, jedoch erst, nachdem ihr Gesammtbetrag erstmals die Höhe von 5 fl. erreicht hat.

Weiterhin tritt diese Verzinsung bei jeden weiteren fünf Gulden ein.

§. 19.

Von dem sich ergebenden Reingewinn wird ein Reservefond angesammelt, dessen Höhe auf fl. 1000 bestimmt ist und als Grundstock des Vereins dient.

Von dem Reservefond werden die etwaigen Verluste an verwilligten Vorschüssen gedeckt und muß derselbe bei eingetretenen Verminderungen stets wieder ergänzt werden.

§. 20.

Sobald der Reservefond auf die festgesetzte Höhe gebracht ist, wird der Reingewinn den Mitgliedern nach Verhältniß ihrer monatlichen Einlagen als Dividende gutgeschrieben, wogegen dieselben auch bei etwaigen Verlusten in dem nämlichen Verhältnisse einzustehen haben.

Die dem Vereine im ersten Rechnungsjahre beigetretenen Mitglieder kommen, nachdem der Reservefond hergestellt ist, sogleich in den Genuß der Dividende; später eintretende Mitglieder haben erst nach drei Jahren Anspruch auf Dividende.

Der Dividende-Antheil wird jedem berechtigten Mitgliede auf seinem Conto gutgeschrieben und nach Veröffentlichung der Jahresrechnung ausbezahlt.

Ist die Dividende nicht spätestens 1 Monat nach dieser Veröffentlichung abgeholt, so wird sie zum Kapital geschlagen.

§. 21.

Alle Jahre auf den 31. Dezember wird ein Inventar und eine Bilanz aufgenommen.

Bei Aufnahme des Inventars und der Bilanz sind zweifelhafte Ausstände nach ihrem wahrscheinlichen Werthe anzusetzen, uneinbringliche ganz abzuschreiben.

Der Ausschuß berathet über diese Ansätze. Nach deren Genehmigung durch die General-Versammlung hat auch ein ausgeschiedenes Mitglied keine Einwendung mehr zu machen, widrigenfalls es aller und jeder Ansprüche an den Verein zum Voraus verlustig erklärt ist.

Die sonach richtig gestellte und von der General-Versammlung in ihrem ganzen Umfange genehmigte Jahresrechnung wird sofort summarisch veröffentlicht.

V. Auflösung.

§. 22.

Zur Beschlußnahme über die Auflösung der Bank gehört die Anwesenheit der absoluten Mehrheit sämmtlicher Mitglieder und eine Mehrheit von 2/3tel der Anwesenden.

Sind bei der Auflösung Schulden vorhanden, so werden dieselben zunächst auf Rechnung des Reservefonds, sodann auf Rechnung des Guthabens der Mitglieder nach Verhältniß der Größe derselben bezahlt. Reichen auch diese zur Deckung der Passiven nicht hin, so haben die Mitglieder den Abmangel zu gleichen Theilen zu tragen.

Der übrig gebliebene Reservefond wird zur Hälfte unter die jeweiligen Mitglieder der Bank je nach Verhältniß des ihnen auszubezahlenden Guthabens vertheilt.

Die andere Hälfte ist dem Gemeinderath von Ludwigsburg mit der Bitte zuzustellen, den betreffenden Betrag als ein unverzinsliches Depositum der Rechnung der Stadtpflege insolange einverleibt zu lassen, bis sich in der Stadt wieder ein dem aufgelösten Institute ähnliches bilden wird, dem dieses Depositum als Grundstocksgeld zu überweisen ist.

Der Gemeinderath entscheidet über den Eintritt eines solchen Falls.

VI. Schluß.

§. 23.

Für den Fall, daß über den Sinn dieser Statuten oder der gefaßten Beschlüsse und die dadurch bestimmten Rechte und Pflichten der Mitglieder Streit entstehen sollte, wird derselbe lediglich durch General Versammlungsbeschluß entschieden, welchem sich jedes Mitglied bei einer Conventionalstrafe von fl. 25 unter Verzicht auf jede gerichtliche Berufung, Restitution oder Nichtigkeitsbeschwerde unterwerfen muß.

In der »Beilage zum Hausfreund Numero 89« kündigte der Ludwigsburger Gewerbeverein 1862 die Gründung der Genossenschaftsbank an. (Archiv Ungeheuer + Ulmer KG GmbH+Co.)

Tagblatt erschien, informierte Pflüger im Namen des Gewerbevereins vorab über dessen Beschlüsse vom 5. Juli 1862 zur Gründung einer Genossenschaftsbank. Hierbei wurde bereits ein Entwurf der Statuten der geplanten »Spar- und Vorschuß-Bank in Ludwigsburg« veröffentlicht. Einen besonderen Raum nahm auch die Information über den Übergang von der alten »Localbank« zur neuen »Spar- und Vorschuß-Bank« ein. Pflüger berichtete dazu im »Hausfreund« aus den Vereinssitzungen:

»Die Spar- und Vorschuß-Bank im Sinne Schulze-Delitzsch solle nicht bloß den Mitgliedern des Gewerbevereins zugänglich [sein], sondern auf alle Personen hiesiger Stadt [...] ausgedehnt werden.«

»Die weitere Frage ›Soll die seitherige Local-Bank des Gewerbevereins neben der neu zu errichtenden Spar- und Vorschuß-Bank bestehen bleiben, oder soll erstere aufgehoben werden?‹ führte zur Anerkennung der seitherigen Leistungen der Localbank, aber auch zu der Ansicht, daß dieselbe den gegenwärtigen Ansprüchen nicht mehr entspreche, und zu dem Wunsche, sie im Sinne nachstehender Statuten [zur ›Spar- und Vorschuß-Bank‹] umzuändern. Es wurde hervorgehoben, daß durch diese Umänderung, wonach die Bank-Mitglieder einen besonderen vom Gewerbeverein unabhängigen Verein bilden, jenem [Verein] die statutenmäßige Einzahlung der Hälfte der Beiträge seiner Mitglieder zur Verfolgung seiner eigenen Zwecke erhalten bleiben [...].«[9]

Schließlich wurde am 23. August 1862 mit Unterstützung von Rechtsanwalt Dr. Höring, Regierungsrat von Lang und des späteren Stadtschultheißen und Oberbürgermeisters Heinrich von Abel die »Spar- und Vorschußbank Ludwigsburg« als Nachfolgerin der »Localbank« gegründet. Alle drei Förderer wurden später in Anerkennung ihrer Verdienste um die Gründung der Genossenschaft zu Ehrenmitgliedern erhoben.

Die genossenschaftliche Ausrichtung der neuen Bank war auch in ihrer Mitgliedersatzung zu erkennen:

»Die Spar- und Vorschußbank zu Ludwigsburg hat den Zweck, ihren Mitgliedern die zu ihrem Geschäftsbetriebe erforderlichen Mittel zu verschaffen, und diese theils durch regelmäßige Beiträge der Mitglieder, theils durch Annahme von Depositen, theils durch Anlehen beizubringen, die unter solidarischer Haftung sämtlicher Mitglieder aufgenommen werden.«[10]

Genau 27 Ludwigsburger Bürger, Unternehmer und Handwerker traten auf der Gründungsversammlung der neuen Bank als Mitglieder bei.[11] Erster Vorstand wurde der Fabrikant Rudolf Behr. Mitgliedschaften sowie Teile der Kapitaleinlagen in der »Localbank« (abzüglich der Bedarfe des Gewerbevereins) wurden gemäß Vorschlag des Gewerbevereins zum Ende des Jahres 1862 in die Spar- und Vorschußbank übertragen. Zu diesem Zeitpunkt verzeichnete die Spar- und Vorschußbank bereits 79 Mitglieder, die Stadt Ludwigsburg 11.201 Einwohner. Bis Jahresende 1862 blieben beide Einrichtungen parallel bestehen, um bei der »Localbank« die Abwicklung noch laufender Kredite sowie einen ordentlichen Jahresabschluss zu ermöglichen. Auch dies entsprach den Ankündigungen Pflügers vom Juli 1862: »Die Localbankbetheiligten würden in keiner Weise belästigt, da sie unter den gleichen Bedingungen bis Ende des laufenden Jahres, wo eine Abrechnung zu treffen ist, in den bisher bestandenen Rechten und Pflichten bleiben.«

Die ersten Kreditgesuche an die Genossenschaftsbank gingen schon am 27. August 1862 ein – wenige Tage nach deren offizieller Gründung und in einer Phase, als die Bank noch nicht in allen Teilen betriebsfähig war. Am 12. September wurde der Kassier W. Dieterich ermächtigt, Geld aufzunehmen und am 6. Oktober konnten schließlich die ersten Kredite bewilligt werden. Der Bedarf an größeren Krediten steigerte sich in den kommenden Wochen derart, dass eine anfängliche Beschränkung der Kredithöhe von 500 Gulden bald auf 3.000 Gulden angehoben wurde.

Mitbegründer des württembergischen Genossenschaftsverbandes

Die spätere Volksbank Ludwigsburg wurde mit ihrem Vorgängerinstitut »Localbank« dadurch zur zweitältesten Bank mit genossenschaftlicher Prägung in Württemberg. Vor ihr entstand 1843/44 nur die Öhringer Privatspar- und Leihkasse (ebenfalls auf Vereinsbasis), die sogar erst 1899 mit Wirkung zum 1. Januar 1900 offiziell in eine Kreditgenossenschaft umgewandelt wurde und heute unter der aktuellen Namensgebung Volksbank Hohenlohe eG als älteste noch selbstständig existierende Volksbank anerkannt ist.

Die genossenschaftlichen Vereinigungen im Südwesten Deutschlands griffen 1864 die Anregung auf, einen Verbandstag abzuhalten, wie es 1859 erstmalig in Weimar vorgemacht worden war. Und so kam es am 21. August 1864 zu einem Zusammentreffen zahlreicher Teilnehmer, die von elf württembergischen Handwerkerbanken und Vorschussvereinen sowie von fünf badischen Einrichtungen stammten. Im Großen Saal des Stuttgarter Bürgermuseums, an der Langen Straße gelegen, wurde der Verband der wirtschaftlichen Genossenschaften in Württemberg und Baden gegründet. Die Spar- und Vorschußbank Ludwigsburg gehörte neben Banken aus Calw, Geislingen, Reutlingen, Rottweil und Ulm zu den württembergischen Gründungsmitgliedern.[12]

Schwierige Wachstumsjahre

Die ersten Geschäftsräume der »Spar- und Vorschuß-Bank« waren im Haus Wilhelmstraße 15 (Ecke Seestraße, Haus Büchsenstein & Essig) des Kassiers W. Dieterich untergebracht – mit Öffnungszeiten zunächst an drei Wochentagen, später täglich von 14 bis 16 Uhr. Am 19. Januar 1863 konnte die Bank in einer ersten Generalversammlung zum verkürzten Geschäftsjahr 1862 einen Umsatz von 12.738 Gulden und einen Reingewinn von 101 Gulden und 5 Kreuzern verkünden. Die Zahl der Mitglieder war bereits von 27 auf 79 angewachsen.[13]

Schon 1870 erwies sich die räumliche Lösung, die Bankgeschäfte in der Wohnung des Kassiers abzuhalten, als unzureichend. Daher mietete die junge Bank am 1. Oktober 1870 in der Vorderen Schlossstraße fünf größere Räume an.

Hatte im (preußischen) Norddeutschland schon seit 1868 ein Genossenschaftsgesetz gegolten, so wurde dieses nach der Reichsgründung 1871 auch für Württemberg übernommen. In der Generalversammlung der Bank vom 1. Mai 1871 stellte der Vorstand deshalb den Antrag, die Bank dem neuen Genossenschaftsgesetz anzupassen und eine Kommission zur Neufassung der Statuten einzuberufen. Diese neuen Statuten wurden dann in einer außerordentlichen Generalversammlung der Mitglieder am 1. Februar 1872 beschlossen, zeitgleich der Bankvorstand auf drei Personen aufgestockt und ein jetzt notwendiger Aufsichtsrat gewählt.

Noch im selben Jahr wurde in Württemberg ein Genossenschaftsregister eingeführt, die Spar- und Vorschußbank in Ludwigsburg war die erste Genossenschaft überhaupt, die nach Antrag vom 3. September 1872 in dieses Register eingetragen wurde. Der amtierende Oberbürgermeister Heinrich von Abel (1825–1917) hatte die (alphabetische) Mitgliedsnummer 1 in der Liste der Genossen.

Mit dem Zusammenbruch des Wiener Aktienmarktes am »Schwarzen Freitag» (9. Mai 1873), der alle europäischen Geld-

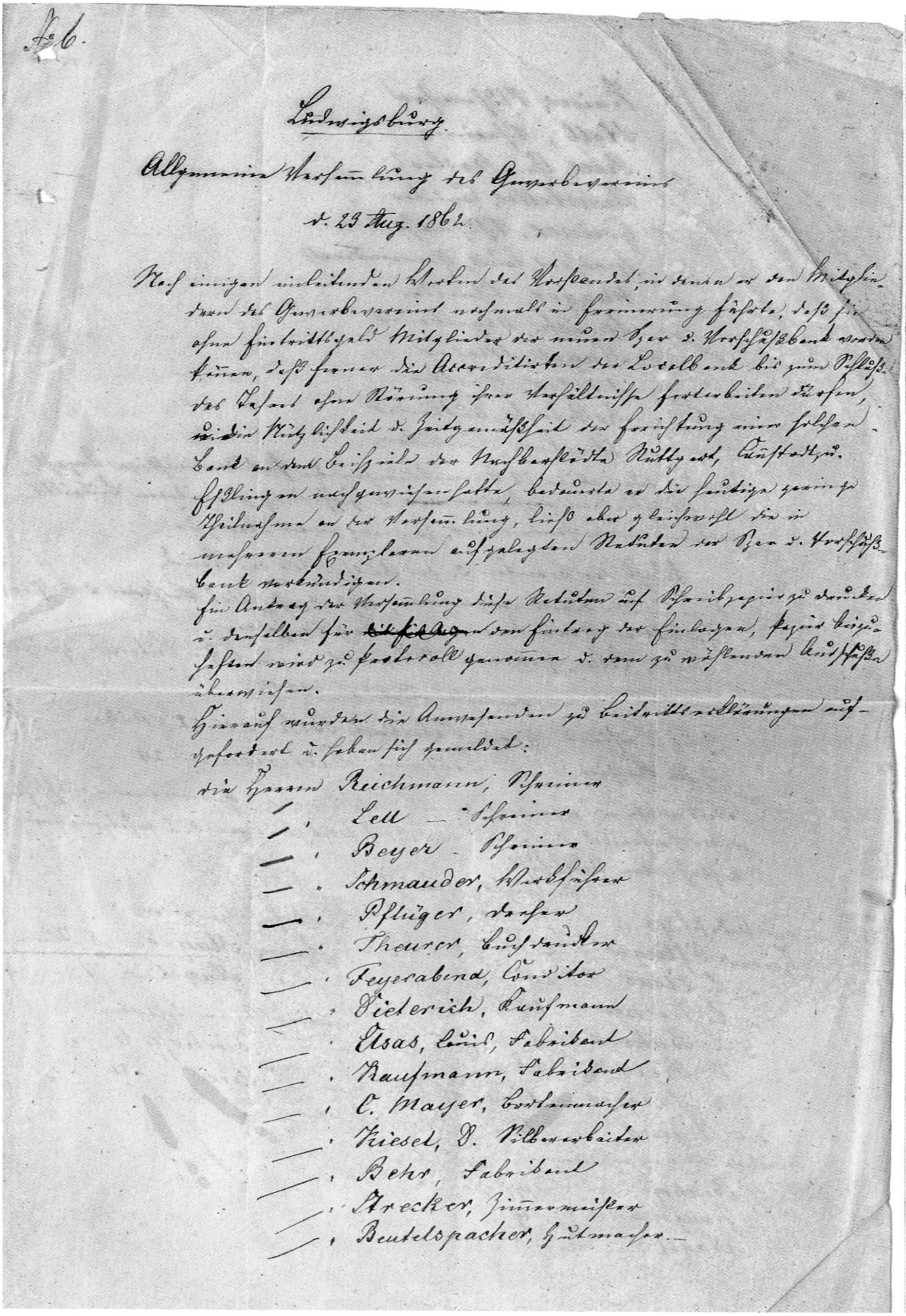

Die erhalten gebliebene Gründungsurkunde der genossenschaftlichen Spar- und Vorschußbank Ludwigsburg. (Archiv Volksbank Ludwigsburg)

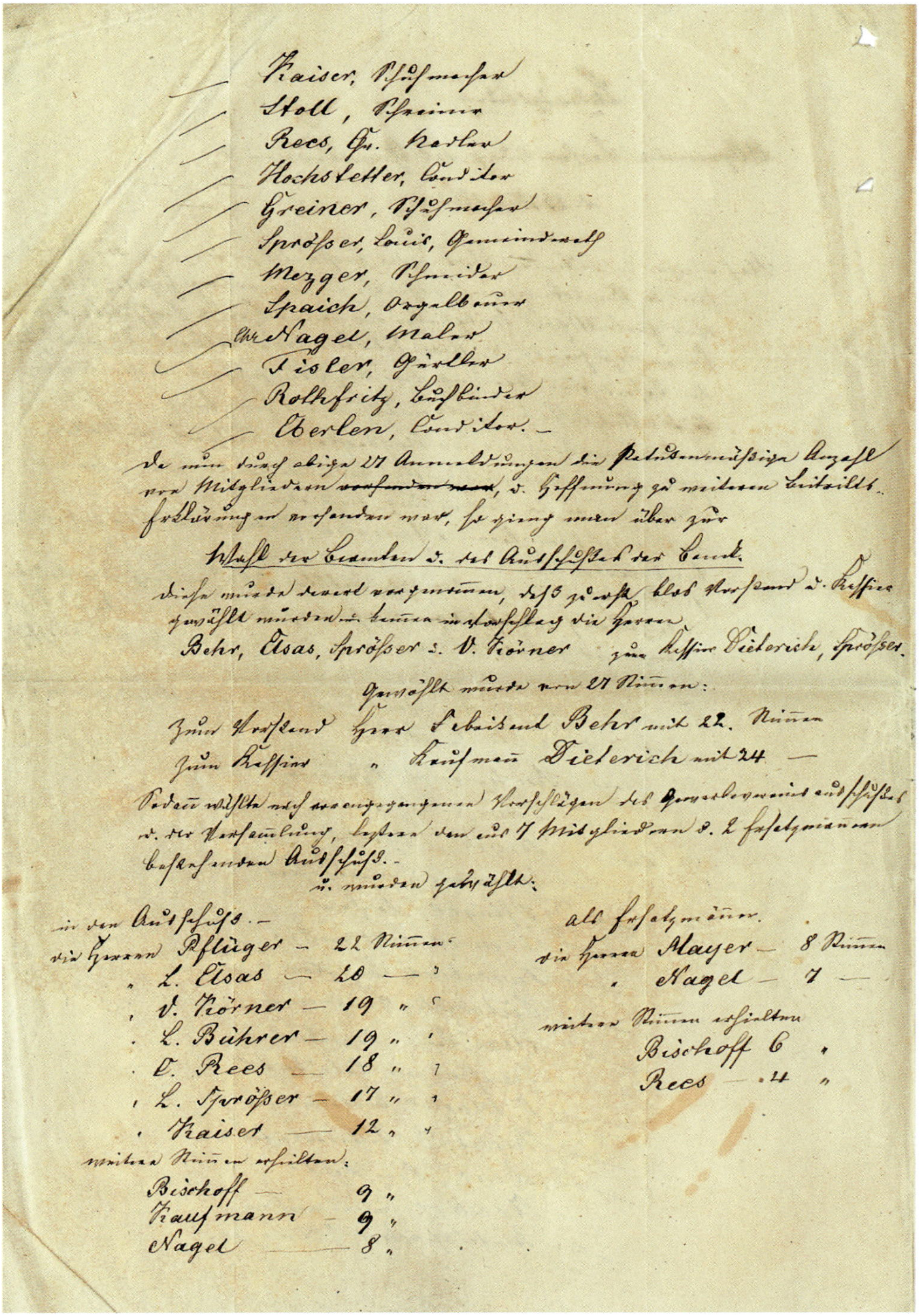
Kaiser, Schuhmacher
Stoll, Schreiner
Rees, Gr. Sattler
Hochstetter, Conditor
Greiner, Schuhmacher
Sprösser, Louis, Gemeinderath
Mezger, Schneider
Spaich, Orgelbauer
Chr. Nagel, Maler
Fisler, Gürtler
Rothfritz, Buchbinder
Eberlen, Conditor. –

Da nun durch obige 27 Anmeldungen die statutenmäßige Anzahl von Mitgliedern ~~vorhanden war~~, u. Hoffnung zu weiteren Beitrittserklärungen vorhanden war, so gieng man über zur

Wahl der Beamten u. des Ausschusses der Bank.

diese wurde derart vorgenommen, daß zuerst blos Vorstand u. Cassier gewählt wurden und kamen in Vorschlag die Herren
Behr, Elsas, Sprösser u. v. Körner zum Cassier Dieterich, Sprösser.

Gewählt wurde von 27 Stimmen:
Zum Vorstand Herr Fabrikant Behr mit 22. Stimmen
Zum Cassier " Kaufmann Dieterich mit 24 –

Sodann wählte man nach vorangegangenen Vorschlägen des Gewerbevereinsausschusses u. der Versammlung, letzteren den aus 7 Mitgliedern u. 2 Ersatzmännern bestehenden Ausschuß. –
u. wurden gewählt:

in den Ausschuß. –
die Herren Pflüger – 22 Stimmen
" L. Elsas – 20 "
" v. Körner – 19 "
" L. Bührer – 19 "
" C. Rees – 18 "
" L. Sprösser – 17 "
" Kaiser – 12 "
weitere Stimmen erhielten:
Bischoff – 9 "
Kaufmann – 9 "
Nagel – 8 "

als Ersatzmänner.
die Herrn Mayer – 8 Stimmen
" Nagel – 7 –
weitere Stimmen erhielten
Bischoff 6 "
Rees 4 "

Die erhalten gebliebene Gründungsurkunde der genossenschaftlichen Spar- und Vorschußbank Ludwigsburg. (Archiv Volksbank Ludwigsburg)

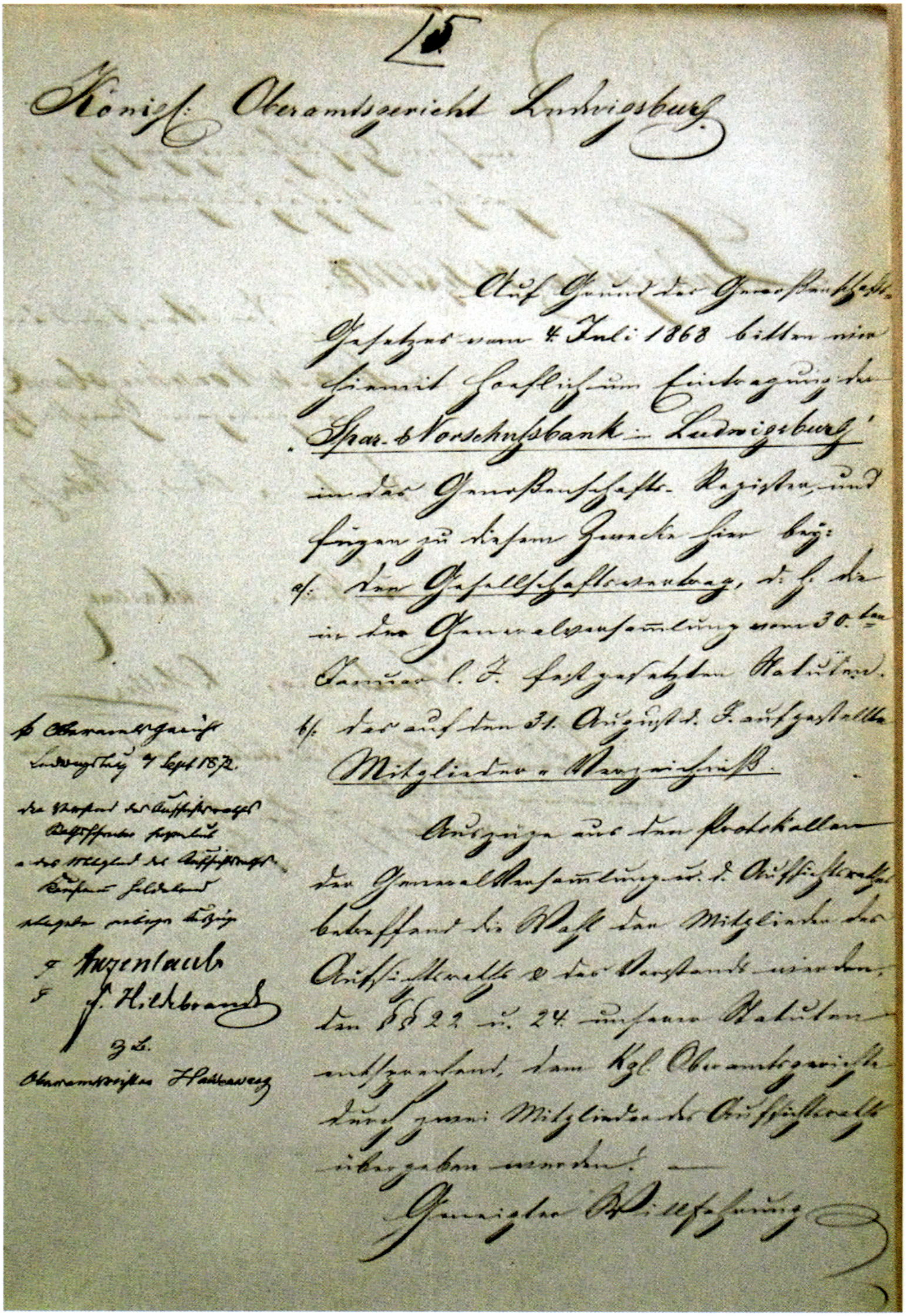

Königl. Oberamtsgericht Ludwigsburg

Auf Grund des Genossenschafts-Gesetzes vom 4. Juli 1868 bitten wir hiermit höflichst um Eintragung der „Spar- & Vorschussbank in Ludwigsburg" in das Genossenschafts-Register, und fügen zu diesem Zwecke hier bei:

a/ den Gesellschaftsvertrag, d. h. die in der Generalversammlung vom 30. ten Januar l. J. festgesetzten Statuten.

b/ das auf den 31. August d. J. aufgestellte Mitglieder-Verzeichniß.

Anzeige aus den Protokollen der Generalversammlung u. d. Aufsichtsraths betreffend die Wahl der Mitglieder des Aufsichtsraths & des Vorstands werden, den §§ 22 u. 24 unserer Statuten entsprechend, dem Kgl. Oberamtsgerichte durch zwei Mitglieder des Aufsichtsraths übergeben werden. –

Geneigter Willfahrung

Schriftlicher Antrag zur Aufnahme in das neu geschaffene Genossenschaftsregister. (Archiv Volksbank Ludwigsburg)

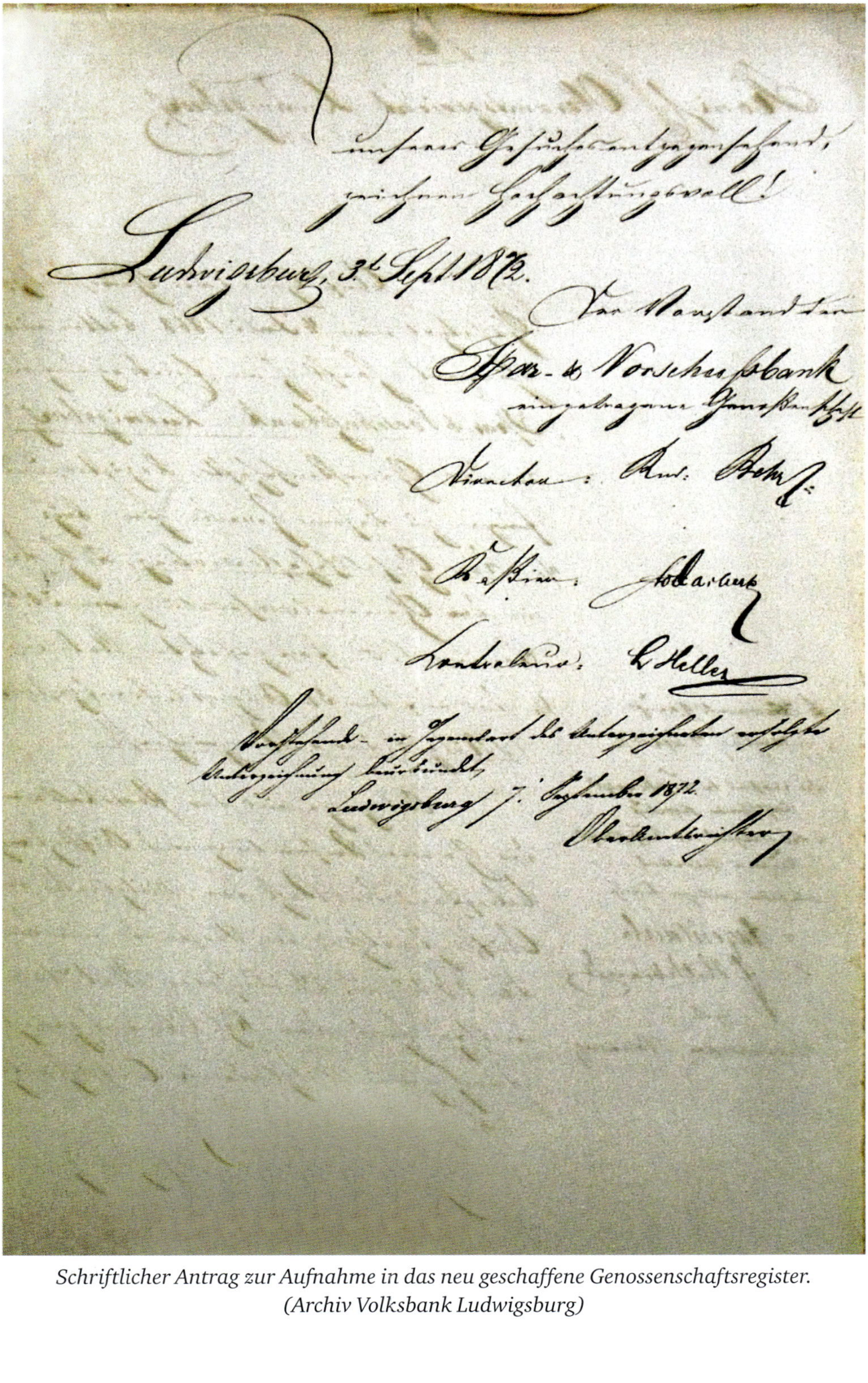
Ludwigsburg, 3t Sept 1872.

Der Vorstand der Spar- & Vorschußbank eingetragene Genossenschaft

Ludwigsburg, 7. September 1872.

Schriftlicher Antrag zur Aufnahme in das neu geschaffene Genossenschaftsregister. (Archiv Volksbank Ludwigsburg)

märkte in Mitleidenschaft zog, begann bis in die 1880er Jahre hinein eine Phase wirtschaftlicher Rezession, die am 30. März 1882 auch die Genossenschaftsbank im benachbarten Stuttgart in den Konkurs trieb. Die damit einhergehende Verunsicherung der Kunden machte sich auch in Ludwigsburg durch einen Mitgliederschwund und den Verlust an Geldeinlagen bemerkbar. Ab 1886 wuchs die Bank dann wieder und nach wenigen Jahren waren über 600 Bürger Mitglied der Spar- und Vorschußbank Ludwigsburg. 1875 wurde die Währung in Württemberg vom landeseigenen Gulden auf die reichsweite Mark umgestellt. Die neue Währung setzte der Zeit zahlloser innerdeutscher Landeswährungen, Münzverträge, Geldscheine und Münzsorten ein Ende – und bedeutete für den Kassier der Spar- und Vorschußbank Ludwigsburg zunächst noch einmal viel Umstellungsarbeit.

Im Jahr 1884 übergab Rudolf Behr nach 22 Jahren Vorstandstätigkeit das Wohl der Bank in die Hände von Ferdinand Schnaidt, der für die kommenden 25 Jahre bis 1909 die Geschicke des Instituts leiten sollte. In dessen Vorstandszeit fiel 1889 auch die Novellierung des Genossenschaftsrechts und die Bank firmierte danach als Spar- und Vorschußbank Ludwigsburg eGmbH.

Das Wachstum der jungen Genossenschaft ging unvermindert weiter und schon bald wurden nochmals größere Geschäftsräume benötigt. Die Generalversammlung hatte 1888 dem Antrag auf »gelegentlichen Erwerb eines eigenen Hauses« stattgegeben. Der Umzug in die Seestraße 5 war die logische Folge, 1893 wurde das Gebäude dann gekauft, da die Spar- und Vorschußbank Ludwigsburg inzwischen als fester Bestandteil des wirtschaftlichen Lebens in der Stadt etabliert war. Wichtig hierbei war auch der Erwerb eines »feuer- und diebessicheren Gewölbes […] angesichts der erheblichen Werte, welche die Bank in Besitz und Verwahrung hatte«. [14]

Auch in wilhelminischer Zeit ging der allgemeine wirtschaftliche Aufschwung zunächst weiter – begünstigt durch die technologischen, naturwissenschaftlichen und industriellen Entwicklungen sowie eine allgemein verbreitete Technik- und Fortschrittsbegeisterung.

Neue Herausforderungen

Seit 1910 leitete Ferdinand Schädel die Spar- und Vorschußbank Ludwigsburg und es war auch seinem Geschick zu verdanken, dass die Bank den nahenden ersten Weltkrieg relativ unbeschadet überstand. So konnte das Institut zum 50-jährigen Jubiläum im Jahr 1912 bereits 40 Millionen Mark Umsatz und 654 Mitglieder in ihren Bilanzbüchern

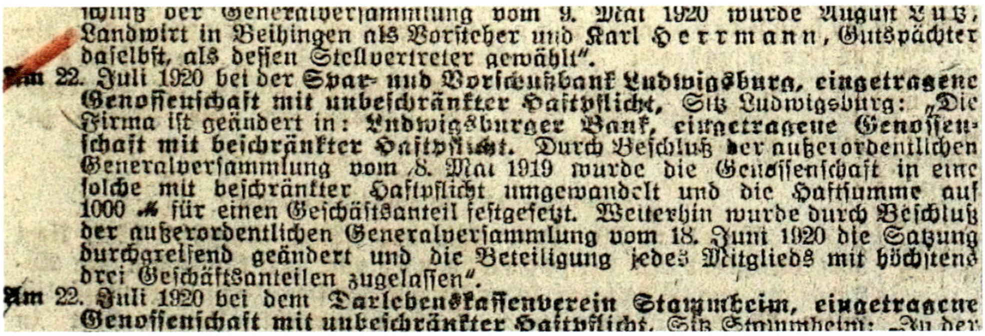

… der Generalversammlung vom 9. Mai 1920 wurde August Lutz, Landwirt in Beihingen als Vorsteher und Karl Herrmann, Gutspächter daselbst, als dessen Stellvertreter gewählt".

Am 22. Juli 1920 bei der Spar- und Vorschußbank Ludwigsburg, eingetragene Genossenschaft mit unbeschränkter Haftpflicht, Sitz Ludwigsburg: „Die Firma ist geändert in: Ludwigsburger Bank, eingetragene Genossenschaft mit beschränkter Haftpflicht. Durch Beschluß der außerordentlichen Generalversammlung vom 8. Mai 1919 wurde die Genossenschaft in eine solche mit beschränkter Haftpflicht umgewandelt und die Haftsumme auf 1000 ℳ für einen Geschäftsanteil festgesetzt. Weiterhin wurde durch Beschluß der außerordentlichen Generalversammlung vom 18. Juni 1920 die Satzung durchgreifend geändert und die Beteiligung jedes Mitglieds mit höchstens drei Geschäftsanteilen zugelassen".

Am 22. Juli 1920 bei dem Darlehenskassenverein Stammheim, eingetragene Genossenschaft mit unbeschränkter Haftpflicht, Sitz Stammheim: „In der

Bekanntgabe der Namensänderung in Ludwigsburger Bank vom 22. Juli 1920 durch das Amtsgericht Ludwigsburg am 28. Juli 1920. (Archiv Ungeheuer + Ulmer KG GmbH+Co.)

aufweisen. Am 19. Oktober 1912 fand der Festakt zum 50-jährigen Jubiläum der Bank statt. Festredner Oberbürgermeister Dr. Gustav Hartenstein überbrachte die »reichen Glück- und Segenswünsche für das Gedeihen der Bank« und bedankte sich für eine Spende über 600 Mark, die den Armen der Stadt zugutekam.[15]

Im Kriegsjahr 1917 verzeichnete die Bank erstmals einen Gesamtumsatz von über 100 Millionen Mark. Ab Oktober 1919 unterhielt die Spar- und Vorschußbank Ludwigsburg zudem in Kornwestheim eine Kassenstelle im Geschäft des Mitarbeiters Kaufmann Carl Pracht und tat damit den ersten Schritt heraus aus dem angestammten Ludwigsburger Stadtgebiet. Ab 1962 sollte daraus dann in angemieteten Räumen in der Güterbahnhofstraße 16 sogar die erste Filiale der Bank werden.

Am 22. Juli 1920 erfolgte die zeitgenössische Umbenennung in Ludwigsburger Bank eGmbH, um dem gewachsenen Selbstbewusstsein, der Regionalität und der engen Verbindung zur Stadt auch im Namen mehr Ausdruck zu verleihen. Ein Jahr zuvor, am 8. Mai 1919, hatte die Mitgliederversammlung den Beschluss gefasst, die bisher unbeschränkte Haftung der Mitglieder auf 1.000 Mark zu beschränken – nach außen ein deutliches Zeichen des Vertrauens in die eigene Leistungsfähigkeit, nach innen vor allem auch ein wichtiger Schutz für die damaligen Mitglieder in der zunehmend schwieriger werdenden wirtschaftlichen Lage.

Mit dem verloren gegangenen Krieg änderte sich Deutschland politisch, aber auch gesellschaftlich und wirtschaftlich. So waren die 20er Jahre des vergangenen Jahrhunderts einerseits von großer kultureller Vielfalt geprägt, andererseits aber auch von wirtschaftlich unsicheren Zeiten. Die Ludwigsburger Bank musste in diesen Jahren zum zweiten Mal einen Verlust an Mitgliedern und Umsatz hinnehmen, während in der Stadt Ludwigsburg Tausende Menschen ihre Arbeit verloren.

Zwischen Börsenkrach und Bombenhagel

Die nun kommenden Jahre brachten die schwersten Bewährungsproben der Ludwigsburger Bank; sie wurden vom erfahrenen Vorstandsvorsitzenden Ferdinand Schädel sowie seinem Adlatus und späteren Nachfolger Ulrich Ackermann aber alle gemeistert. Die Hyperinflation im Herbst 1923 sorgte für eine Bilanzsumme von 89.680.950.000.977.888 Mark, also fast 90 Billiarden Mark. Der wirkliche Wert dieser unvorstellbar großen Summe hielt sich jedoch in Grenzen: so hätte man am 22. September 1923 die gesamte Bilanzsumme gerade einmal gegen 2.250 US-Dollar eintauschen können. Mit der Umstellung der Währung auf die Goldmark sank die Eröffnungsbilanz 1924 auf einen Wert von 155.000 Mark. Die im Vergleich zur Vorkriegszeit extrem niedrige Bilanzsumme zeigt eindrucksvoll die Verarmung von Bevölkerung und Mittelstand in diesen Jahren.

In ihrer Publikation zum 100-jährigen Jubiläum ließ die Ludwigsburger Bank 1962 hierzu nochmals Zeitzeugen zu Wort kommen: »Den Bankverkehr in einer Zeit täglich fortschreitender Geldentwertung kann sich niemand vorstellen, der nichts anderes kennt als die gesicherte Tagesarbeit in fest geregelten Verhältnissen. Der Geldwert verflüchtigte sich buchstäblich in der Luft. Ein Zeitverlust in der Geldanlage brachte unweigerlich einen Geldverlust. Phantasie und Improvisation sind die kurz skizzierten Merkmale der damaligen bankbetrieblichen Arbeit. Man war außerstande, Werte zu erhalten oder zu bilden. Es wurde nicht unberechtigt von einem Zahlenirrsinn gesprochen, der keinerlei Rückschlüsse auf die geschäftliche Entwicklung zuließ.«[16]

Aktiva **Bilanz auf 31. Dezember 1923** **Passiva**

Aktiva	Papier-Mark	Passiva	Papier-Mark
Kasse (bar und fremde Sorten)	8 857 120 000 000 000.—	Geschäftsanteile	3 976 110.33
Wechsel	14 200 000 000 000 000.—	Reservefond	342 906 340.—
Wertpapiere	5 495 680 000 000 000.—	Gewinn- oder Div.-Res.	1 000 000.—
Banken und Postscheck	33 799 790 000 000 000.—	Kriegsrücklage	25 000.—
Laufende Rechnungen	27 308 360 000 000 000.—	Pensionsfond	1 000 000.—
Vorschüsse	9 763.—	Banken	16 011 210 000 000 000.—
Hypotheken	598 125.—	Laufende Rechnungen	60 105 790 000 000 000.—
Beteiligungen	20 000 000 250 000.—	Spareinlagen und Anlehen	63 765 688 417 658.20
Gebäude und Einrichtung	120 000.—	Rückständige Steuern	442 600 000 000 00.
		Reingewinn	13 057 583 963 652 779.47
	89 680 950 000 977 888.—		**89 680 950 000 977 888.—**

Goldmark-Eröffnungs-Bilanz

Aktiva **auf 1. Januar 1924** **Passiva**

Aktiva	Gold-ℳ ₰	Passiva	Gold-ℳ ₰
Kasse (bar und fremde Sorten)	8 857.12	Geschäftsanteile	25 000.—
Wechsel	14 200.—	Laufende Rechnungen	60 105.79
Wertpapiere	5 495.68	Banken	16 011.21
Banken und Postscheck	33 799.79	Spareinlagen und Anleihen	2 500 -
Laufende Rechnungen	27 308.36	Rückständige Steuern	442.60
Hypotheken	5 815.—	Reservefond I (gesetzlicher)	20 000.—
Beteiligungen	20.—	Reservefond II	5 000.—
Gebäude und Einrichtung	60 000.—	Pensionsfond	3 936.35
	155 495.95		**155 495.95**

Die Mitgliederzahl

betrug bei Beginn des Jahres 1923: 1529. Im Jahre 1923 sind 121 Mitglieder neu eingetreten, dagegen ausgeschieden 27 (wovon durch Tod 17, infolge Kündigung 10), somit **Mitgliederstand am Jahresschluß 1923: 1623.**

Ludwigsburg, den 16. April 1924

Der Vorstand:

F. Schädel U. Ackermann Th. Weigel

Die Bilanz der Bank im Inflationsjahr 1923 inklusive der Eröffnungsbilanz 1924 in Goldmark nach der Währungsreform. (Archiv Volksbank Ludwigsburg)

Trotz dieser Krisenzeit behielt die Ludwigsburger Bank ihr Selbstvertrauen: Im November 1923 zog die Bank erneut um. Aus dem großen Gebäude der ehemaligen Gaststätte Reichskrone am Arsenalplatz entstand die neue Bankzentrale und sie sollte bis zum fernen Jahr 2000 dort auch ihren Sitz behalten. Denn gerade in Krisenzeiten zeigte sich die Stärke der regionalen Verwurzelung: Sie bot den Menschen Stabilität und Sicherheit. Auch deshalb wuchs die Mitgliederzahl im Jahr 1923 auf 1.623 an und hatte sich damit innerhalb von nur zehn Jahren nahezu verdreifacht.

Durch den § 2 der Dritte[n] Verordnung des Reichspräsidenten zur Sicherung von Wirtschaft und Finanzen und zur Bekämpfung politischer Ausschreitungen wurden ab 6. Oktober 1931 deutschlandweit die öffentlichen Sparkassen als Folge der Weltwirtschaftskrise verselbständigt, wenn auch nicht aus der Kontrolle durch Politik und Verwaltung entlassen. Und auch für die vielen, zumeist kleinen genossenschaftlichen Banken änderte sich einiges: Am 5. Dezember 1934 war – ebenfalls als Folge des Zusammenbruchs des deutschen Bankensystems vom 13. Juli 1931 – das Kreditwesengesetz in Kraft getreten. Es markierte den Beginn einer allgemeinen, regulierten Bankenaufsicht, deren Grundprinzipien sich teilweise bis heute erhalten haben. Nach der Eingliederung der Genossenschaftsverbände in den Reichsnährstand im Jahr 1934 mussten die Genossenschaften zudem ein Einheitsstatut annehmen, das auf Elementen der damaligen Ideologie »Gemeinnutz vor Eigennutz« basierte. Viele Genossenschaftsbanken ließen sich mit der Anpassung ihrer Satzungen Zeit und auch die Ludwigsburger Bank reagierte wohl erst auf zunehmenden Druck entsprechend: In ihrer Dokumentation von 1962 zum 100-jährigen Bestehen wird rückblickend geschildert, dass »im Bereiche der Ludwigsburger Bank [...erst] die außerordentliche Generalversammlung vom 3. Februar 1938 noch der Reformbedürftigkeit der Satzung mit durchgreifenden Änderungen unter Angleichung an das Musterstatut« entsprochen habe.

Im Zuge der zeitgenössischen politischen Bestrebungen, alle Genossenschaftsbanken einem gemeinsamen Gedanken dienstbar zu zeigen, wurden zudem entsprechende Namensänderungen gefordert. Dies traf auch die Ludwigsburger Bank, die sich am 12. Mai 1941 in Volksbank Ludwigsburg eGmbH umbenannte. Dr. Hans Vomhoff, seit 1936 Vorsitzender des Aufsichtsrates, erinnerte sich später an diese ebenfalls herausgezögerte Umbenennung:

»Der Name Volksbank resultiert aus den verständlichen Bemühungen, durch eine gleiche Firmierung im ganzen Reichsgebiet nach außen hin den Gedanken der Gründer wirksamer werden zu lassen. Wir von der Ludwigsburger Bank haben lange Zeit gezögert, die lieb gewonnene [Namens-]Tradition aufzugeben und die Uniformierung, wie wir meinten, mitzumachen. Es lag in der Haltung des damaligen Aufsichtsrates ein stiller Protest gegen jene Gleichmacherei, die das Anzügle bestimmte und nicht dem Inhalt Geltung lassen wollte. Nun, die Zeit verschaffte sich ihr Recht, aber auch unter der neuen Namensgebung blieben wir die Ludwigsburger Bank [...]«.[17]

Die Zeit des Nationalsozialismus brachte neben zunehmenden Regulierungen zunächst auch einen gewissen wirtschaftlichen Aufschwung. Von der allgemeinen militärischen Aufrüstung profitierte Ludwigsburg als Garnisonsstadt. Mit der Wiedereinführung der allgemeinen Wehrpflicht entstanden 1936 bis 1937 hier drei neue Kasernen: die Osterholzkaserne-, die Eberhard-Ludwig- und die Flakkaserne. Dazu kam der Neubau der Reichsautobahn, der Ludwigsburg an das Fernstraßennetz anschloss. So herrschte etwa im Baugewerbe dieser Jahre Hochkonjunktur. Dies ließ sich auch in den Büchern der Ludwigsburger Bank erkennen. Deshalb hatte 1937, im Jahr ihres 75-jährigen Bestehens, der Umsatz wieder 66 Millionen Reichsmark erreicht. 851 Bürger der Stadt waren Mitglied und die Bank befand sich damit auf gutem Kurs, um an die vorinflationären Geschäftsergebnisse der frühen 1920er Jahre anzuschließen. Zuvor hatte Direktor Ferdinand Schädel 1936 nach einer Rekordzeit von 26 Jahren Vorstandsarbeit den Stab an Ulrich Ackermann übergeben.

Die kommenden Ereignisse warfen aber ihre Schatten bereits voraus. In den nach 1941 folgenden vier Jahren schaltete die Kriegswirtschaft zunehmend jedwede freie Marktwirtschaft aus, den Geschäftsjahren 1940 bis Anfang 1945 gab daher die gedrosselte Kauffähigkeit und damit ein zunehmender Strom an Geldanlagen ihre bilanzielle Prägung. 1945 kam dann der Zusammenbruch des deutschen Wirtschaftssystems. Für wenige Wochen ruhten vom 21. April bis zum 1. Juli 1945 auch die Geschäfte bei der Volksbank Ludwigsburg. In den kommenden Monaten und Jahren sortierte sich das Wirtschaftsleben nur langsam, erst die Währungsreform von 1948 führte zu einer Stabilisierung, welche Basis für einen Neuanfang wurde. Zuvor waren nach den Vorgaben der Besatzungsmächte kommissarische Vorstände berufen und auf einer außerordentlichen Mitgliederversammlung der gesamte Aufsichtsrat neu gewählt worden.

Die Umstellung auf die Deutsche Mark war auch für die Volksbank Ludwigsburg eine Herausforderung – und der nunmehr dritte von insgesamt vier Währungswechseln in der Bankgeschichte. Mit Ablauf des 20. Juni 1948 wurden eine Abschlussbilanz in Reichsmark und eine Eröffnungsbilanz in Deutsche Mark (DM) aufgestellt – an diesem Tag verlor die alte Währung ihre gesetzliche Zahlkraft. Die Bilanzsumme sank mit einem Schlag auf 7,5 % des Standes vor der Wirtschaftsreform, ein deutliches Zeichen, wie wertlos und ausgehöhlt die Reichsmark zu diesem Zeitpunkt bereits gewesen war.

Dank der sich belebenden Wirtschaft sah es einige Jahre später bereits ganz anders aus: Die Bilanzsumme der Volksbank Ludwigsburg stieg von 3,8 Millionen DM im Jahr 1951 auf fast 21 Millionen DM im Jahr 1961 an. Die jährlichen Steigerungsraten beliefen sich in einzelnen Geschäftsfeldern auf bis zu 27,7 % und spiegelten damit die

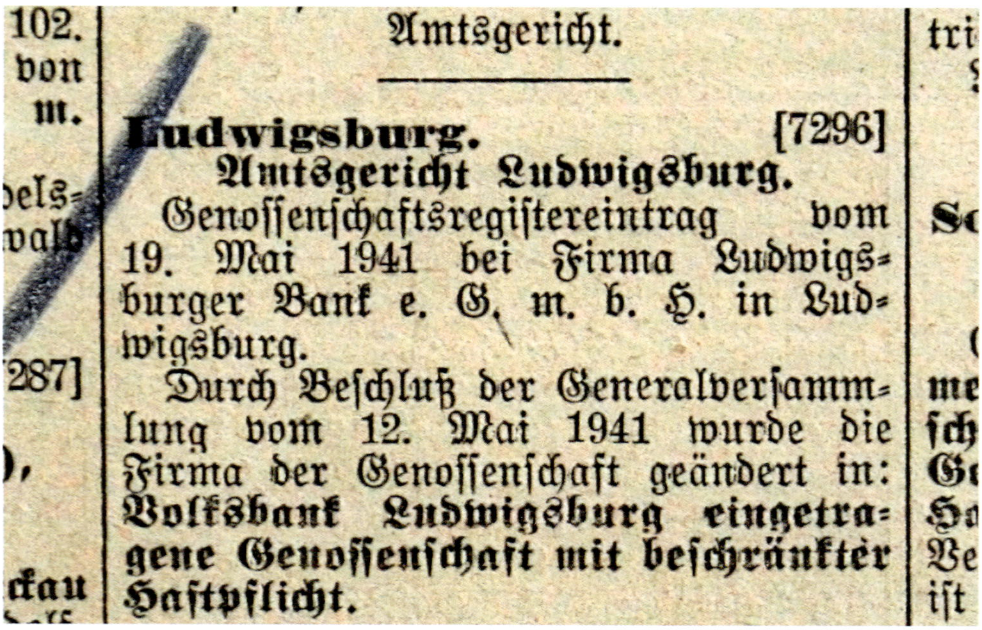

Amtsgericht.

Ludwigsburg. [7296]

Amtsgericht Ludwigsburg.

Genossenschaftsregistereintrag vom 19. Mai 1941 bei Firma Ludwigsburger Bank e. G. m. b. H. in Ludwigsburg.

Durch Beschluß der Generalversammlung vom 12. Mai 1941 wurde die Firma der Genossenschaft geändert in: **Volksbank Ludwigsburg eingetragene Genossenschaft mit beschränkter Haftpflicht.**

Bekanntgabe der Namensänderung in »Volksbank Ludwigsburg« am 19. Mai 1941 durch das Amtsgericht Ludwigsburg. (Archiv Ungeheuer + Ulmer KG GmbH + Co.)

Zeit des Wirtschaftswunders wider. Dieser Zeitraum steht aber auch für eine Phase rascher Wechsel im Vorstandsbereich: Für die kommenden vier Jahre leitete Adam Teufel ab 1948 die Volksbank Ludwigsburg. 1952 folgte ihm Julius Batz in dieser Funktion. Ab 1958 war es Oskar Frey, der bis 1969 wieder für eine etwas längere Amtszeit an der Spitze der Bank stand. Nach zwei arbeitsreichen Jahrzehnten feierte die Bank 1962 ihren 100. Geburtstag. Das wieder gestiegene Selbstbewusstsein zeigte sich in der Jubiläumsschrift deutlich: »Sie [die Zahlen] beweisen, welche Stellung sich die Bank in der heimischen Wirtschaft errungen hat. Sie zeigen deutlicher als viele Worte, welche Leistungskraft einer großen Vertrauensgemeinschaft innewohnt, die innerlich gesund dasteht.«[18]

Eine neue Bankzentrale am Arsenalplatz

Die geschäftliche Entwicklung der Volksbank Ludwigsburg machte es zunehmend notwendiger, den Hauptsitz zu modernisieren. Schon 1953 waren umfangreiche Umbauarbeiten durchgeführt geworden, damit das alte Gebäude den wachsenden Anforderungen einer aufstrebenden Bank Rechnung tragen konnte. Hatte die Bankführung mit Hans Löckle 1960 zunächst noch einen kleinen Umbau geplant, so wurde 1961 deutlich, dass dieses Konzept nicht ausreichend wäre. Ein umfassenderer Um- und Anbau wurde mit Blick auf das dafür geschätzte Investitionsvolumen von rund 1,5 Millionen DM ebenfalls verworfen.[19]

Daher wurde am 16. März 1964 das alte Gebäude in der Arsenalstraße komplett abgerissen. Während der Bauphase wurden die Büros und Schalter im kleineren Nebengebäude, dem früheren Central-Restaurant, untergebracht. An gleicher Stelle wurde am 16. September 1966 der 2,5 Millionen DM teure Neubau eingeweiht. Die neue Bankzentrale verfügte nun über eine Nutzfläche von 3.000 Quadratmetern und den ersten Autoschalter in Ludwigsburg. Ludwigsburg feierte zudem einen »Eckstein der Neugestaltung des Arsenalplatzes«, wie der damalige Oberbürgermeister Anton Saur anerkennend bemerkte.[20]

Der gesellschaftliche Wandel hält Einzug

Ab der zweiten Hälfte der sechziger Jahre kam das Wirtschaftswunder der Nachkriegszeit ins Stocken und ein gesellschaftlicher Wandel begann: die Wachstumspause von 1966, die Studentenunruhen von 1968 und der Ölpreisschock von 1973 mit seinen autofreien Sonntagen. Zwischen 1969 und 1975 stieg die Arbeitslosenzahl in Ludwigsburg von 192 auf 6.381 Betroffene an – das 33-fache im Zeitraum von nur fünf Jahren. Zeitgleich brachten die siebziger Jahre für breite Teile der Bevölkerung einen nie gekannten Wohlstand. Und der Bargeldverkehr begann, sich grundlegend zu wandeln: Erste (Groß-) Computer hielten Einzug, in den Betrieben wurde die bargeldlose Lohn- und Gehaltszahlung eingeführt. Girokonten, Daueraufträge, Scheckeinzahlungen – all dies bestimmte nun den Zahlungsverkehr. Zwar war die Volksbank Ludwigsburg bereits seit 1963 an ein elektronisches Buchungszentrum angeschlossen, aber erst die Anbindung an das Großrechenzentrum der Württembergischen Genossenschaftsbanken läutete 1973 das Computerzeitalter so richtig ein.

Wachstum durch Filialen und Fusionen

Von 1969 an brachte Heinz Magg bis 1974 die expansive Ausrichtung der Ludwigsburger Volksbank aktiv voran. Unterhielt die Volksbank seit 1919 eine Zahlstelle in Kornwestheim und dort seit 1962 ihre bislang einzige Filiale außerhalb des Stadtgebiets, so erweiterte sich ab 1965 Jahren kontinuierlich das Geschäftsgebiet. Ein Grundgedanke des neuen Konzeptes war, dass der Kunde seine

Die alte Bankzentrale in der ehemaligen Gaststätte »Reichskrone« und der Neubau an gleicher Stelle von 1966. (Archiv Volksbank Ludwigsburg)

Geschäfte am unmittelbaren Wohnort abwickeln kann und sich so die Geschäftsbeziehung vertieft. Den Anfang hatte am 26. Oktober 1965 die Eröffnung einer Geschäftsstelle im Schlösslesfeld gemacht. Diese neue Bankstelle fand innerhalb kürzester Zeit die Akzeptanz der Kunden. Die positiven Erfahrungen führten dazu, dass ab 1970 die Eröffnung weiterer Filialen vorangetrieben wurde. Am 10. August 1971 wurden Zweigstellen in der Hindenburgstraße und am 29. Mai 1972 in der Friedenstraße gegründet.

Einer am 12. Februar 1973 eröffneten Zweigstelle auf dem Ludwigsburger Schlachthof an der Möglinger Daimlerstraße war hingegen kein langes Leben beschienen, sie wurde bereits am 1. September 1973 wieder geschossen.

Bis 1974 folgten die Verschmelzung mit der Volksbank Poppenweiler und die Gründung von Geschäftsstellen in der Schorndorfer Straße, im Marstall-Center und in Hoheneck. In dieser Phase übernahm Werner Schaible ab 1974 auch den Vorstandsvorsitz der Volksbank Ludwigsburg. 1978 kam unter seiner Ägide noch eine Geschäftsstelle in Oßweil hinzu.

Ein ganz besonderer Impuls war die ebenfalls 1973 noch von Magg angestoßene Fusion mit der damaligen Genossenschaftsbank Hemmingen. Hier trat die Volksbank weit aus ihrem angestammten Geschäftsgebiet – die Stadt Ludwigsburg und deren unmittelbare Nachbarschaft – heraus und wurde zu einer im Landkreis agierenden Genossenschaftsbank mit zwei Standorten in Hemmingen selbst, sowie je einem in Ditzingen-Hirschlanden, Ditzingen-Schöckingen und Hochdorf/Enz.

Zugleich wuchs das Geschäftsvolumen der Bank durch diese Fusion um rund ein Drittel und stieg bis 1984 auf über 500 Millionen DM. Im gleichen Jahr überschritt die Volksbank Ludwigsburg auch erstmals in ihrer bis dahin 122-jährigen Unternehmensgeschichte die Zahl von 10.000 Mitgliedern.

Eine kreisweite Bank wächst heran

Im 125. Jubiläumsjahr 1987 erfolgte die Fusion mit der Oßweiler Bank. Damit war die Volksbank Ludwigsburg nun mit insgesamt 15 Geschäftsstellen im Landkreis Ludwigsburg vertreten. Die Volksbank Ludwigsburg freute sich über 11.000 Mitglieder und eine Bilanzsumme von mehr als 500 Millionen DM. Damit gehörte sie zu den zehn größten Volksbanken in Württemberg. In seinem Jubiläumsvortrag »Volksbank 2000« prognostizierte der Vorstandsvorsitzende Werner Schaible bereits am 18. September 1987 einen an Fahrt gewinnenden Strukturwandel. Er betonte, dass sich »im Finanzdienstleistungsbereich [...] gravierende Veränderungen ab[zeichnen], die eine starke Kooperation der Banken und ihrer Verbundpartner erfordern werden«. [21]

Schon 1990 erfolgte der nächste Zusammenschluss, dieses Mal mit der Volksbank Bietigheim-Vaihingen/Enz und Umgebung, die unter ihrem Dach bereits fünf ehemals eigenständige Banken vereinigte. Nur zwei Jahre später kam der Zusammenschluss mit der Neckarweihinger Bank, die sich bereits 1972 mit der Darlehenskasse Hoheneck vereint hatte. Im gleichen Jahr 1992 stand der nächste Vorstandswechsel an, Rainer Bauer übernahm die Bankführung von Werner Schaible, der rund 18 Jahre die Geschicke der Volksbank Ludwigsburg gesteuert hatte.

Unter Bauer wurde die intensive Marktausweitung über weitere Fusionen fortgeführt. Mit der Volksbank Marbach kam 1995 nach Bietigheim ein zweites Schwergewicht unter das Dach der Volksbank Ludwigsburg. Jetzt vereinigte sie bereits zwei Dutzend ehemals eigenständige Volksbanken, Raiffeisenbanken, Genossenschaftsbanken und Darlehenskassen unter ihrem Namen. 1996 konnte die Volksbank in Ludwigsburg nach 134 Jahren Firmengeschichte außerdem das 40.000. Mitglied begrüßen.

Neubau der Bankzentrale an der Schwieberdinger Straße auf dem früheren Gelände der Süddeutschen Verlagsanstalt.
(oben Archiv Ungeheuer + Ulmer KG GmbH+Co., unten Archiv Volksbank Ludwigsburg)

Das Jahr 1999 sah schließlich die letzten zwei Fusionen mit der Volksbank Ludwigburg: die der kleinen Raiffeisenbank Erdmannhausen und der Kornwestheimer Bank. Seitdem vereinigte die Volksbank Ludwigsburg unter ihrem Dach 26 ehemals eigenständige Genossenschaftsbanken und hatte ein Filialnetz, das mit Ludwigsburg, Kornwestheim, Bietigheim-Bissingen, Marbach und Vaihingen/Enz alle urbanen Unterzentren des Landkreises einschloss.

Umzug zur Jahrtausendwende

Zur Jahrtausendwende 1999/2000 stand ein großer Umzug an. Auf dem Gelände der früheren Süddeutschen Verlagsanstalt war am 17. Juni 1999 das Richtfest für ein modernes, repräsentatives Verwaltungsgebäude an der Schwieberdinger Straße. Wenige Monate nach dem Jahrtausendwechsel zog die Bank vom bisherigen Hauptsitz am Arsenalplatz in ihre neue Zentrale. Von dort aus galt es am 1. Januar 2002, mit der Einführung des Euro den nunmehr vierten Währungswechsel für die Kunden auch intern zu meistern. In den folgenden Jahren stoppte die weitere Expansion, bis 2005 eine Konsolidierung erreicht war. Die Gründe lagen in den Herausforderungen zu Beginn des neuen Jahrtausends, den (vor allem fusionsbedingten) Neustrukturierungen sowie der Insolvenz der Württembergischen Maler-Einkaufs-Genossenschaft (WüMeg) 2002, deren Hausbank die Volksbank Ludwigsburg gewesen war. Im Jahr 2005 stand mit dem Übergang des Vorstandsvorsitzes von Rainer Bauer an Karlheinz Unger auch der vorletzte Stabwechsel an.

Mitgliederwachstum als Strategie

Mit dem von der Kreissparkasse gekommenen Karlheinz Unger setzte ab 2005 eine Abkehr von weiteren Fusionsbestrebungen ein. Die Fokussierung auf Mitgliedergewinnung und ein moderater Ausbau des Filialnetzes traten an diese Stelle. In der Ludwigsburger Oststadt, im Mittelpunkt der 1999 und 2000 aufgegebenen drei Filialstandorte Corneliusstraße, Schorndorfer Straße und Oststraße, wurde 2009 die Filiale »Oststadt« nahe der Kreuzung Schorndorfer Straße/Oststraße eröffnet. Hiermit sollte die frühere Präsenz im Bereich Schlösslesfeld wieder hergestellt werden. 2010 erfolgte die Eröffnung einer Filiale in Freiberg am Neckar, um die bestehenden Märkte um Marbach und Benningen mit der Region Bietigheim-Bissingen zu verbinden. Hierzu wurde das historische Bahnhofsgebäude dort erworben, umfassend saniert und restauriert. Schließlich wurde 2013 in Pattonville eine dritte Filiale neueröffnet. Der damals von einem Zweckverband der Kommunen Remseck, Ludwigsburg und Kornwestheim verwaltete Teilort erfuhr seinerzeit dank umfassender Erschließungsprojekte ein starkes Bevölkerungswachstum. Im Gegenzug hierfür wurde von der Volksbank der Filialstandort »Kornwestheim-Rechbergstraße« aufgegeben. Dieser erlebte schon damals eine zurückgehende Kundenfrequenz, auch weil er recht nahe an der Hauptfiliale in der dortigen Bahnhofstraße – der alten Zentrale der früheren Kornwestheimer Bank – lag. Mit der Verlagerung der Kornwestheimer Filiale in das aufstrebende und teilweise zu Kornwestheim gehörende Pattonville versprach sich die Volksbank-Führung ebenfalls neue Wachstumsimpulse.

Wandel durch neue Herausforderungen

Die Jahre ab 2008 hatten mit einer Abfolge tiefgreifender Krisen eine Zäsur in der weltweiten Wirtschaft bedeutet. Aus einer US-amerikanischen Immobilienkrise entstand 2008 eine Krise der weltweit verflochtenen Großbanken. 2009 wurde die Wirtschaft ebenfalls weltweit von einer massiven, aber kurzzeitigen Rezession mit Auftragseinbrüchen und Marktverschiebungen betroffen. Ab 2011 hielt schließlich eine von mehreren europäischen Staaten ausgehende Schuldenkrise und daraus resultierende Nullzinspolitik nicht nur die Banken in Atem.

Auch Genossenschaftsbanken wie die Volksbank Ludwigsburg spürten die Entwicklungen in Wirtschaft und Kapitalmärkten. Neue Filialstandorte wurden nun nicht mehr angegangen, einige große Immobilienprojekte aber noch bis 2013 abgeschlossen: Mit dem Ankauf und Umbau eines Gebäudes an der Ruhrstraße war 2012, dem 150. Jubiläumsjahr der Bank, das Gelände der Bankzentrale zu einem weitläufigen Campus ergänzt worden. Nach dem Rückerwerb der früheren Bankzentrale am Arsenalplatz zu Jahresanfang 2011 hatte die Volksbank Ludwigsburg zudem das dortige Gebäude bis zum Frühjahr 2013 umfassend saniert, umgebaut und mit einer neuen Fassade ausgestattet.

Im Herbst des Jahres 2012 konnte die Volksbank Ludwigsburg 150 Jahre Genossenschaft und 165 Jahre Bankgeschäfte feiern, die Bilanzsumme hatte sich auf gut 2 Milliarden Euro gesteigert und schon Ende 2011 war das 60.000 Mitglied der Bank begrüßt worden.

Zwischen Digitalisierung und »Corona«

Im zweiten Jahrzehnt des neuen Jahrtausends beschleunigte sich der gesellschaftliche und technologische Wandel, dem sich auch die Volksbank Ludwigsburg stellen musste.

Seit 2014 hatte die Bank – wie viele andere Kreditinstitute auch – mit einem Maßnahmenbündel um die Zukunftsfähigkeit von Filialstandorten gerungen. Die Kunden nutzten zunehmend digitale Bankanwendungen, hatten im Gegenzug weniger Bedarf an einer Bargeldversorgung oder personenbedientem Service. Daher wurde im Ludwigsburger Marstallcenter mit dem dort anstehenden Umbau die seitherige Filiale geschlossen und mit der Kundenbetreuung am Arsenalplatz zusammengelegt. In mehreren Markterhebungen bestätigte sich, dass es durch den gesellschaftlichen Wandel allein zwischen 2016 und 2019 gerade bei kleinen, ländlichen Filialstandorten zu merklichen Nutzungsrückgängen gekommen war. Die Entwicklung beschleunigte sich in den darauffolgenden »Coronajahren« 2020 und 2021 nochmals merklich.[22]

Im Frühjahr 2019 verließ Karlheinz Unger nach 15 Jahren Vorstandsvorsitz die Bank, sein Stellvertreter Thomas Palus rückte für kurze Zeit in diese Funktion nach. Unter dessen Vorsitz erfolgten tiefgreifende strukturelle Veränderungen in der Kundenpräsenz der Bank. Ab dem 1. September 2019 gliederte sich die Privatkundenbetreuung um vier Beratungscenter an den Standorten Bietigheim, Ludwigsburg, Marbach und Vaihingen. Mit Wirkung zum 1. Januar 2020 wurden im ganzen Geschäftsgebiet zwölf Kleinfilialen geschlossen und mit anderen Standorten zusammengelegt. Parallel hierzu wurden digitale sowie telefonische Services und Produktangebote ausgebaut.[23]

Mit der Fusion der drei im Landkreis angesiedelten Genossenschaftsbanken VR-Bank Asperg-Markgröningen, Volksbank Ludwigsburg und VR-Bank Neckar-Enz zur neuen, kreisweiten VR-Bank Ludwigsburg eG endete kurz darauf zum 31. Dezember 2020 die eigenständige Geschichte der »Localbank für kleinere Gewerbe«, »Spar- und Vorschuß-Bank in Ludwigsburg«, »Ludwigsburger Bank eGmbH« und »Volksbank Ludwigsburg eG« nach 158 Jahren Genossenschaft und 173 Jahren Bankgeschäften, welche an dieser Stelle zusammengefasst wurde.[24]

Anmerkungen

1 Aus dem Gründungsprotokoll heraus ist nicht ersichtlich, um welche Person es sich bei dem genannten Fabrikanten und Kaufmann Weigle handelt. Folgende Personen aus der Familie Weigle könnten in Frage kommen. Erstens der Ludwigsburger Kaufmann Karl Wilhelm Weigle (geb. 1788), Inhaber der Baumwollwaren-Fabrik bzw. »Fahnenfabrik« in Hoheneck, zweitens sein Sohn, Kaufmann Hermann Adolf Weigle (1816–1890).

2 Volksbank Ludwigsburg (Hg.): 100 Jahre Volksbank Ludwigsburg 1862–1962, Sonderpublikation anlässlich des 100-jährigen Bestehens der Bank, Ludwigsburg 1962, S. 11.

3 »Statut der Localbank für kleinere Gewerbe in Ludwigsburg, Local-Gewerbe-Verein Ludwigsburg«, 1847, eine insgesamt vierseitige Ausgabe für Mitglieder des Vereins, Ludwigsburg, § 8, S. 2, und § 11, S. 3. Das geplante (Start-)Einlagevolumen von 6.000 Gulden entspricht heute einer Kaufkraft von rund 80.000 Euro.

4 Handschriftliches Protokoll des Gewerbevereins zum Geschäftsverlauf der »Localbank« vom 5. Oktober 1853.

5 »Statut der Localbank für kleinere Gewerbe in Ludwigsburg, Local-Gewerbe-Verein Ludwigsburg«, 1847, eine insgesamt vierseitige Ausgabe für Mitglieder des Vereins, Ludwigsburg, § 10, S. 2.

6 Franz Würth: Die deutschen Volksbanken – 1. Flugblatt des volkswirtschaftlichen Vereins für Südwestdeutschland, Frankfurt am Main 1861. Pflüger zitiert hieraus einen längeren Abschnitt von Seite 1 zur Kraft und Struktur des genossenschaftlichen Gedankens sowie aus der Seite 8 zu den konkreten Vorteilen einer genossenschaftlichen Bank.

7 Die Spar- und Vorschussbank Ludwigsburg e.G.m.u.H. 1862–1912, Sonderpublikation anlässlich des 50-jährigen Bestehens der Bank, Ludwigsburg 1912, S. 6.

8 Ebenda, S. 7.

9 Vorwort von Carl Eduard Pflüger in der Beilage zum Hausfreund Numero 89, Ludwigsburg 1862.

10 »Statuten-Entwurf der Spar- und Vorschuß-Bank in Ludwigsburg« vom 5. August 1862: Kapitel I Zweck, § 1 in: Beilage zum Hausfreund Numero 89, Ludwigsburg 1862.

11 Handschriftlich erhaltenes Protokoll der Gründungsversammlung vom 23. August 1862. Das Protokoll listet die 27 Gründungsmitglieder wie folgt auf: A. Reichmann (Schreiner), [K.] Schmauder (Werkführer), E. Pflüger (Dreher), G. Feyerabend (Conditor), C. Kaufmann (Fabrikant), D. Kiesel (Silberarbeiter), G. Strecker (Zimmermann), G. Kayser (Schuhmacher), C.A. Rees (Nadler), G. Greiner (Schuhmacher), Fr. Metzger (Scheider), Chr. Nagel (Maler), C. Rothfritz (Buchbinder), L. Eberlen (Conditor), C. Lell (Schreiner), W. Beyer (Schreiner), H. Theurer (Buchdrucker), L. Elsaß (Fabrikant), C. Mayer (Bortonmacher), R. Behr (Fabrikant), H. Beutelspacher (Hutmacher), J. Stoll (Schreiner), A.F. Hochstetter (Conditor), L. Sprösser (Kaufmann), H. Spaich (Orgelbauer), F. Fissler (Gürtler), W. Dieterich (Kaufmann).

12 »125 Jahre Genossenschaftswesen in Württemberg – Schlüssel zum Wirtschaftlichen Erfolg«, Jubiläumsschrift des Württembergischen Genossenschaftsverbands (Seite IV), Bestandteil des Jahresberichts 1988.

13 Die Spar- und Vorschußbank Ludwigsburg e.G.m.u.H. 1862–1912, Sonderpublikation anlässlich des 50-jährigen Bestehens der Bank, Ludwigsburg 1912, S. 9–10.

14 Ebenda, S. 21–22.

15 Ludwigsburger Zeitung, 21. Oktober 1912.

16 Volksbank Ludwigsburg (Hg.): 100 Jahre Volksbank Ludwigsburg 1862–1962, Sonderpublikation anlässlich des 100-jährigen Bestehens der Bank, Ludwigsburg 1962, S. 17.

17 Ebenda, S. 32; Im Schreiben an das Amtsgericht Ludwigsburg vom 13. Mai 1941 wird um den Eintrag der Namensänderung gebeten und hierbei auf die Beschlussfassung zur Satzungsänderung auf der Ordentlichen Hauptversammlung vom 12. Mai 1941 verwiesen. Am 28. Mai wurde die Namensänderung durch das Amtsgericht in der Ludwigsburger Zeitung verkündet.

18 Volksbank Ludwigsburg (Hg.): 100 Jahre Volksbank Ludwigsburg 1862–1962, Sonderpublikation anlässlich des 100-jährigen Bestehens der Bank, Ludwigsburg 1962, S. 26.

19 Volksbank Ludwigsburg (Hg.): Eine Bank als Teil der Stadt – 125 Jahre Volksbank Ludwigsburg, Sonderpublikation anlässlich des 125-jährigen Bestehens der Bank, Ludwigsburg 1987, S. 29.

20 Ebenda, S. 29.

21 »Volksbank 2000 – Entwicklungstendenzen im Bankgeschäft«, Redemanuskript von Werner Schaible, Vorstandsvorsitzender der Volksbank Ludwigsburg, Vortrag anlässlich der Jubiläumsveranstaltung zum 125-jährigen Geschäftsjubiläum der Volksbank Ludwigsburg am 18. September 1987 in der Musikhalle Ludwigsburg.

22 Pressemitteilung der Bank anlässlich der Bilanzpressekonferenz vom 10. Februar 2020.

23 Pressemeldung der Bank vom 27. März 2019, Meldungen in der Stuttgarter Zeitung vom 7. Oktober 2019, in der Bietigheimer Zeitung vom 27. September 2019 und in der Ludwigsburger Kreiszeitung vom 27. September 2019.

24 Veröffentlichte Information anlässlich der gemeinsamen Pressekonferenz der Vorstände aller drei Fusionsbanken am 4. November 2020, Berichte in der Ludwigsburger Kreiszeitung vom 5. November 2020, Bericht in der Vaihinger Kreiszeitung vom 5. November 2020, Bericht in der Bietigheimer Zeitung vom 5. November 2020.

Zeitgenössische Werbung der Ludwigsburger Bank im Ludwigsburger Wohnungsbuch 1925. (Vorlage: Kreisarchiv Ludwigsburg)

Weihnachtsbaum- und Krippentraditionen in Ludwigsburg

Traditionen und Brauchhandlungen im Wandel der Zeit

von Dr. Ruth Kappel, M. A.,
Kornwestheim; Historikerin, Kunsthistorikerin Universität Tübingen; Archivarin und Kommunikationsexpertin; Vorstand im Verein für Geschichte und Heimatpflege Kornwestheim; Publikationen zur württembergischen Landesgeschichte.

Was wäre Weihnachten ohne Weihnachtsbaum? Der Weihnachtsbaum in all seinen Ausprägungen gehört heute zu den ganz wenigen Gebräuchen und Symbolen, die in vielen Nationen der Welt durchgängig vorhanden sind. Er ist eines der wenigen Elemente, der eine sich immer mehr internationalisierende Gesellschaft eint.[1] Zu den Ludwigsburger Weihnachtstraditionen gehören neben dem Weihnachtsbaumbrauch und der Krippentradition auch der Besuch des Christbaum- und des Weihnachtsmarkts. Diese Spezialmärkte haben sich in Ludwigsburg aus dem Wochenmarkt heraus entwickelt. Heute ist der Ludwigsburger Weihnachtsmarkt der zweitgrößte in Baden-Württemberg. Eine Lichtertanne schmückt den Marktplatz seit 1927.

Lichtgeschmückter Tannenbaum als Symbol

Ein lichtgeschmückter Tannenbaum ist Symbol und Mittelpunkt des Weihnachtsfestes und heute über die ganze Welt verbreitet. Wie der Weihnachtsbaum zunächst in Deutschland Verbreitung fand, was wir in Ludwigsburg vorfinden und wie sich dieser Brauch internationalisierte, ist eine spannende Geschichte.

Zunächst wurde der Weihnachtsbaum in Deutschland als Symbol innerhalb der bürgerlichen Kleinfamilie üblich. Er wurde zum Mittelpunkt des Heiligenabends. Das besagt nicht, dass es bei Bräuchen um 1900 für Dörfer, Gemeinden und manche sozialen Gruppen nicht schon früher Zweige und Bäume gab, die im Sinne von Schmuck und als Symbol für eine immer wiederkehrende Lebenserneuerung genutzt wurden.[2]

Immergrün als Symbol für Lebenskraft

Der Brauch, Grün als Lebenssymbol zu nutzen, geht in die vorchristliche Zeit zurück. Damals verkörperten immergrüne Pflanzen wie Fichte, Tanne, Kiefer, Eibe, Stechpalme, Mistel, Wacholder oder Efeu Lebens-

Künstlerpostkarte mit einem Weihnachtsbaum, 1916. (Vorlage: Slg. Geschichtsverein Kornwestheim)

kraft. Das Grün gab in unseren Breitengraden im dunklen, kalten Winter Hoffnung auf die Wiederkehr des Frühlings. Immergrüne Bäume und Zweige, die zu Zeiten der Wintersonnenwende ins Haus gebracht wurden, galten als Sinnbild des Lebens und der Fruchtbarkeit. So begrünten bereits die Römer zum Jahreswechsel ihre Häuser mit Lorbeerzweigen.[3] »Weihnachtsrosen und Wintergrün«, »Adventskränze und -bäumchen« gehörten für die Ludwigsburger zur Dekoration ihrer Weihnachtsstuben.[4]

Lebensbaum als Zeichen

Auch wenn dieser Bezug zum Lebensbaum nicht mehr geläufig ist, bestehen diese Bräuche bis heute an einigen Höhepunkten im Leben der Menschen: Wenn im Mai der Frühling und mit ihm das Leben in der Natur endgültig gesiegt hat, wird der Maibaum aufgestellt; wenn in ein Bauernhaus eingeheiratet wird, wird der Braut ein Hochzeitsbaum vors Haus gesetzt; beim Almabtrieb im Herbst kehrt die Viehherde gekränzt mit einem Fichtenbäumchen gesund ins Tal zurück; wenn der Dachstuhl eines Hauses fertiggestellt ist, wird das Firstbäumchen aufgesetzt. Zum Jahreswechsel schmückten Bauern ihre Höfe mit Tannenzweigen, bzw. stellten Tannenbäume in ihre Höfe.

Soll die Weitergabe des Lebens in langer Ahnenfolge aufgezeichnet werden, tun wir es in Form des Stammbaums. Am Heiligen Abend werden Ehrenbäume zum ewigen Andenken an die Verstorbenen auf dem Ludwigsburger Friedhof aufgestellt. 1926 errichtete die katholische Gemeinde einen Baum auf dem Ehrenfriedhof im Steinkreis.[5] Auch 1930 und 1933 gab es diesen Baum.[6] 1932 und 1934 hingegen waren am Heiligen Abend nur Lichter und kleine Weihnachtsbäumchen auf den einzelnen Gräbern zu finden.

»Es ist [eine] schöne, wenn auch wehmütige Sitte, am Heiligen Abend der Toten zu gedenken. Als die Dämmerung des Christabends hereinbrach, sah man zahlreiche Leute mit Weihnachtsbäumchen zum Friedhof eilen, Witwen mit ihren Kindern an der Hand, Männer, die ihrer toten Frau, Kinder, die ihren Eltern ein Lichtbäumchen aufs Grab setzen wollten. Namentlich auf dem neuen Teil des Friedhofs brannten auf vielen Gräbern am Christabend, als die Glocken das Weihnachtsfest einläuteten, die Kerzen der den Toten gewidmeten Weihnachtsbäumchen. Es war ein feierliches, ergreifendes Bild: die stillen Menschen in der stillen Nacht betend an den Gräbern der Verstorbenen«.[7]

Seit 1974 gehört der Ehrenbaum im Steinkreis des Friedhofs zu den 16 Bäumen, die die Stadtverwaltung Ludwigsburg jährlich vor Weihnachten im Stadtgebiet aufstellt.[8] In diese Reihe der Lebensbäume gehört auch der Christbaum zu Weihnachten.[9]

Weihnachtsbaum, ein christliches Symbol in Deutschland

Der Weihnachtsbaum ist, wie man es in der Literatur oft findet, weder heidnisch noch protestantisch, sondern ein christlicher Brauch, der bereits in das Jahr 724 zurückgeführt werden kann. Bischof Bonifatius (672–754)[10] hatte in Geismar ein heidnisches Menschenopfer durch das Fällen der Donareiche verhindert und in diesem Zusammenhang die Menschen aufgefordert, einen immergrünen Nadelbaum als Baum des Christuskindes in den Häusern aufzustellen. Sie sollten sich dort versammeln, um Gaben der Liebe und der Güte darzubringen. Diese Legende ist in zahlreichen Handschriften belegt.[11]

Der Christbaum ist somit ein christliches Symbol, das sich in Deutschland bereits in vorreformatorischer Zeit verbreitet hatte.

Weihnachtsbaum, ein Zunftbrauch in Städten

Mit dem Beginn der Reformation und dem kulturellen Aufstieg der Handwerker wurde auf vielen Gebieten die neu entstehende bürgerliche Stadtkultur führend. Die Naturhaushaltung ging in die Geldwirtschaft über, und neben der traditionellen volkstümlichen Religiosität verbreitete sich die neue Lehre des Protestantismus. Nun waren es die Städte, die Bräuche, Moden und andere Errungenschaften an die Bauern weitergaben.[12]

Einen Beleg für einen frühen Weihnachtsbaum im städtischen Umfeld gibt es aus dem Jahr 1419, als in Freiburg im Breisgau die Zunft der Bäcker dem Heiliggeistspital der Stadt einen Nadelbaum stiftete, errichtete und schmückte. Der Baum soll damals mit Naschwerk, Früchten und Nüssen behängt gewesen sein. Eine weitere Spurensuche führt ins Elsass. In Schlettstadt fand sich 1521 der erste gesicherte Beleg, dass nicht nur in öffentlichen Einrichtungen und auf öffentlichen Plätzen, sondern auch in Privathäusern Christbäume aufgestellt wurden. In einer Zunftchronik der Stadt Bremen wird 1570 von einem kleinen Tannenbaum berichtet, der mit Datteln, Äpfeln, Nüssen, Brezeln und Papierblumen geschmückt und »zur allgemeyniglichen Freude« aufgestellt worden war. 1597 zogen Schneidergesellen mit einem grünen Baum voller Äpfel und Käse durch Basel. In ihrer Herberge stellten sie ihn auf und die Kinder der Zunftmitglieder durften ihn zu Weihnachten »abschütteln«. Auch diese Quellen geben Zeugnis davon, dass der Weihnachtsbaum ein christlicher Brauch ist, der bereits vor der Reformation ein gemeindeutscher Brauch war.[13]

Darstellung einer weihnachtlichen Zunftstube. (Vorlage: Slg. Geschichtsverein Kornwestheim)

Für die zweite Hälfte des 17. Jahrhunderts ist dann ergänzend für protestantische Stadtzünfte belegt, dass diese den Weihnachtsbaum, der als Brauch bereits in den Zunftstuben etabliert war, nun auch in das private häusliche Umfeld übernahmen. Der Weihnachtsbaumbrauch fand in den Stuben der Handwerkerfamilien Eingang. Diese Übertragung des Weihnachtsbaumbrauchs von den Zunftstuben in die Wohnstuben der Handwerker wirkte wie eine Übernahme älterer Sitten, ähnlich wie Sankt Nikolaus und Christkind als Gabenspender und weckte den Widerstand der protestantischen Theologen. Das erste bisher bekannte Zeugnis für einen Weihnachtsbaum in einem protestantischen Privathaus ist einer solchen Kritik um 1642 und dieser um die Reinheit der protestantischen Lehre bemühten Opposition zu verdanken.[14]

Die Tradition des »Abschüttelns«, bzw. Plünderns eines Weihnachtsbaums am Ende einer Weihnachtsfeier findet sich auch als typisches Element der Armenweihnachtsfeiern, die Familienmitglieder des Hauses Württemberg für bedürftige Familien in Ludwigsburg und Stuttgart durchführten. Einen ersten Beleg dafür gibt es 1852.[15]

Weihnachtsbaum, eine Tradition der Aristokratie und des Großbürgertums

Im 17. und 18. Jahrhundert wurde der Weihnachtsbaumbrauch von Stadt zu Stadt verbreitet, aber noch nicht auf dem Land. Hohe Beamte und wohlhabende Bürger übernahmen und pflegten die neue Mode. Wie vornehm und aufwendig sich die Weihnachtsbaumsitte noch zu Ende des 18. Jahrhunderts ausnahm, bezeugt eine Schilderung aus Nürnberg im Simplizianischen Wundergeschichtskalender aus dem Jahr 1795:

»Der Weihnachtsbaum stand nun in einer Stube in einer Ecke, und seine Zweige waren so ausgebreitet, daß sie fast die Hälfte der Decke der Stube bedeckten und man darunter stand wie unter einer Sommerlaube. An allen Ästen und Zweigen hingen nun allerhand kostbare Konditor- und Zuckerwaren, als Engel, Puppen, Tiere und dergleichen, alles von Zucker, welches mit den Blüten des Baumes gar artig harmonierte. Ferner hing auch vergoldetes Obst, von allen Sorten, in großer Menge daran, so daß man unter diesem Baum wie in einem Speisegewölbe sich befand […] (im Baum befanden sich) […] der Heilige Geist […] als eine allerliebst schöne Taube […] das Christkind […] die Jungfrau Maria […] alle von Zucker […] (auch) Schnüre mit gereihten Haselnüssen. Zwischen all diesen unbeschreiblichen Kostbarkeiten leuchteten eine unzählige Menge Wachslichtlein hervor,

Aristokratie, 1922. (Vorlage: Slg. Geschichtsverein Kornwestheim)

Bürgerliche Familie, 1903. (Vorlage: Slg. Geschichtsverein Kornwestheim)

wie Sterne am Himmel [...] und man sagte [...] [daß dieser Baum] eigentlich nicht für kleine, sondern für große erwachsene Kinder gemacht worden sei.«

Weihnachtsbräuche im Hause Württemberg

Neben der bürgerlichen Handwerkerwelt und dem Großbürgertum in den Städten trat auch schon früh ein weiterer sozialer Kreis als Träger weihnachtlicher Baumbräuche ins Blickfeld: die europäische Aristokratie und ihre Fürstenhöfe. So war der Weihnachtsbaumbrauch mindestens seit dem 18. Jahrhundert bei den höheren Ständen in ganz Europa bis hin ins zaristische Russland bekannt. Im Tagebuch der Baronin Eveline von Massenbach (1830–1904), der Hofdame der Königin Olga von Württemberg (1822–1892), findet man seit 1852 jeweils am 24. Dezember den Eintrag über die private Familien-Weihnachtsfeier sowie das Abhalten von Armenweihnachtsfeiern in den Tagen davor. Beim Aufenthalt in St. Petersburg im Jahr 1854 berichtet sie von einer »Deutschen Weihnachtsfeier« mit einem geschmückten Weihnachtsbaum.[16] Welcher Mode die Aristokraten und das Großbürgertum im Umfeld des Residenzschlosses Ludwigsburg folgten, wurde von der Bevölkerung genau beobachtet.

Im Archiv des Hauses Württemberg in Altshausen gibt es Akten zu einer Vielzahl von Hoffesten und Veranstaltungen, jedoch nicht zu Weihnachtsfeiern. Warum das so ist, ist fraglich. Archivar Dr. Eberhard Fritz vermutet, dass die Weihnachtsfeiern als ganz private Einladung des Königspaares im

Bäuerin, 1914. (Vorlage: Slg. Geschichtsverein Kornwestheim)

Wilhelmspalais in Stuttgart stattgefunden haben. Offizielle Fotografien des Königspaares aus diesem privaten Umfeld gibt es nicht, auch nicht im Fürstlich Wiedischen Archiv in Neuwied, wo sich der private Nachlass von König Wilhelm II. (1848–1921, reg. 1891–1918, danach Herzog) als Erbe seiner Tochter Fürstin Pauline zu Wied (1877–1965) heute befindet.

Für die Hofhaltung von Herzog Albrecht von Württemberg (1865–1939) sind zum Weihnachtsfest besondere Rezeptbücher überliefert. Natürlich erfand nicht jeder Hof seine eigenen Rezepte, sondern es gab für die Hoftafeln eine Rezeptbuch-Literatur, auf die die herrschaftlichen Köche zurückgriffen. Im Rezeptbuch des Frankfurter Patissiers Carl Gruber, Die Conditorei in Wort und Bild, haben sich Rezepte für die Herstellung von weihnachtlich dekoriertem Eis mit Tannenzweigen, roten Äpfeln, Nüssen und Kerzen, einer doppelstöckigen Torte mit der Heiligen Familie und einer Vielzahl von gehaltvollen Lebkuchenrezepten erhalten.

Besondere Speisen in prächtiger Gestaltung waren im Hause Württemberg Bestandteil des privaten Weihnachtsfests. Tannenbäume, Kerzen, Äpfel, Nüsse, Engel und die Krippe waren dafür typische Dekorationen.

Neben den privaten Weihnachtsfeiern im Hause Württemberg lud die königliche Familie Bedürftige aus Ludwigsburg und den angrenzenden Orten zu Armenweihnachtsfeiern ein. Diese Feiern fanden in der Öffentlichkeit großes Interesse. Abbildungen gibt es auch hiervon nicht.[17]

Der Adel greift bei der Gestaltung der Armenweihnachtsfeiern Traditionen des Zunfthandwerks auf

Für die Zeit von 1888 bis zur Krönung von Kronprinz Wilhelm 1891 fanden Armenweihnachtsfeiern in der Marienwahl, dem

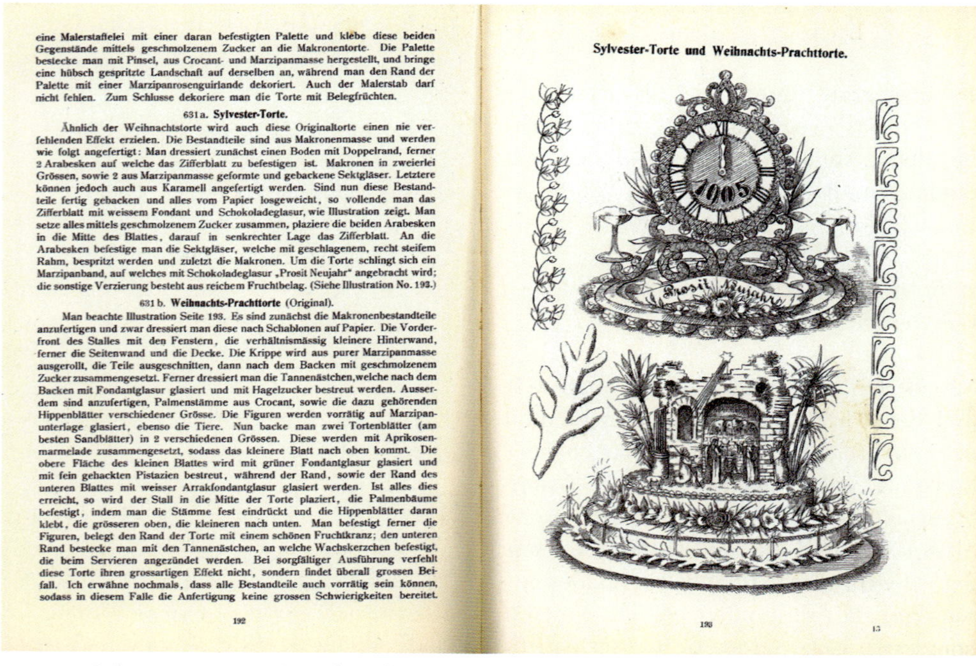

eine Malerstaffelei mit einer daran befestigten Palette und klebe diese beiden Gegenstände mittels geschmolzenem Zucker an die Makronentorte. Die Palette bestecke man mit Pinsel, aus Crocant- und Marzipanmasse hergestellt, und bringe eine hübsch gespritzte Landschaft auf derselben an, während man den Rand der Palette mit einer Marzipanrosenguirlande dekoriert. Auch der Malerstab darf nicht fehlen. Zum Schlusse dekoriere man die Torte mit Belegfrüchten.

631 a. **Sylvester-Torte.**

Ähnlich der Weihnachtstorte wird auch diese Originaltorte einen nie verfehlenden Effekt erzielen. Die Bestandteile sind aus Makronenmasse und werden wie folgt angefertigt: Man dressiert zunächst einen Boden mit Doppelrand, ferner 2 Arabesken auf welche das Zifferblatt zu befestigen ist. Makronen in zweierlei Grössen, sowie 2 aus Marzipanmasse geformte und gebackene Sektgläser. Letztere können jedoch auch aus Karamell angefertigt werden. Sind nun diese Bestandteile fertig gebacken und alles vom Papier losgeweicht, so vollende man das Zifferblatt mit weissem Fondant und Schokoladeglasur, wie Illustration zeigt. Man setze alles mittels geschmolzenem Zucker zusammen, plaziere die beiden Arabesken in die Mitte des Blattes, darauf in senkrechter Lage das Zifferblatt. An die Arabesken befestige man die Sektgläser, welche mit geschlagenem, recht steifem Rahm, bespritzt werden und zuletzt die Makronen. Um die Torte schlingt sich ein Marzipanband, auf welches mit Schokoladeglasur „Prosit Neujahr" angebracht wird; die sonstige Verzierung besteht aus reichem Fruchtbelag. (Siehe Illustration No. 193.)

631 b. **Weihnachts-Prachttorte** (Original).

Man beachte Illustration Seite 193. Es sind zunächst die Makronenbestandteile anzufertigen und zwar dressiert man diese nach Schablonen auf Papier. Die Vorderfront des Stalles mit den Fenstern, die verhältnismässig kleinere Hinterwand, ferner die Seitenwand und die Decke. Die Krippe wird aus purer Marzipanmasse ausgerollt, die Teile ausgeschnitten, dann nach dem Backen mit geschmolzenem Zucker zusammengesetzt. Ferner dressiert man die Tannenästchen, welche nach dem Backen mit Fondantglasur glasiert und mit Hagelzucker bestreut werden. Ausserdem sind anzufertigen, Palmenstämme aus Crocant, sowie die dazu gehörenden Hippenblätter verschiedener Grösse. Die Figuren werden vorrätig auf Marzipanunterlage glasiert, ebenso die Tiere. Nun backe man zwei Tortenblätter (am besten Sandblätter) in 2 verschiedenen Grössen. Diese werden mit Aprikosenmarmelade zusammengesetzt, sodass das kleinere Blatt nach oben kommt. Die obere Fläche des kleinen Blattes wird mit grüner Fondantglasur glasiert und mit fein gehackten Pistazien bestreut, während der Rand, sowie der Rand des unteren Blattes mit weisser Arrakfondantglasur glasiert werden. Ist alles dies erreicht, so wird der Stall in die Mitte der Torte plaziert, die Palmenbäume befestigt, indem man die Stämme fest eindrückt und die Hippenblätter daran klebt, die grösseren oben, die kleineren nach unten. Man befestigt ferner die Figuren, belegt den Rand der Torte mit einem schönen Fruchtkranz; den unteren Rand bestecke man mit den Tannenästchen, an welche Wachskerzchen befestigt, die beim Servieren angezündet werden. Bei sorgfältiger Ausführung verfehlt diese Torte ihren grossartigen Effekt nicht, sondern findet überall grossen Beifall. Ich erwähne nochmals, dass alle Bestandteile auch vorrätig sein können, sodass in diesem Falle die Anfertigung keine grossen Schwierigkeiten bereitet.

192

Sylvester-Torte und Weihnachts-Prachttorte vor 1904. (Vorlage: Karl Gruber)

Die Marienwahl in Ludwigsburg, um 1898. (Vorlage: Slg. Geschichtsverein Kornwestheim)

Landgut des Kronprinzen in der Heilbronner Straße in Ludwigsburg, statt. In der Folge luden König Wilhelm II. und dessen zweite Frau Charlotte, geb. von Schaumburg-Lippe (1864–1946), die er 1886 geheiratet hatte, unterstützt von Tochter Prinzessin Pauline, Familien in den Marmorsaal des Ludwigsburger Residenzschlosses ein.

In die Marienwahl waren 25 arme Familien, insgesamt 105 Personen aus Ludwigsburg und den »drei naheliegendsten Orten,« eingeladen.[18] An den Weihnachtsfeiern im Marmorsaal des Schlosses nahmen 30 Familien mit 120 bis 150 Personen teil. Eingeladen waren Bedürftige aus Eglosheim, Pflugfelden, Asperg, Hoheneck, Kornwestheim, Oßweil und Neckarweihingen.[19]

Der Ablauf der Weihnachtsfeiern war von Jahr zu Jahr gleich: Die Feier fand nachmittags statt. Es gab eine Ansprache des Garnisonspredigers, gemeinsames Weihnachtsliedersingen, Bescherung der Familien mit nützlichen Geschenken für die Erwachsenen und Spiele für die Kinder. Beeindruckend für die Besucher war, die »leutselige, zwanglose Art, mit der der König und die Königin sich […] im Kreis ihrer Gäste bewegten«.[20] Begleitet war das Ganze von gemeinsamem Kaffeetrinken. Ab 1911 wurde das gemeinsame Kaffeetrinken von der Weihnachtbescherung entkoppelt. Zunächst nahm man im ersten Stock des Schlosses den Kaffee und Kuchen ein, um dann zur Bescherung in den Marmorsaal zu gehen. Die Veranstaltung endete mit der »Plünderung« des Weihnachtsbaums. Der Marmorsaal war zu diesen Weihnachtsfeiern dann mit zwei mächtigen Christbäumen und einer langen Tafel mit Geschenken ausgestattet, die mit »reichlich, nützlich, schön« beschrieben wurden. Neben den Wachskerzen, die die beiden Weihnachtsbäume erhellten, erstrahlten zu diesem Anlass auch die prächtigen Kronleuchter.[21]

Das Ludwigsburger Schloss mit Blick auf den Marmorsaal, um 1901. (Vorlage: Slg. Geschichtsverein Kornwestheim)

Bei den Armenweihnachtsfeiern griffen die Angehörigen des Hauses Württemberg die Tradition des aus dem Handwerk stammenden Zunftweihnachtsbaums auf, und so gab es für die Kinder aus Ludwigsburg und den Nachbarorten einmal im Jahr Süßigkeiten satt.

Zu den Feiern reiste die königliche Familie von Stuttgart mit dem Zug an. In den Tagen vor der Veranstaltung wurden die benötigten Geschenke für die eingeladenen Gäste von der Familie des Hauses Württemberg direkt vor Ort in Ludwigsburg eingekauft, zur Freude des lokalen Einzelhandels und der Kinder. Hatten die Kinder das Glück, die Einkäufer zu entdecken, wurden sie mit Süßigkeiten bedacht.[22]

Die Tradition der Armenweihnachtsfeiern in Ludwigsburg endete, als 1918 die Monarchie des Hauses Württemberg aufgelöst und im November die Republik ausgerufen worden war. Der beliebte König Wilhelm II. war genötigt, der Regierung zu entsagen.

Süßigkeitenbaum mit Kindergeschenken, 1922 (Vorlage: Slg. Geschichtsverein Kornwestheim)

Er starb 1921 in Bebenhausen und wurde in Ludwigsburg beigesetzt. Die Armenweihnachtsfeiern im Ludwigsburger Schloss gab es fortan nicht mehr. Bedingt durch die dramatischen Auswirkungen des Ersten Weltkriegs auf die Bevölkerung entwickelte die Stadtverwaltung Ludwigsburg nun eigene Maßnahmen zur Armenfürsorge, mit Auswirkung auf den Weihnachtsbaumbrauch in Ludwigsburg. Doch bevor der Fokus auf Ludwigsburg im 20. Jahrhundert gelegt werden soll, wird im Folgenden noch die Internationalisierung des Weihnachtsbaumbrauchs im 19. Jahrhundert thematisiert.

Deutscher Weihnachtsbaumbrauch internationalisiert sich

Der Weihnachtsbaumbrauch fand nicht nur bei den Aristokraten in Deutschland Verbreitung, sondern dehnte sich, durch die internationale Vernetzung des Adels, über Deutschlands Grenzen hinaus aus.

Prinz Albert von Sachsen-Coburg und Gotha (1819–1861) wurde als Gemahl von Königin Victoria (1819–1901, reg. 1837–1901) nachgesagt, dass er den Baum von Deutschland ins englische Königshaus gebracht habe. Dies stimmt so nicht: Die deutschen Vorfahren von Königin Victoria hatten diesen bereits in England eingeführt. In einem Tagebucheintrag schrieb sie, dass schon der Geruch des Baumes schöne Kindheitserinnerung in ihr wachrief. Albert erklärte nach der Hochzeit mit Victoria das Schmücken des Baumes zu seiner persönlichen Aufgabe – eine Pflicht, der er mit voller Begeisterung nachkam.

Im Jahr 1848 druckte die Zeitung The Illustrated London News ein Bild, das die königliche Familie zeigt, wie sie sich um einen prächtig geschmückten Weihnachtsbaum versammelt. Vielleicht hat der stolze Albert seine viktorianischen Untertanen durch diese Abbildung mit seiner Begeisterung angesteckt. Auf jeden Fall nahmen sich immer mehr Menschen in England die Art, wie die königliche Familie Weihnachten feierte, zum Vorbild. Ein paar Jahre später wurden bereits hunderte Weihnachtsbäume auf dem Markt in Covent Garden verkauft.[23]

Im Laufe des 19. Jahrhunderts verbreitete sich der Weihnachtsbaumbrauch nach Amerika und weiteren überseeischen Gebieten. Bis zum Zeitraum von 1850 bis 1870 waren es in Deutschland, aber auch in den anderen Ländern, vornehmlich die Aristokratie und das Großbürgertum, die sich den Weihnachtsbaum leisten konnten.

Nach der Mitte des Jahrhunderts veränderte sich die Gesellschaft. Die sozialen Gegensätze, die sich nun in den Großstädten immer schärfer herausbildeten, zeigten sich deutlich gerade bei solchen festlichen Terminen, deren Ausgestaltung Geld kostete.[24]

Kriegsweihnacht 1870/71 – Weihnachtsbaum wird Festsymbol für Krieg und Frieden in Deutschland

Eine allgemeine Verbreitung des Weihnachtsbaums als »echt deutsches« Festsymbol brachte zuerst der deutsch-französische Krieg 1870/71. Am Heiligabend dieses Kriegswinters waren auf Wunsch der aristokratischen Heerführer in den Lazaretten, Quartieren und Unterständen Weihnachtsbäume aufgestellt worden.

Die Stimmung war in dieser Zeit in Ludwigsburg traurig. Die Kinderheilanstalt bat aus Not um Weihnachtsgaben für Pfleglinge. Darunter befanden sich kriegsbedingt 22 Kinder aus Straßburg, die ein oder beide Elternteile durch den Krieg verloren hatten.[25] Der Redakteur der Ludwigsburger Zeitung klagte, beim Bericht über den Heiligen Abend 1870: »Sonst strahlt der Christbaum im Kerzenschein, schön gezieret mit herrlichen Gaben, er strahlt in Tälern, er strahlt auf Höhn, um kindliche Herzen zu laben […] « doch 1870 war kriegsbedingt eine freudlose Zeit, denn »nicht glänzt im Baum die Kugel aus Glas«.[26]

Die in der Folge heimgekehrten Sieger sorgten dafür, dass bald in jedem deutschen Haus ebenso ein Weihnachtsbaum erstrahlte wie im Schloss des Kaisers in Berlin oder im Hause Württemberg. Der Baum wurde damals zum Symbol für deutschen Sieg und Frieden, für deutsches Wesen, verbunden mit der bürgerlichen Utopie von einer heilen Welt. Hier beginnt ein neuer Strang in der Sinndeutung des Symbols Weihnachtsbaum, der sich im Ersten und dann im Zweiten Weltkrieg verstärkt: die deutschnationale Inanspruchnahme dieses Zeichens und seine Verwendung für Ziele, die das Gegenteil von »Friede auf Erden« waren.

Die Weihnachtskartenindustrie nahm solche Motivationen geschäftstüchtig auf und lieferte Bräuten, Gattinnen und Eltern ein großes Angebot von vorgeformten, gemütsvollen Äußerungen darüber, wie ganz besonders wichtig es für den deutschen Soldaten sein müsse, gerade zu Weihnachten zu Hause zu sein – und das möglichst aus dem christlichen Zusammenhang herausgelöst und umso fester in das Gefühlsnest der deutschen Familie gelegt. Wenn sich auch um die Jahrhundertwende zunehmend dieses Festrequisit von den Städten auf die Dörfer verbreitete, so blieb es doch wesentlich dem bürgerlichen Kulturbereich zugeordnet. Und man bildete alle Wünsche auf Postkarten ab, in der Inflationszeit auch die immer größer werdenden Geldsäckchen.

Auch in Ludwigsburg gehörte es bei Privatpersonen und Vereinen zum guten Ton, in den 1870/80er-Jahren einen Christbaum aufzustellen. Ein Auswanderer, der zur Weihnachtszeit durch Ludwigsburg flanierte, berichtete über »die mannigfach geschmückten, in hellem Lichterglanz prangenden Christbäume, […] die da und dort hinter den Fenstern zu schauen waren«.[27] Geschmückt waren sie mit roten, blauen und grünen Glaskugeln und Sternen.[28]

Kriegsweihnacht 1914–1918 – Nur eine Kerze sollte am Weihnachtsbaum brennen

Nachdem 1914 der Erste Weltkrieg ausgebrochen war, las man 1915 in der Ludwigsburger Zeitung von einem »Weihnachtsfest in großer Stille«.[29] Die Tonlage änderte sich 1916. Jetzt wurde die Bevölkerung unter den Stichworten »Kriegs- und Weihnachtsbäume« dringend dazu aufgerufen, den Weihnachtskerzenverbrauch massiv einzuschränken und nur eine einzige Kerze am Weihnachtsbaum anzuzünden.

Kriegsweihnacht 1914. (Vorlage: Slg. Geschichtsverein Kornwestheim)

»Kriegs- und Weihnachtsbäume: Bei der herrschenden Knappheit an Fett, Seife und Lichtern ist in diesem Jahr eine freiwillige Einschränkung im Gebrauch von Weihnachtskerzen dringend geboten. In vielen Dörfern und kleinen Landstädten des Reiches, welche nicht über Gas oder elektrisches Licht verfügen, sind die Bewohner gezwungen, aus Mangel an Beleuchtungsmitteln sich mit Eintritt der Dunkelheit zu Bett zu begeben [...]. Alle wirklich gebildeten Teile der Bevölkerung, welche die wahre Lage des Vaterlandes begriffen haben, würden es nicht verstehen können, wenn in diesem Jahr die gleiche Verschwendung und derselbe Luxus mit Weihnachtskerzen getrieben würde, wie das in Friedenszeiten üblich ist. Am schönsten wäre es, wenn jedem Weihnachtsbaum nur eine einzige Kerze aufgesteckt würde [...]. Den Kindern aber, für die ja die Weihnachtsbäume hauptsächlich bestimmt sind, wird es eine wertvolle Erinnerung für ihr ganzes Leben bleiben, das im Kriegsjahr 1916 nur eine einzige Kerze an ihrem Baum brennen durfte.«[30]

Anstelle von qualitätvollem Christbaumschmuck aus Glas hingen nun preisgünstige Girlanden und Lametta am Baum, ergänzt durch künstlichen Deko-Schnee.[31]

Für die Soldaten im Feld gab es: »winzige zusammenlegbare Bäumchen, im Liebesgabenpaket, sorgfältig verpackt. Wir stellten sie behutsam auf den rohen Tisch im Unterstand, im Stollen oder Mannschaftsraum. Wir holten uns richtig Tannen aus den Waldungen und schmückten sie so gut es eben ging [...] und sangen unsere Weihnachtslieder.«[32]

Bis in die 1920er-Jahre hinein schien sich in den Familien die Art, Weihnachten zu feiern, wieder zu normalisieren. In den Lebenserinnerungen des Kornwestheimers Alfred Retter 1926/27 findet man eine Beschreibung des Heiligen Abends: »Der Heilige Abend kam, Vater hatte den Christbaum gerichtet. Er bohrte manchmal noch ein Loch in den Stamm, damit der Baum noch formschöner wurde. (...) Endlich klingelte meine Mutter mit dem Glöckchen am Christbaum und ich durfte in die ›gute Stube‹. Die Kerzen am Baum brannten und nun sangen wir alle miteinander ›Stille Nacht‹, erst dann war die Bescherung.«[33]

Weihnachten in der Inflationszeit, Christuskind mit Geldsäckchen. (Vorlage: Slg. Geschichtsverein Kornwestheim)

Not! Not! Not! Existenzielle Not macht Fortführung des Weihnachtsbaumbrauchs unbezahlbar

Doch die Not der Menschen nahm durch die Auswirkungen der Inflation immer mehr zu. 1922 wurde über die Verarmung der Bevölkerung in Ludwigsburg und dem Landkreis berichtet. »Gestern Geber heute Bettelmann!« Der Gemeinderat in Ludwigsburg war gezwungen, die Marktgebühren für Krämer- und Holzmärkte zu erhöhen. Einen Christbaumverkauf auf dem Marktplatz gab es nicht mehr. Das Bezirkskrankenhaus bat um Weihnachtsgaben. Im Anzeigenteil der Ludwigsburger Zeitung wurde zum Kauf von »nützlichen« Geschenken aufgerufen.[34] Teuerung und Geldentwertung waren an der Tagesordnung. Billige Ersatzstoffe wie Süßstoff, Margarine, Kokosfett, Kunsthonig wurden angeboten.[35] Die Karlshöhenkinder sammelten Geld und Naturalien.[36] Die Stadtverwaltung publizierte eine Liste, wer in Ludwigsburg im Rahmen der »Heimatnot-Sammlung« Spenden für Bedürftige in Form von Schmuck und Naturalien entgegennahm.[37] Aufgrund der hohen Brennstoffpreise traf der Ludwigburger Gemeinderat den Beschluss zur »Einrichtung von Wärmestuben«.[38]

Öffentlicher Weihnachtsbaum in Kirchen, erste Altenweihnachtsfeier der Stadt

Die Kirche hatte ihrerseits begonnen, den Weihnachtsbaumbrauch aus dem familiären Umfeld herauszulösen. Für die Gläubigen wurden zunehmend seit der Jahrhundertwende (1900) Bäume rechts und links neben dem Altar aufgestellt.[39] Die Geldnot der Menschen führte in den 1920er-Jahren dazu, dass der »Brauch des Schenkens« zu Weihnachten in vielen Familien nicht mehr umgesetzt werden konnte. So fanden in den beiden Kirchen am Marktplatz am 23. und 24. Dezember 1922 erstmals Christfeiern mit »mächtigem brennenden Christbaum« statt.[40] Als dann 1923 um die Weihnachtszeit sogar die städtischen Kanzleien wegen Brennstoffknappheit ihre Öffnungszeiten reduzierten, wurde die ehemalige Garnisonskirche am Marktplatz, heute katholische Kirche, als Wärmestube an den Weihnachtsfeiertagen, zu Silvester und Neujahr beheizt, und die erste städtische Altenweihnachtsfeier fand statt. Als Grund für die Teilnahme an den Altenfeiern wurde materielle Not und das künstlerische Programm angegeben.[41] 1924 liest man über Wohnungsnot und insgesamt schwere Notzeiten. In den Kirchen fanden weiterhin Weihnachtsfeiern für die Bevölkerung statt.[42] Ab 1925 schien sich die Lage für die Ludwigsburger wieder etwas zu entspannen. Es gab wieder einen Christbaumverkauf und in der Ludwigsburger Zeitung stand: »Die Tannenbäume sind wieder da.«[43]

Öffentliche Weihnachtsbäume in Vereinen

In Zeiten der Not nahmen auch die Vereine ihre soziale Verantwortung wahr. Die Zahl der Vereinsweihnachtsfeiern stieg sprunghaft an. Über Kornwestheim wurde von »um sich greifenden Weihnachtsfeiern der Vereine« berichtet. Die Kritik, die 1927 an diesen Feiern laut wurde, war, dass diese sich im Laufe der Zeit weniger der Armenfürsorge widmeten, sondern vielmehr der Unterhaltung dienen würden und mit den christlichen Weihnachtsfeiern in den Familien nichts mehr zu tun hätten. Die Armut sei nicht so groß, dass die Weihnachtsfeiern von der Familie in die Vereine gelegt werden müssten. Man versuchte die Zahl der Vereinsweihnachtsfeiern zu reduzieren, indem man die Vereine dazu aufrief, mehrere Vereinsweihnachtsfeiern zusammenzulegen.[44]

Christbaumverkauf auf dem Marktplatz eingestellt, verkaufsoffene Sonntage vor Weihnachten abgeschafft

Aus »Geldnot« gab es in Ludwigsburg zwischen 1920 und 1924 keinen Christbaumverkauf mit Weihnachtsbuden auf dem Marktplatz mehr.[45] Der Einzelhandel berichtete von den drei verkaufsoffenen Sonntagen vor Heiligabend, die aufgrund des Käuferandrangs und Umsatzes in der Vergangenheit als »bronzene«, »silberne« und »goldene« Sonntage bezeichnet worden waren, dass diese zwar »gut gelaufen«, die Kaufkraft allerdings gering gewesen sei.[46] Die Zeit der vor Waren und Kunden überquellenden Ladengeschäfte war vorbei. Zwar durfte der Einzelhandel an den drei Sonntagen vor Weihnachten weiterhin ab 11.00 Uhr geöffnet haben, doch war die Schließzeit 1927 auf 17.00 Uhr verbindlich für alle Ladenbesitzer festgelegt worden.[47] Die Kaufkraft nahm mehr und mehr ab. Die Waren wurden billiger angeboten und die Einnahmen der Einzelhändler in Ludwigsburg sanken um bis zu 40 Prozent.[48] Abgesehen von Spielwaren und Büchern wurden jetzt vor allem praktische Dinge des alltäglichen Lebens gekauft: Essen, Wäsche, Kleider, Schuhe, Möbel.[49] 1933 konnten von Bedürftigen beim Finanzamt Bedarfsförderungsscheine abgeholt werden, die zum Kauf von steuerbefreiten Weihnachtsgeschenken berechtigten.[50]

Die Ludwigsburger Zeitung unterstützte den lokalen Einzelhandel von 1922 bis 1936 mit der Sonderbeilage »Weihnachtsmarkt«.[51] Die Ladenbesitzer boten darin ihre Waren an. Die Sonntage vor Weihnachten nutzte die Bevölkerung jetzt weniger zum Einkauf als zur Betrachtung der Schaufensterauslagen.[52] Die Ludwigsburger Zeitung motivierte ihre Leserschaft ab 1929 regelrecht zu Schaufensterspaziergängen, indem sie Weihnachtspreisausschreiben »Wer hat das schönste Schaufenster« veröffentlichte.[53] Der Einzelhandel versuchte mit elektrisch beleuchteten Auslagen die weniger gewordenen Kunden bei reduzierten Öffnungszeiten anzulocken.[54] Für viele Familien waren Schaufensterspaziergänge oftmals der einzige Luxus, den man sich in der Vorweihnachtszeit noch leisten konnte. 1934 wurden dann auch die verkaufsoffenen Sonntage vor Weihnachten abgeschafft.[55]

Öffentlicher Gemeindelichterbaum auf dem Marktplatz

Die in den Familien angesiedelte Christbaumtradition wurde aus Not mehr und mehr zum gemeinschaftlichen Brauch. Man traf sich jetzt am Weihnachtsbaum in Kirchen, bei Vereinen und auf Altenweihnachtsfeiern der Stadt.

Elemente des Weihnachtsfestes, die ursprünglich privater Familienbrauch gewesen waren, wurden nun zur öffentlichen Angelegenheit. In Ludwigsburg war zu beobachten, dass da und dort die Innenstadt mit öffentlichen Weihnachtsbäumen und Adventskränzen von Einzelhändlern geschmückt wurde. Der Ratskeller war außen weihnachtlich dekoriert.[56] Mit Entmachtung von König Wilhelm II. 1918 gab es die Armenweihnachtsfeiern des Hauses Württemberg in Ludwigsburg nicht mehr, zu welchem bedürftige Familien aus dem Landkreis Ludwigsburg eingeladen gewesen waren.

Um den Ludwigsburgern weiterhin die Möglichkeit zu einem gemeinschaftlichen Weihnachtserlebnis zu geben, hatte Oberbürgermeister Dr. Gustav Hartenstein (1864–1926, amt. 1897–1926)[57] 1926 die Idee zur Aufstellung eines Gemeindelichterbaums auf dem Markplatz. Sein Ziel war, »[…], damit den Weihnachtsgedanken als ein gemeinschaftliches Erlebnis der Bürgerschaft auch in der Öffentlichkeit […] zu prägen«.[58]

Die Idee dazu hatte Hartenstein aus Heilbronn mitgebracht. Der Ölfabrikant Ludwig Hahn (1850–1944) hatte bereits 1922 die Idee zur Aufstellung eines Gemeindelichterbaums auf der Freitreppe des Rathauses gehabt. Am 24. Dezember 1922 brannten

Erster Gemeindelichterbaum in Heilbronn auf der Freitreppe des Rathauses, 1923. (Stadtarchiv Heilbronn, Postkartensammlung F003-M, Foto W. Muttach, Heilbronn)

in Heilbronn die Kerzen des Baumes zum ersten Mal. Die elektrische Beleuchtung für den Baum hatte Hahn der Stadt gespendet.[59] In der Heilbronner Stadtchronik ist zu lesen: »24. Dezember 1922: Nach amerikanischem Vorbild ist auf der Rathaustreppe ein Weihnachtsbaum aufgestellt. Ölfabrikant Ludwig Hahn (Heilbronn) hat dazu die Anregung gegeben. Die elektrische Beleuchtung des Baumes wurde auf seine Kosten eingerichtet.«[60]

Dieser Brauch kam nach dem Ersten Weltkrieg aus Amerika. Frau J. B. Herreshof hatte 1912 erstmals auf dem Madison Square von New York einen öffentlichen Weihnachtsbaum mit elektrischen Lichtern aufstellen lassen. Die Lichtertanne fand Nachfolger auch im inflationsgebeutelten Deutschland, als man begann, öffentliche Weihnachtsbäume für diejenigen aufzustellen, die sich keinen Weihnachtsbaum mehr leisten konnten. In der Literatur findet man häufig den Hinweis, dass erstmals ein solcher Baum 1924 in Weimar nachzuweisen sei.[61] Doch bereits zwei Jahre zuvor stand ein elektrisch beleuchteter Weihnachtsbaum in Heilbronn.

Am 22. November 1927 kündigte die Stadtverwaltung in Ludwigsburg die Aufstellung des ersten Gemeindelichterbaums an. Als Standort hatte man den Bereich des Marktplatzes vor der Frauenarbeitsschule ausgewählt.[62] Die Frauenarbeitsschule befand sich in dem Gebäude links von der Stadtkirche in der früheren Hauptwache am Marktplatz 11.[63]

Den Luxus einer elektrischen Christbaumbeleuchtung gab es in Ludwigsburg zunächst nicht. Der Marktplatz und die daran angrenzenden Gebäude waren in

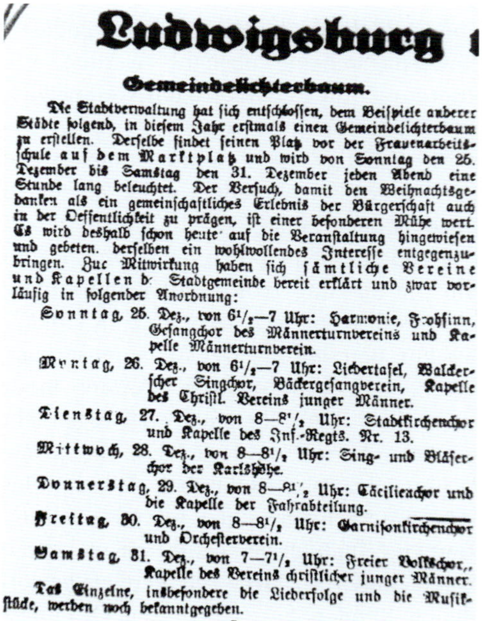

Ludwigsburg

Gemeindelichterbaum.

Die Stadtverwaltung hat sich entschlossen, dem Beispiele anderer Städte folgend, in diesem Jahr erstmals einen Gemeindelichterbaum zu erstellen. Derselbe findet seinen Platz vor der Frauenarbeitsschule auf dem Marktplatz und wird von Sonntag den 25. Dezember bis Samstag den 31. Dezember jeden Abend eine Stunde lang beleuchtet. Der Versuch, damit den Weihnachtsgedanken als ein gemeinschaftliches Erlebnis der Bürgerschaft auch in der Oeffentlichkeit zu prägen, ist einer besonderen Mühe wert. Es wird deshalb schon heute auf die Veranstaltung hingewiesen und gebeten, derselben ein wohlwollendes Interesse entgegenzubringen. Zur Mitwirkung haben sich sämtliche Vereine und Kapellen d. Stadtgemeinde bereit erklärt und zwar vorläufig in folgender Anordnung:

Sonntag, 25. Dez., von 6½—7 Uhr: Harmonie, Frohsinn, Gesangchor des Männerturnvereins und Kapelle Männerturnverein.

Montag, 26. Dez., von 6½—7 Uhr: Liedertafel, Walckerscher Singchor, Bäckergesangverein, Kapelle des Christl. Vereins junger Männer.

Dienstag, 27. Dez., von 8—8½ Uhr: Stadtkirchenchor und Kapelle des Inf.-Regts. Nr. 13.

Mittwoch, 28. Dez., von 8—8½ Uhr: Sing- und Bläserchor der Karlshöhe.

Donnerstag, 29. Dez., von 8—8½ Uhr: Cäcilienchor und die Kapelle der Fahrabteilung.

Freitag, 30. Dez., von 8—8½ Uhr: Garnisonkirchenchor und Orchesterverein.

Samstag, 31. Dez., von 7—7½ Uhr: Freier Volkschor, Kapelle des Vereins christlicher junger Männer.

Das Einzelne, insbesondere die Liederfolge und die Musikstücke, werden noch bekanntgegeben.

Ankündigung der Aufstellung des ersten Gemeindelichterbaums, 22. November 1927. (Ludwigsburger Zeitung)

Eine Frau mit ungeschmücktem Gemeindelichterbaum auf dem Ludwigsburger Marktplatz mit Blick zum Haus Nummer 6 und 7, um 1928. (Stadtarchiv Ludwigsburg, StadtALB S 23, Foto: F. Kretschmer)

dieser Zeit noch nicht elektrifiziert.[64] So brauchte es Frauenhände, um die Kerzen auf dem ersten Gemeindelichterbaum anzuzünden. Der Standort bei der Frauenarbeitsschule war daher bewusst gewählt. Zwischen dem 25. und 31. Dezember 1927 wurde der Weihnachtsbaum je eine Stunde am Tag beleuchtet und die Ludwigsburger Gesang-, Militär- und Musikvereine boten zwischen 18.30 Uhr und 20.30 Uhr ein Lied- und Musikprogramm zur Unterhaltung der Bevölkerung.[65] Baum und musikalische Unterhaltung wurden 1927 von den Ludwigsburgern sehr gut angenommen:

»Abends (25. Dezember) brannte am Marktplatz zum ersten Male in unserer Stadt der Gemeindelichterbaum. Eine unübersehbare Menschenmenge hatte sich zu dem Konzert eingefunden. Weithin war der strahlende Baum sichtbar, andächtig horchte die Menge auf die frommen Weisen, die zwischen den Häusern und Gassen erklangen. So feierte die Stadt, die wenige Stunden vorher noch das lauteste Leben entfaltete, still und fast andächtig das Weihnachtsfest als eine Gemeinde.«[66] Bedingt durch den plötzlichen Tod von Oberbürgermeister Hartenstein am 3. Dezember 1926 sollte der Ideengeber die Umsetzung des ersten Gemeindelichterbaums in Ludwigsburg 1927 nicht mehr erleben.

Nachdem der erste Gemeindelichterbaum von den Ludwigsburgern sehr gut angenommen worden war, war die Beteiligung 1928 aufgrund des schlechten Wetters rückläufig. In der Ludwigsburger Zeitung war zu lesen: »Auch bei uns muss der Gemeindelichterbaum erst seine Freunde finden«.[67] 1929 ging man dazu über, den Weihnachtsbaum auf dem Marktplatz bereits an Heiligabend von 18.30 bis 20.00 Uhr zu beleuchten.[68] 1929 erhielt der Baum besonders großen Zulauf, da die Einzelhändler am Heiligen Abend erstmals um 17.00 Uhr ihre Geschäfte schließen mussten.[69] Im Folgejahr stand der Gemeindelichterbaum am Heiligen Abend allerdings »[einsam] und verlassen […] und nur selten stockte der Fuß eines Vorübereilenden angesichts der brennenden Lichter«.[70]

Treffen am Gemeindelichterbaum ersetzt privates Christbaum Loben

Die Jahre 1930 und 1931 waren von hoher Arbeitslosigkeit gekennzeichnet. Viele verzichteten aufgrund der großen Not auf die sonst zu Weihnachten üblich gewesenen Besuche bei Bekannten und Freunden, um den Weihnachtsbaum anzusehen und das, was das Christkind zu Weihnachten daruntergelegt hatte, zu bewundern. Durch den Verzicht auf das sogenannte Christbaum Loben kam den Treffen beim Gemeindelichterbaum auf dem Marktplatz eine völlig neue Bedeutung zu.[71] Kompensierte er doch die vorher übliche Familientradition des gegenseitigen Christbaum Lobens. Vor diesem Hintergrund wurde die Beleuchtungsdauer des Gemeindelichterbaums 1931 auf zwei Stunden verlängert.[72]

1932 erstrahlte der öffentliche Weihnachtsbaum mit Wachskerzen auf dem Marktplatz zwei Mal am Tag, morgens und abends für eineinhalb bis zweidreiviertel Stunden. Auch war der Baum nicht erst am ersten Weihnachtsfeiertag, bzw. Heiligen Abend aufgestellt worden, sondern bereits am 15. Dezember. In der Ludwigsburger Zeitung wurde 1932 das Gesangs- und Musik-Programm erstmals ausführlich vorgestellt.[73]

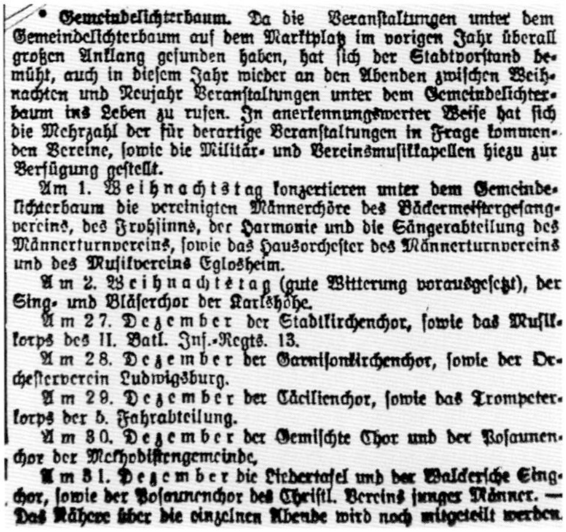

• **Gemeindelichterbaum.** Da die Veranstaltungen unter dem Gemeindelichterbaum auf dem Marktplatz im vorigen Jahr überall großen Anklang gefunden haben, hat sich der Stadtvorstand bemüht, auch in diesem Jahr wieder an den Abenden zwischen Weihnachten und Neujahr Veranstaltungen unter dem Gemeindelichterbaum ins Leben zu rufen. In anerkennungswerter Weise hat sich die Mehrzahl der für derartige Veranstaltungen in Frage kommenden Vereine, sowie die Militär- und Vereinsmusikkapellen hiezu zur Verfügung gestellt.

Am 1. Weihnachtstag konzertieren unter dem Gemeindelichterbaum die vereinigten Männerchöre des Bäckermeistergesangvereins, des Frohsinns, der Harmonie und die Sängerabteilung des Männerturnvereins, sowie das Hausorchester des Männerturnvereins und des Musikvereins Eglosheim.

Am 2. Weihnachtstag (gute Witterung vorausgesetzt), der Sing- und Bläserchor der Karlshöhe.

Am 27. Dezember der Stadtkirchenchor, sowie das Musikkorps des II. Batl. Inf.-Regts. 13.

Am 28. Dezember der Garnisonkirchenchor, sowie der Orchesterverein Ludwigsburg.

Am 29. Dezember der Cäcilienchor, sowie das Trompeterkorps der 5. Fahrabteilung.

Am 30. Dezember der Gemischte Chor und der Posaunenchor der Methodistengemeinde,

Am 31. Dezember die Liedertafel und der Waldersche Singchor, sowie der Posaunenchor des Christl. Vereins junger Männer. — Das Nähere über die einzelnen Abende wird noch mitgeteilt werden.

Gesangs- und Musikprogramm am Gemeindelichterbaum. Vom 24.–31. Dezember 1929 brennen die Lichter eineinhalb Stunden, jeweils von 18.00–19.30 Uhr. (Ludwigsburger Zeitung, 24. 12. 1929)

Verbot des Gemeindelichterbaums als unerwünschtes Zeichen der Bedürftigkeit Kein Deutsches Haus mehr ohne Christbaum!

Mit der Machtübernahme der Nationalsozialisten durch die Ernennung Adolf Hitlers zum Reichskanzler durch den Reichspräsidenten Paul von Hindenburg (1847–1934, amt. 1925–1934) am 30. Januar 1933 sollten auch die Ludwigsburger Weihnachtsbräuche zum Deutschen Brauch mit Deutschem Weihnachtsfest und Deutschen Weihnachtsgaben werden.[74]

Im Dezember 1933 diskutierte der Ludwigsburger Gemeinderat zum ersten Mal über die »Abschaffung des Gemeindelichterbaums«. Er sei aus der Not heraus geboren worden, und jede Familie sollte sich wieder ein eigenes Bäumchen für den Heiligen Abend in der Familie leisten können. Der Baum sei ein wesentlicher Teil des Deutschen Familienfestes.[75] Der Reichsverband Deutscher Waldbesitzerverbände hatte sich dem Winterhilfswerk zur Verfügung gestellt, und Waldbesitzer waren nun aufgefordert, billige, vorwiegend kleine Bäumchen, vor allem schnell wachsende Fichten an die Städte in Deutschland zu liefern.[76]

Die Ludwigsburger lassen sich ihren Baum nicht nehmen! Der Gemeindelichterbaum wird Spendenbaum

Doch die Ludwigsburger ließen sich ihren öffentlichen Weihnachtsbaum nicht so einfach nehmen. Der zentrale Standort auf dem Marktplatz konnte noch ein weiteres Jahr behauptet werden. Der Treffpunkt der Bevölkerung beim Gemeindelichterbaum mit Musik und Gesang musste allerdings durch eine neue Funktion ergänzt werden. So mutierte der Gemeindelichterbaum 1933 zum Spendenbaum. An einem Tisch konnten nun Gaben und Geldspenden für in Not befindliche Volksgenossen abgegeben werden. Die NS-Volkswohlfahrt drang darauf, dass der Baum zukünftig an einem »verkehrsreichen Platz« aufgestellt werden sollte und setzte sich damit durch.[77]

Am 20. Dezember 1933 informierte das Kultusministerium über das Vorhaben der Reichsführung des Winterhilfswerks mit dem Namen »Weihnachten in jedem Haus«, »allen Bedürftigen ein kleines Weihnachtsbäumchen ins Haus bringen zu lassen. Um eine lebendigere Teilnahme der Jugend am Winterhilfswerk zu erreichen, hat die Reichsregierung vorgeschlagen, für das Schmücken der Bäumchen die Schulen in Anspruch zu nehmen. In Zusammenarbeit den örtlichen Winterhilfswerk-Führungen mit dem NS-Lehrerbund soll am letzten Schultage vor den Weihnachtsferien eine bestimmte Anzahl kleiner Weihnachtsbäumchen durch die Schulkinder geschmückt werden. Der Herr Reichsminister des Innern hat den Vorschlag gebilligt und die Unterrichtsverwaltungen gebeten, die Schulen entsprechend anzuweisen. Ich komme dieser Bitte nach und ersuche die Schulen, bei dem Werke mitzuhelfen. Die Gau-, Kreis- und Ortsgruppenführer werden sich zur Durchführung der erforderlichen Maßnahmen unmittelbar mit den Schulen bzw. dem NS-Lehrerbund in Verbindung setzen.«[78]

Am 29. Dezember 1933 war in der Ludwigsburger Zeitung zu lesen: die »schöne Sitte, dass die Gemeinde durch den großen Lichterbaum auf dem Marktplatz auch denen, welchen die Not unserer Zeit nicht einmal mehr die Freude eines eigenen, wenn auch nur bescheidenen Weihnachtsbäumchens zuteilwerden lässt, ein Stück echter Weihnachtsstimmung vermittelt; und es ist eine noch schönere Sitte, dass sich Abend für Abend ein Verein bereitfindet, diese Stimmung durch festliche musikalische Klänge zu vertiefen und dadurch diese abendlichen Weihestunden zu einer Sache der Allgemeinheit zu machen«.[79]

Den Ludwigsburgern sollte es noch ein weiteres Jahr gelingen, ihren Weihnachtsbaum zu verteidigen. Zwar hatte sich die NS-Volkswohlfahrt durchgesetzt, und der Baum durfte nicht mehr auf dem Marktplatz aufgestellt werden, doch die Ludwigsburger waren flexibel, denn »diese Weihnachtsfreude hätte man uns nicht nehmen dürfen!« Der neue Standort befand sich jetzt auf dem Kasernenareal des Arsenalplatzes. Eine Neuerung war nun, dass der Baum erstmals elektrisch beleuchtet war. So konnte er nicht nur zwei Mal am Tag mit dem Aufwand des Kerzenanzündens beleuchtet werden, sondern leuchtete jetzt mit Einbruch der Dunkelheit konstant vom 20. Dezember bis zum 2. Januar 1934.[80]

Die Möglichkeit des elektrisch beleuchteten Weihnachtsbaums war aus Amerika gekommen. Edward Johnson (1846–1917), Vizepräsident der Edison Electric Light Company in Amerika, setzte seine Besucher erstmals zu Weihnachten 1882 in Erstaunen: Sein Weihnachtsbaum war mit 80 leuchtenden Lämpchen geschmückt – somit strahlte die weltweit erste Lichterkette, und zwar in den Farben Blau, Rot und Weiß. Erst zwei Jahre zuvor hatte Thomas Edison (1847–1931) sein Patent auf die Glühlampe erhalten. 1895 ließ der US-Präsident Grover Cleveland (1837–1908, amt. 1885–1889; 1893–1897) erstmals den Weihnachtsbaum im Weißen Haus mit elektrischen Kerzen dekorieren und erregte damit großes Aufsehen. 1901 kam die elektrische Lichterkette in den USA erstmals in den Handel. Bereits zwei Jahre später entwickelte sich die Lichterkette zum Massenprodukt. 1903 brachte General Electrics das erste Kerzen-Set heraus, das verkabelt war und nur noch in die Steckdose gesteckt werden musste. Während die Lichter zuerst verspielte Motive wie bunte Blumen, Tiere oder Nüsse darstellten, kamen in den 1920er Jahren kerzenförmige Lichter auf den Markt. In Deutschland verbreitete sich die elektrische Variante der Weihnachtsbaumkerzen in den 1920er Jahren.[81] Der erste elektrisch illuminierte »öffentliche« Weihnachtsbaum in Deutschland stand 1922 in Heilbronn. Im Nachbarort Kornwestheim gab es ihn seit

1928. Da repräsentative Plätze in Kornwestheim fehlten, nutzte die Unternehmensleitung der Salamander AG ein weithin sichtbares Gebäude von herausragenden Architekten als Ort für die Aufstellung des ersten öffentlichen Christbaums in Kornwestheim. Ab 1935 stand zusätzlich ein Gemeindelichterbaum auf dem neu gebauten Rathausturm, der weit ins ganze Land hineinstrahlte.[82]

In Ludwigsburg hatte die Stadtverwaltung im November 1928 begonnen, die Straßenbeleuchtung auf Strom umzustellen, bei gleichzeitiger Vermarktung der Privatanschlüsse.[83] Die Ludwigsburger Firma Elektro Lochmann in der Seestraße 77 warb im Dezember 1932 mit: »Gutes Licht überall. Der Weihnachtsbaum im Freien. […] Heute, da wir im Besitze von wetterfesten elektrischen Weihnachtskerzen sind, ist im dichtesten Straßengewühl, inmitten leicht brennbarer Stoffe eine Feuergefahr durch Baumlichter ausgeschlossen«.[84]

Neu war 1934 in Ludwigsburg nicht nur die elektrische Beleuchtung des Gemeindelichterbaums.

»Alle Jahre wieder […] Wir Ludwigsburger atmeten auf, als sich gestern doch noch ganz unerwartet der traditionelle Weihnachtsbaum auf dem Arsenalplatz einstellte. Es ging dabei in seiner nächsten Umgebung ein wenig »kriegerisch« zu, und wer vorbeikam, konnte sich jedenfalls ein belustigtes Lächeln über diesen ungewohnten Kontrast nicht verkneifen. Eine Riesenleiter und ein umfangreiches Rundgestell waren nötig, um den Riesenbaum, der auf dem Arsenalplatz trotzdem noch klein wirkte, erst einmal richtig auf die Beine zu stellen und nachher mit den vielen elektrischen Kerzen zu schmücken. Und ringsherum standen, lagen, liefen und exerzierten unsere Soldaten. Auch für sie war dieser Tannenbaum ein kleines Ereignis, um das man sich aber nicht weiter kümmern durfte.«[85]

Das Begleitprogramm wurde nun, passend zum Kasernenstandort, von den Nationalsozialisten gestaltet. Musik- und Gesangsvereine traten nicht mehr auf. Am 20. Dezember wurde der Baum aufgestellt. Am 21. Dezember sang die Hitlerjugend mit ihrer Spielschar unter dem Weihnachtbaum und am Sonntag, den 22. Dezember, fand »so etwas wie eine Weihnachtsfeier unter freiem Himmel mit Ausgabe von Liebesgaben auf dem Arsenalplatz statt«. Darüber hinaus wurde angekündigt, dass 150 Ludwigsburger Kinder und 50 bedürftige Erwachsene in Weihnachtsfeiern, die von der Reichswehr in der Kaserne abgehalten werden, beschenkt würden. So wurden selbst die in Ludwigsburg mit so großem öffentlichem Interesse verfolgt gewesenen Armenweihnachtsfeiern des Hauses Württemberg zu militärischen Veranstaltungen. Am Neujahrstag marschierte die Reichswehr musizierend durch die Stadt und alle Dienstgebäude der Stadt trugen Flaggenschmuck.[86]

Gemeindelichterbaum wird Straßenbaum – Zusätzlich brannte ein blaues Licht

1935 wurde der elektrisch beleuchtete öffentliche Weihnachtsbaum vom Arsenalplatz auf den Bürgersteig der verkehrsreichen Wilhelmstraße verlegt. Ein zehn Meter langer Spendentisch mit Gaben für Bedürftige wurde aufgestellt. Der Spendentisch stand direkt vor der Uhr der Ludwigsburger Zeitung. Über dem Tisch thronte der Weihnachtsbaum.[87] 1937 brannte auf diesem Baum an diesem Standort zudem ein einzelnes blaues Licht. Damit sollten alle gegrüßt werden, die an Heiligabend nicht bei ihren Familien daheim sein konnten.[88] Ein Gesangs- und Musikprogramm gab es an der Wilhelmstraße nicht mehr. In der Ludwigsburger Zeitung las man: »So bleibt nur zu hoffen, dass der Baum nicht nur die Herzen weihnachtlich stimmt, sondern auch von dem Gabentisch wieder recht reger Gebrauch gemacht wird.«[89] Allein die Lage machte ein Verweilen am Baum und das Aufkommen besinnlicher Weihnachtsstimmung unmöglich, was durchaus so gewollt war, denn dieser Weihnachtsbaum war für die nächste Zeit der letzte öffentliche Weihnachtsbaum in Ludwigsburg. Ab 1936 lösten zudem die Wintersonnwendfeiern der NSDAP den öffentlichen Weihnachtsbaumbrauch in Ludwigsburg ab.[90] 1938 gab es keinen öffentlichen Weihnachtsbaum in Ludwigsburg mehr. Der Ausbruch des Zweiten Weltkriegs begann sich abzuzeichnen.

Die Ludwigsburger Zeitung titelte am 24. Dezember 1938 »Großdeutschland feiert Volksweihnacht«.[91] Ein Jahr darauf wurde ein »Fichtenfest auf dem Marktplatz« gefeiert, mit dem Ziel, die schnellwachsende preisgünstige Fichte als Weihnachtsbaum populär zu machen. Die Feier war verbunden mit dem Aufruf, Frontsoldaten zu den Weihnachtsfeiern in die Familien einzuladen.[92] Parallel dazu gab es Berichte über die »Frontweihnacht mit dem Führer«.[93]

Während des Zweiten Weltkriegs – Keine öffentlichen, beleuchteten Weihnachtsbäume mehr

Doch bevor nach dem Zweiten Weltkrieg öffentliche Weihnachtsbäume wieder strahlen konnten, kam zunächst die dunkle Zeit.

Das Luftschutzgesetz vom 26. Juni 1935 führte die Luftschutzpflicht ein. Verdunklungsübungen mussten durchgeführt werden.[94] Mit Kriegseintritt im September 1939 waren öffentlich sichtbare beleuchtete Weihnachtsbäume nicht mehr möglich. Selbst Weihnachten war in Deutschland bis 1939 auf Kriegswirtschaft umgestellt.

Um weihnachtliche Stimmung zu verbreiten, mussten mit Kriegsausbruch öffentliche, beleuchtete Weihnachtsbäume im Freien in abdunkelbare Innenräume verlagert werden. So engagierte sich z. B. im Nachbarort Kornwestheim die Verwaltung der Salamander AG für die Familien ihrer Mitarbeiter, bei denen zunehmend die Männer im Krieg waren. Seit 1939 wurde es für die Kinder der Salamander-Mitarbeiter zur Tradition – nur 1944 einmal unterbrochen – zu Weihnachten an der Arbeitsstätte eine eigens für sie eingeführte Kinderweihnachtsfeier besuchen zu dürfen. Eine Theatergruppe inszenierte in jedem Jahr eine Märchenvorstellung für die Kinder der Salamander-Mitarbeiter, die kleinen Salamander'le. Das jährliche Theaterstück war ebenso ein Höhepunkt für die Kinder, wie auch die Gabenverteilung, die entsprechend den Altersgruppen vorgenommen wurde. Im Laufe der Zeit wurden aus einer Märchenvorstellung der Salamander-Laienspielgruppe drei Kinderaufführungen und zwei Aufführungen für Werksangehörige.[95] Weihnachtsbäume und Tannengrün schmückten jetzt die Innenräume, in denen diese Veranstaltungen stattfanden.

Nationalsozialismus – Weihnachtsbaum wurde nicht zur germanischen Jultanne

So wie es im Nationalsozialismus nicht gelang, den Gemeindelichterbaum in Ludwigsburg einfach abzuschaffen, gelang es ebenfalls nicht die allgemein eingeführte Familientradition des Weihnachtsbaums in die germanische Jultanne umzudeuten. Für die deutsche Familie blieb der Weihnachtsbaum nach dem Ersten Weltkrieg der Mittelpunkt des Heiligen Abends – ja: Er war ganz fest mit dem Bewusstsein von Weihnachten verbunden.

Alle Bemühungen, den Weihnachtsbaum zur germanischen Jultanne und zum mythischen Lebensbaum zu erklären, blieben propagandistische Versuche und berührten kaum das familiäre Festverständnis. Als sich dann im ersten

Kriegsweihnacht, handgemalt, 1942. (Vorlage: Slg. Geschichtsverein Kornwestheim)

Nachkriegswinter 1945 die Familien wieder zusammengefunden hatten, erreichte das Weihnachtsfest mit noch so bescheidenen Bäumchen einen neuen hohen Stellenwert als Zeichen des Friedens und einer unzerstörbaren deutschen Familientradition.[96]

Weihnacht im Frieden, 1946. (Vorlage: Slg. Geschichtsverein Kornwestheim)

Wirtschaftswunderzeit – Weihnachtsbaum wird Deko-Objekt, verliert seine Mystik am Heiligabend in den Familien und erhellt als Straßenweihnachtsbaum nun öffentliche Orte

Aber das war wohl ein letzter Höhepunkt. Das bald einsetzende Wirtschaftswunder mit dem sich verändernden Konsumverhalten hat in der Folge auch den Weihnachtsbaum vereinnahmt.

Für feine Leute wurde sein Arrangement zum Sozio-Design in stilvoller Wohnungsumgebung,[97] für die Familienmütter zum

Wirtschaftswunderzeit, Gaben, 1963. (Vorlage: Slg. Geschichtsverein Kornwestheim)

angst- und freudvoll erwarteten Termin, ihre Lieben mit Hilfe des traditionellen Kerzenscheins, um sich zu versammeln. Es kam noch manches hinzu, was den Weihnachtsbaum als freundliches Zeichen gemütlicher Familienfeiertage entwertete, vor allem seine vorzeitige Veröffentlichung und Vermarktung. Er blieb nicht mehr beschränkt auf den wundersamen Augenblick am Heiligen Abend, sondern erstrahlte schon vorher allzu häufig als Reklame, besonders aber in voller Funktion auf den Bescherungen und Weihnachtsfeiern von Schulen, Vereinen und Betrieben. Jeder sollte seiner gemütsstärkenden Wirkung teilhaftig werden.

Öffentlicher Weihnachtsbaum wird Werbeobjekt

Mit Kriegsende und dem Eintreten wieder halbwegs normaler Verhältnisse ab 1948 bekamen öffentlich aufgestellte Lichterbäume eine andere Funktion. Es waren nicht mehr die Weihnachtsbäume für die Armen, sondern sie erhielten werbliche Funktionen.

Entweder wurden sie auf Kaufhausdächern und Tankstellen einbezogen in die Werbeaktivitäten für den Weihnachtskonsum, oder sie gerieten als Vorgarten- und Balkonbäume in den Bereich eines mehr kunstgewerblichen Bestrebens von Hausbesitzern, die mit solchem Gartenschmuck aus dem Hausinnern heraustreten und nach außen ihren guten Geschmack präsentieren. Das ist das Gegenteil vom familiären Tannenbaum in der Guten Stube.[98]

Acht Straßenweihnachtsbäume im Stadtgebiet von Ludwigsburg

Inwieweit der erste öffentliche Weihnachtsbaum auf dem Marktplatz in Ludwigsburg unmittelbar nach dem Ende des Zweiten

Ludwigsburger Marktplatz mit beleuchtetem Weihnachtsbaum mit Blick zur Stadtkirche, um 1970. (StadtALB V 3/87, Foto: W. Röckle)

Weltkriegs einen jährlichen Nachfolger gefunden hat, ist fraglich. Da jedoch der Christbaumverkauf bis 1968 auf dem Marktplatz stattfand, ist davon auszugehen, dass auch der öffentliche Christbaum auf dem Marktplatz wieder eine Renaissance erlebte. Im Stadtarchiv Ludwigsburg ist dokumentiert, dass 1974 der erste Weihnachtsmarkt stattfand. Dazu wurden 16 öffentliche Weihnachtsbäume aufgestellt, die über das ganze Stadtgebiet verteilt waren.[99] Davon waren acht Bäume im inneren Stadtgebiet in Ludwigsburg aufgestellt und zwar an den Standorten: Marktplatz, Kirchstraße, westlich der Stadtkirche, Reithausplatz, Marstall-Center, Südseite, verlängerte Untere Marktstraße, Arsenalplatz, Bahnhofsvorplatz, Stuttgarter Straße an der Friedenskirche und in der Schorndorfer Straße am Ehrenfriedhof. Acht weitere Bäume standen in den Ludwigsburger Teilorten.[100]

Mit der Einführung elektrischer Kerzen auch in vielen Privathaushalten wurde durch einfaches Anschalten eine wichtige Brauchhandlung des Kerzenanzündens überspielt, und der Baum verlor ein weiteres Traditionsmerkmal. Weihnachtsbäume aus Kunststoff, Holz, Metall, also Arten von Dauerformen, liegen heute im Trend. Sie tragen dem Umweltschutzgedanken Rechnung, da man diese Bäume für das nächste Jahr aufheben und wiederverwenden kann, ohne dass jedes Jahr ein neuer Baum gefällt werden muss. Sie verdrängen zunehmend das echte Grün.[101]

Wie Weihnachtsbaumtradition und Krippentradition in Ludwigsburg zusammenkamen

Parallel zum Christbaum als Mittelpunkt der Feier des Heiligen Abends entstand im Mittelalter, im frühen 13. Jahrhundert, eine weitere christliche Weihnachtstradition durch den Heiligen Franz von Assisi (1181/82–1226). Die Krippendarstellung zeigt die Geburt des Christuskindes. Sie fand, von Italien ausgehend, ihre Verbreitung auch in Deutschland. Innerhalb Württembergs spielte Ludwigsburg dabei eine besondere Rolle.

Bedingt durch die Reformation im beginnenden 16. Jahrhundert kam es in der katholischen Kirche zu einem Priestermangel. Um diesen zu kompensieren, kamen zahlreiche italienische Priester und Ordensleute in den deutschen Sprachraum. Sie brachten als Weihnachtstradition die Krippe mit. Mit Land und Leuten allerdings nicht vertraut und wegen der protestantischen Lehre gegen alles Deutsche sehr misstrauisch eingestellt, entstand unter den italienischen Pfarrern die irrige Meinung, dass der ihnen unbekannte Weihnachtsbaum ein protestantischer Brauch sei, dem sie die Krippe als katholischen Brauch entgegenstellten. So kamen in Deutschland Christbaum und Krippe zusammen.

Regierungsstadt Ludwigsburg als Nukleus für die Ausbreitung der Krippentradition in Württemberg

Herzog Eberhard Ludwig von Württemberg (1676–1733, reg. 1693–1733) ließ zwischen 1704 und 1733 das Residenzschloss in Ludwigsburg im Stil des Barocks bauen. Für die in dieser Zeit zuwandernden Italiener, die der Herzog zum Bau des Schlosses benötigte, entstand im protestantischen Württemberg nach der Reformation wieder eine erste katholische Gemeinde. 1805 wurde daraus in Ludwigsburg die erste katholische Pfarrei nach der Reformation.[102] Bis 1859 gab es in Württemberg zwei katholische Pfarreien: die Stadt- und Garnisonspfarrei Ludwigsburg und die Garnisonspfarrei Asperg. 1859/61 gelang im protestantischen Württemberg dann die erste Gründung eines katholischen Frauenordens der Barmherzigen Schwestern vom Heiligen Vinzenz von Paul in Schwäbisch Gmünd. Bereits 1839 hatten Vertreter der Stadt Ludwigsburg in Straßburg um die Entsendung von Barmherzigen Schwestern nach Ludwigsburg angefragt. Ziel war die verbesserte Gesundheitsversorgung in der Stadt gewesen. In Straßburg befand sich das Mutterhaus der Barmherzigen Schwestern. Zu einer Entsendung von Straßburger Schwestern nach Ludwigsburg kam es 1839 allerdings nicht, da die von der Stadt den Schwestern eingeräumten Konditionen zur Krankenversorgung so waren, dass eine Ordensgründung in Ludwigsburg für den Orden nicht möglich gewesen wäre. Interessant ist, dass der Orden in Schwäbisch Gmünd vom Bischof einen Superior mit italienischen Wurzeln erhielt. Pfarrer Tiberius Revellio (1838–1872) war Vikar in Ludwigsburg gewesen und wurde von dort nach Schwäbisch Gmünd entsandt. Die erste Generaloberin des Ordens, Schwester Arcadia Scholl (1824–1900), und der Superior führten den Orden ab 1868. Schwester Arcadia stammte aus einer Fuhrmanns- und Gastwirtsfamilie in Rüdesheim am Rhein und war 1847 in den Orden der Barmherzigen Schwestern in Straßburg eingetreten. Sie legte 1851 ihr Gelübde ab, um in der Folge Führungsaufgaben innerhalb des Ordens, zunächst im Elsass, dann in Baden und ab 1852 in Württemberg zu übernehmen.[103] Generaloberin Arcadia kannte den seit dem 16. Jahrhundert aus verschiedenen Ortschaften am Oberrhein belegten Brauch, die Wohnstube mit grünen Tannenzweigen, den sogenannten »Weihnachtsmeien«, zu schmücken. Durch ihre Ausbildung zur Ordensschwester im Mutterhaus in Straßburg kannte sie den bereits seit 1539 nachweisbaren öffentlichen Weihnachtsbaum im Straßburger Münster. Das Elsass und die Gebiete auf der gegenüberliegenden Seite des Rheins gelten als eine Wiege des Christbaumbrauchs. Schwester Arcadia brachte diese Tradition des Weihnachtsbaumbrauchs mit nach Württemberg.[104] Superior Tiberius Revellio pflegte die italienische Tradition der Weihnachtskrippe. Den Krippenbrauch brachte er zunächst nach Ludwigsburg, dann nach Schwäbisch Gmünd. Mit dem Wachstum des Ordens der Barmherzigen Schwestern, der Schaffung von Einrichtungen zur Krankenpflege, Schulen und Kindergärten in Württemberg, verbreitete sich auch die Traditionen des Weihnachtsbaumbrauchs und des Krippenbrauchs in Württemberg, die gleichberechtigt nebeneinander standen. Bis heute gibt die Krippensammlung des Ordens Zeugnis vom italienischen Einfluss.[105]

Die Armenweihnachtsfeiern, zu denen Kronprinz Wilhelm, bzw. der spätere König Wilhelm II. in Ludwigsburg bedürftige Familien einlud, verstanden die Familienangehörigen des Hauses Württemberg als Veranstaltung, bei der sich »Eine Familie im Geiste um die Krippe des Herrn versammelt«.[106]

Tony Schumacher macht Krippenbrauch in Ludwigsburg populär

In Ludwigsburg war nicht nur die katholische Gemeinde und die aus Italien stammenden katholischen Pfarrer maßgeblich für das zunehmende Interesse der Bevölkerung an Krippen verantwortlich.

Die renommierte Ludwigsburger Kinderbuchautorin Tony Schumacher (1848–1931) war nicht nur eine Puppensammlerin, sondern widmete sich in den Jahren von 1880 bis 1900 mit Begeisterung dem Aufbau einer Krippensammlung. Ihr Vorbild war dabei Kommerzienrat Max Schmederer (1854–1917), Bankier und Privatsammler in München. Schumachers Sammlungsgebiete waren Krippen aus Oberammergau, Süditalien und dem Bodenseegebiet. Eine Krippe aus Oberammergau schenke sie der Karlshöhe in Ludwigsburg, die diese seitdem zu Weihnachten aufstellt.[107] Persönlichkeiten wie Tony Schumacher und deren Interesse an Krippen wirkten in Ludwigsburg ebenfalls traditionsbildend.

Krippenbrauch und Weihnachtsbaumbrauch werden familiärer Weihnachtsbrauch

1929 konnte man in der Ludwigsburger Zeitung lesen: »In zunehmendem Maße gewinnt die Weihnachtskrippe im Volke wieder Eingang und Beliebtheit. Nicht nur die Kirche gehört zu den Besitzern schöner und figurenreicher Krippendarstellungen, auch in Privathäusern, bei Kunstsammlern usw. finden sich kostbare und einfache, bescheidene, kleine Krippen. Durch zahlreiche Krippenausstellungen in den letzten Jahren in verschiedenen Städten ist der Brauch der Aufstellung einer Weihnachtskrippe wieder mehr und mehr in Durchführung gelangt. […] heute erobern Krippen die Häuser von Arm und Reich.«[108] Diese familiäre Krippentradition, die die Weihnachtsbaumtradition ergänzt, sollte sich in Ludwigsburg auch zu einer öffentlichen Tradition entwickeln.

Öffentliche Weihnachtskrippentradition in Ludwigsburg

Von 1997 bis 2006 fanden Krippenausstellungen in der Friedenskirche in Ludwigsburg statt.[109] Parallel dazu gab es im Jahr 2000 die Idee, eine öffentliche Krippe auf dem Ludwigsburger Weihnachtsmarkt aufzustellen. Ziel sollte sein, das Niveau des Barockweihnachtsmarktes zu »kultivieren und zu verfeinern«.[110] 2001 wurde das Ganze dann präzisiert. Laut Martin Boy wollte Lust (das Ludwigsburger Stadtmarketing) »gestalterisch […] künftig neue Akzente setzen. Angedacht sei eine Krippe von dem Architekten und Künstler Jörg Schumacher, genannt ›Dimido‹,[111] und eine weitere Aufwertung der Marktplatzmitte« durch »barocken Lichterglanz«. 2002 erstrahlte der Marktplatz dann erstmals im barocken Lichterglanz und eine öffentliche Krippe war aufgestellt.[112]

Seit 2003 ist zu Weihnachten eine öffentliche Krippe im mittleren Schlosshof des Ludwigsburger Residenzschlosses zu sehen, ergänzt 2005 und den nachfolgenden Jahren durch Krippenausstellungen im Schloss. Die Idee zu der öffentlichen Krippe geht auf die Initiative von Pfarrer Prof. Witold Broniewski aus Stuttgart zurück. Er stellt seit 1995 jedes Jahr eine neue Weihnachtskrippe im Stuttgarter Hauptbahnhof auf. Nach seiner Intention befragt, führt

Krippe auf dem Marktplatz, 2023. (Foto: Ruth Kappel)

Krippe im Residenzschloss, 2021. (Foto: Tourismus & Events Ludwigsburg)

er aus: »Die Kirche sucht nach offenen Räumen, deshalb müssen wir dahin, wo die Menschen sind«.[113] Weihnachtsmarkt und Ludwigsburger Schloss sind geeignete Orte, an denen Menschen sich aufhalten.

Das »Ludwigsburg Museum« in der Eberhardstraße unweit des Marktplatzes hat wenige ausgewählte Krippen in seiner Sammlung. Die interessantesten stammen von der Ludwigsburgerin Tony Schumacher.[114] Exemplarisch bewahrt das Museum auch Krippen aus der Produktion der Spielzeugfabrik Hausser auf.

2020 gab es, von der Stadtkirchengemeinde Ludwigsburg organisiert, einen Ludwigsburger Krippenweg durch die Innenstadt.[115] Zehn Jahre zuvor war ein solchen Krippenweg im Nachbarort Kornwestheim aufgebaut gewesen. In Form eines Adventskalenders waren Schaufenster mit Krippen und deren besonderer Geschichten gestaltet worden. »Auf den Spuren der Krippe« wurden in der Vorweihnachtszeit 21 Spaziergänge, ausgehend von der katholischen St. Martinuskirche angeboten. Die Initiative ging damals von der katholischen Gemeindereferentin Claudia Ebert aus.[116] Die in den Notzeiten der 1920er Jahre schon einmal vorhanden gewesenen Schaufensterspaziergänge wurden nun mit der Ausstellung von Krippen mit neuer Intention reaktiviert.

Nicht nur in Württemberg, sondern auch im katholischen bayerisch-österreichischen Raum lässt sich die Verschmelzung von Christbaum und Krippe als ausgeübte Weihnachtstradition nachweisen.[117]

Weihnachtsbaumbeschaffung im waldarmen Ludwigsburg

Zunächst waren Tannenbäume selten und teuer. Nur die reicheren Bevölkerungsschichten konnten sich einen Weihnachtsbaum leisten.

Christbaumverkauf auf dem Marktplatz in Ludwigsburg, 1934. (Ludwigsburger Zeitung, 12. Dezember 1934)

Die Beschaffung der Christbäume, damals vor allem Weißtannen, wurde für die Forstleute in Deutschland zu einem Problem. Gegen das »Überhandnehmen der alljährlich wiederkehrenden nachhaltigen Waldverwüstung durch Aushauen von Christbäumen« findet man in alten Forstverordnungen einschränkende Vorschriften oder Verbote mit Strafandrohungen.[118]

Christbaumkauf, 1934. (Ludwigsburger Zeitung, 19. Dezember 1934)

Ludwigsburg und Umgebung waren nach der Fertigstellung des Residenzschlosses (1704–1733) nicht mehr mit Waldreichtum gesegnet, war doch zum Bau des Schlosses viel Holz notwendig gewesen. Herzog Eberhard Ludwig von Württemberg forstete die baumlose Anhöhe »Auf der Warth« mit einem parkartigen Wald auf, der durch die Königsallee mit dem Ludwigsburger Schlossgarten verbunden wurde. Die Aufforstung dieses Gebietes sollte möglichst schnell vonstattengehen. Daher wurden Bäume beschafft, die bereits möglichst groß gewachsen waren. Unter anderem holte man aus dem Beilsteiner Stadtwald 3.000 und aus dem Prevorster Wald 6.000 Hagbuchen samt der Erde, in der sie wurzelten, und verpflanzte sie an die Stelle, an der der Salonwald entstehen sollte.[119] Die Dominanz der Laubbäume dort war zukünftig der beste Schutz des Waldes vor Tannendiebstahl in der Vorweihnachtszeit.

Der unmittelbar an Ludwigsburg angrenzende Wald »Lerchenholz« war von den Kornwestheimern 1773 nach Ludwigsburg verkauft worden. Das Waldstück wurde gerodet und in Wiesen und Gärten umgewandelt.[120] Waldvergehen, wie in anderen waldreichen Gegenden in Deutschland, sind für das Lerchenholz in den Strafverzeichnissen Kornwestheims nicht belegt.[121]

Da es in Ludwigsburg und im nahen Umland nach Fertigstellung des Ludwigsburger Schlosses keinen Nadelwald mehr gab, entwickelte sich in Ludwigsburg früh ein Christbaumverkauf.

Spezialmärkte in wöchentlichem und jährlichem Rhythmus

Die Besiedlung der neu entstehenden Stadt Ludwigsburg lief anfänglich schleppend. Eine Maßnahme, um den Ort für Bürger attraktiv zu machen, war die Erteilung von Marktrechten. 1715 erhielten die Ludwigsburger von Herzog Eberhard Ludwig das Recht, jeden Donnerstag einen Wochen-

Wochenmarkt mit Stadtkirche, 1901. (Vorlage: Slg. Geschichtsverein Kornwestheim)

markt abzuhalten. 1750 wurden die Markttage auf Montag, Mittwoch und Samstag festgelegt.[122] Bis heute finden die Wochenmärkte auf dem Marktplatz an drei Tagen statt und zwar dienstags, donnerstags und samstags.

1843 belegten die Beschicker der Wochenmärkte ein Sechzehntel des Marktplatzes. »Die Gänge zwischen den Verkäufern sind so eng, und es geht darin so wenig manierlich zu, daß eine anständige Frau sich entweder herumstoßen oder ihre Einkäufe den Dienstboten überlassen muss.« Die Forderung wurde laut, die Marktfläche auf ein Viertel des Marktplatzes auszudehnen, »statt dass die Menge sich, wie eine Herde Schafe, wenn's donnert, auf einen Knäuel zusammendränge«. Diesem Platznotstand wurde in der Folge abgeholfen, und die Marktbeschicker durften ein Viertel des Marktplatzes, das Areal zwischen der Garnisonskirche, heute katholischen Kirche und der Unteren Marktstraße, nutzen.[123]

Neben dem Recht zum Abhalten von Wochenmärkten erhielten die Ludwigsburger auch die Genehmigung, Jahrmärkte durchzuführen. 1715 genehmigte Herzog Eberhard Ludwig zwei Jahrmärkte, einen Pferdemarkt und einen Viehmarkt. Nachdem Pferde- und Viehmarkt zunächst getrennt durchgeführt wurden, ordnete er 1731 an, dass diese gemeinsam stattzufinden hätten.[124] 1842 wurde der Pferdemarkt wieder aus dem Viehmarkt herausgelöst. Vor 1818 fanden folgende Jahrmärkte in Ludwigsburg statt: so am 2. Februar der Maria-Lichtmessmarkt, der Maimarkt, der ein Krämer- und Viehmarkt war und der Martinimarkt am 11. November.[125]

Spezialmarkt Christbaumverkauf

In die Reihe der Jahrmärkte gehört auch der in der Vorweihnachtszeit auf dem Marktplatz stattfindende Christbaumverkauf. Wann er erstmals als eigenständiger Spezialmarkt parallel zum Wochenmarkt durchgeführt worden ist, ist nicht belegt. Tannengrün gehörte in der Vorweihnachtszeit früh in das Sortiment der Wochenmarktbeschicker. Es ist davon auszugehen, dass sich der Christbaummarkt im 19. Jahrhundert aus dem weihnachtlichen Spezialbedarf des Ludwigsburger Wochenmarkts herausentwickelt hatte. Bereits 1847 wurden auf dem Wochenmarkt Weihnachtsspezialartikel angeboten.[126] Als nach 1870 die Nachfrage nach Weihnachtsbäumen wuchs, waren es sicherlich praktische Erwägungen, die dazu führten, dass diese nicht drei Mal in der Woche zum Wochenmarkt transportiert, bzw. auf- und abgebaut werden mussten, sondern als besonderer Spezialbedarf auf dem Marktplatz bis Heiligabend stehen bleiben durften. Das Spezialangebot der Christbäume verwandelte im 19. Jahrhundert den Marktplatz regelmäßig in ein »improvisiertes Tannenwäldchen«.[127] Von 1881 bis 1927 wurde der Beginn des Christbaumverkaufs auf dem Marktplatz in der Ludwigsburger Zeitung regelmäßig bekanntgegeben. Der Christbaumverkauf begann in dieser Zeit eine Woche vor Heiligabend. Ab 1928 wurde die Zeitdauer für den Verkauf auf zwei Wochen ausgedehnt. Den Begriff »Christbaummarkt« findet man erstmals 1935 in der Ludwigsburger Zeitung.[128]

Auf dem Marktplatz in Ludwigsburg wurden »Salon-, Vereins- und andere Christbäume« angeboten.[129] Die Käufer bevorzugten gutgewachsene Schwarz-, Weiß-, und Rottannen als Weihnachtsbaum. Die Bäume kamen aus dem Enz-, Murg-, Rench- und Kinzigtal. Ein Weihnachtsbaum sollte »geraden Wuchs, ringsum gleichmäßigen Besatz mit Zweigen in dunkelgrünen schönen langen Nadeln (haben). Ein bis drei Meter […] Durchschnittshöhe, sechs bis acht Meter sind die großen und zehn bis zwölf Meter jene, die von öffentlichen

Ludwigsburger Tagblatt.

Erscheint außer Montag täglich. Preis halbjährlich 1 fl. 36 kr., vierteljährlich 48 kr., monatlich 16 kr.

Amtsblatt für Stadt und Bezirk.

Insertionsgebühr: Die gespaltene Zeile oder deren Raum 1½ kr. — Einzelne Inserate nicht unter 6 kr.

Nro 296. Donnerstag den 20. Dezember 1866.

Amtliche Bekanntmachungen.

Ludwigsburg.

Zurücknahme einer Vorladung.

Die am 13. d. M. in Nro 292 d. Bl. erlassene öffentliche Ladung des Webers Christian Pfeil von Horrheim wird hiemit zurückgenommen.

Den 17. Dezbr 1866. K. Oberamtsgericht.

Ein schön gearbeiteter Gaschristbaum, neu, wird zum Kauf angeboten von der

Gasfabrikverwaltung.

Anzeige Gaslichterbaum, 1888. (Ludwigsburger Tagblatt, 20.Dezember 1866)

Körperschaften und Kirchen als Weihnachtssymbol für die Allgemeinheit aufgestellt werden.«[130]

Kleine und billige Bäume wurden von den Käufern bevorzugt.[131] Reichte das Geld nicht für den Erwerb eines Baumes, oder bei Baumknappheit, wurden kleine Bäumchen aus Tannenzweigen hergestellt. Um den Bedarf an billigen Bäumchen decken zu können, wurde 1939 ein »Fichtenfest« auf dem Marktplatz abgehalten, mit dem Ziel, die schnellwachsende, preisgünstige Fichte als Weihnachtsbaum neben den beliebten Tannen populär zu machen.[132]

Baumsparend, aber sicherlich nicht kostengünstig, waren »Gaschristbäume«. Sie bestanden aus Gusseisen. Anstelle der Wachskerzen gab es Auslässe für die Gasflammen. Diese Form von Christbaum war ein Ausdruck für den industriellen Fortschritt in den 1870er Jahren. Zwischen 1858 und 1929 wurde in Ludwigsburg Gas als Leuchtmittel für die Straßenbeleuchtung und in Haushalten eingesetzt. Die Ludwigsburger Gasfabrikverwaltung bot 1866 einen »schön gearbeiteten Gaschristbaum« zum Kauf im Ludwigsburger Tagblatt an.[133] Diese Form von Christbaum fand allerdings weder in Ludwigsburg noch in Deutschland größere Verbreitung. Fehlte dieser Art von Baum doch alles, was einen Baum zum Weihnachtsbaum machte: das Immergrün, der Wohlgeruch und die einfache und gefahrlose Möglichkeit zum Schmücken. Erst der elektrische Strom sollte die Symbiose von Nadelbaum und moderner elektrischer Beleuchtung herbeiführen.

»Auf unserem Marktplatz, der einem sonst manchmal so groß und leer erscheinen will, ist in den letzten Tagen ein grüner Wald erwachsen. Ein Christbaum steht neben dem anderen, vom kleinen Bäumchen im Topf bis zur mächtigen Tanne, die den umliegenden Häusern in die Fenster der oberen Stockwerke grüßt und immer neue Wagenladungen sehen wir anrollen. Und alle diese grünen Bäume warten darauf, daß sie einen Käufer finden, daß sie, mit blanken Lichtern besteckt, Licht und Freude in unser Heim tragen dürfen. Hier und da sieht man auch schon einen Ludwigsburger mit dem soeben erstandenen grünen Christbaum unter dem Arm nach Hause streben. Das Geschäft hat schon lebhaft eingesetzt, und besonders in den Abendstunden herrscht bereits reges Leben an den Ständen der Verkäufer auf dem Markt und in anderen Gegenden unserer Stadt.«[134]

Waren die Bäume dort ausverkauft, was durchaus vorkam, musste man den weiteren Weg nach Stuttgart nehmen, um nicht das Unerhörte, Weihnachten ohne Christbaum zu sein, erleben zu müssen.[135]

1928 wurde der Bedarf an Weihnachtsbäumen in Deutschland auf acht Millionen Bäume geschätzt. Dabei kam auf fünf bis sechs Personen ein Weihnachtbaum.[136] Heute gehören Tanne und Fichte zu den beliebtesten Nadelbäumen in Deutschland.[137] In Ludwigsburg werden Weihnachtsbäume inzwischen nicht mehr auf dem Marktplatz angeboten, der ist heute dem Weihnachtsmarkt vorbehalten. 2023 gab es Christbaummärkte auf der Bärenwiese-West, am Berliner Platz, in Schlösslesfeld oder an der Rundsporthallte in Eglosheim ab Anfang Dezember. Angeboten wurden in Ludwigsburg die beliebten Nordmanntannen, aber auch Blau- und Rotfichten sowie Colorado-Tannen.[138]

Spezialmarkt Weihnachtsbedarf

Neben dem Weihnachtsbaumverkauf entwickelte sich aus dem Wochenmarkt noch ein zweiter Spezialmarkt.

1847 verkaufte bereits der Frauenverein in der Vorweihnachtszeit auf dem Wochenmarkt »Weihnachtsgeschenke für Dienstboten und Tagelöhner«.[139] Aus diesen in der Weihnachtszeit auf dem Wochenmarkt angebotenen Weihnachtsspezialwaren entwickelte sich bis 1883, neben dem Christbaumverkauf, ein Spezialangebot mit Weihnachtsartikeln. Der schwäbische Mundartdichter Julius August Lämmle (1876–1962) beschrieb einen Besuch des »Ludwigsburger Christkindlesmarkt« 1883 als er sieben Jahre alt war:

»[…] wir zogen an der katholischen Kirche vorbei, die damals noch Garnisonskirche war, hinein in das Wunder des Markts. – Was gab es da zu sehen! Ganze Berge von Christbäumen, ganze Schachteln voll roter und blauer und grüner Glaskugeln und Sterne, Lebkuchenherzen, Pfeffernüsse, Kinderuhren mit Ketten, Pistolen, Trompeten, Trommeln, Hosenträger, Halstücher, baumwollene buntfarbige Hemdstoffe, warme Unterjacken, Hüte und Kappen, Spielwaren aller Art, Rößlein, Kühe, Schäflein mit Hürden, Schäfer und Schafhaus, Mundharfen – alle Herrlichkeiten, davon ein Bauernbubenherz träumen kann, lagen hier aufgebeigt.«[140]

Ob es 1883 auf dem Marktplatz schon eine Budenstadt mit Weihnachtartikeln gegeben hatte, oder ob Lämmle auch die prächtigen Auslagen der Einzelhändler in der Vorweihnachtszeit beschrieb, lässt sich nicht feststellen. Im Stadtarchiv konnten dazu bisher keine präzisierenden Unterlagen gefunden werden. 1888 las man in der Ludwigsburger Zeitung, dass »wie früher so auch in diesem Jahr wieder in der südöstlichen Ecke Verkaufsbuden mit allerlei Weihnachtsartikeln[141] zu finden waren.

Parallel zum Christbaumverkauf auf dem Markplatz hatte sich mindestens seit den 1880er Jahren ein jährlicher Handel mit weihnachtlichen Spezialwaren, wie Christbaumdekoration und Weihnachtszubehör, auf dem Marktplatz entwickelt. 1892 wird in der Ludwigsburger Zeitung der Begriff »Weihnachtsmarkt« zum ersten Mal gebraucht.[142] Dabei wurde in den Folgejahren immer glasklar zwischen »Christbaummarkt« und »Weihnachtsmarkt« unterschieden. Der Weihnachtsmarkt bestand aus Buden, die zeitgleich zum Christbaumverkauf aufgestellt waren. Wenn man vom speziellen Weihnachtsangebot das örtlichen Einzelhandels sprach, sprach man dagegen vom Angebot der »Ladengeschäfte«.[143] Am 6. Dezember 1922 veröffentlichte die Ludwigsburger Zeitung zum ersten Mal eine Sonderbeilage in dem der lokale Einzelhandel, also die Ladengeschäfte, ihr weihnachtliches Warensortiment anpriesen. Diese Beilage trug den Titel: »Der Weihnachtsmarkt« und war eine Einkaufshilfe für die Bevölkerung, wo was für die Vorbereitung des Weihnachtsfestes zu erhalten war. Diese Sonderbeilage erschien bis 1926 und wurde 1927 in »Für den Weihnachtstisch« umbenannt.[144] Ab 1932 hieß die Sonderbeilage dann nur noch »Weihnachtsanzeiger«.[145]

Die für die Zeit vor dem Zweiten Weltkrieg auf dem Marktplatz, parallel zum Christbaumverkauf nachweisbare Budenstadt mit Weihnachtsspezialbedarf scheint nach 1948 nicht wiederbelebt worden zu sein. Der Wochenmarkt dehnte sich jetzt auch auf den ursprünglich für Christbaumverkauf und Budenstadt vorbehaltenen südöstlichen Teil des Marktplatzes aus.

Den größten Bereich des Marktplatzes nahmen nun parkende Fahrzeuge ein. Ein großer Weihnachtmarkt auf dem Marktplatz war 1974 »mit Rücksicht auf die bestehenden Wochenmarktkonzessionen«[146] nicht möglich.

Auf der Grundlage des Gemeinderatsbeschlusses vom 12. Dezember 1974[147] wurde vom 13. bis 24. Dezember ein erster Versuch zur Wiedereinführung eines »Weihnachtsmarkts« in Ludwigsburg gestartet. Da der Marktplatz als Standfläche nicht zur Verfügung stand, wurde die Süd- und Westseite der evangelischen Stadtkirche und ein kleiner Teil der Fußgängerpassage in der

Blick auf den Ludwigsburger Wochenmarkt mit evangelischer Stadtkirche und katholischer Kirche »Zur Heiligsten Dreieinigkeit«, um 1960. (Vorlage: Slg. Geschichtsverein Kornwestheim)

Kirchstraße als Marktbereich festgelegt.[148] Es galten die allgemeinen Ladenschlusszeiten, sonntags geschlossen. Die Platzmiete betrug 2,60 DM. Nur fünf Stände wurden damals aufgestellt. Die Anwohner und Einzelhandelsgeschäfte reagierten zunächst zurückhaltend. Man glaubte anfänglich nicht an die Wirkung einer Innenstadtbelebung in der Vorweihnachtszeit.[149]

Über die Jahre hinweg dehnte sich der Bereich des Weihnachtsmarktes von der Stadtkirche zum Marstall-Center über die Kirchstraße zur Seestraße aus.[150] Die Zahl der Buden und Stände wuchs auf 99.[151]

Spezialmarkt Weihnachtsmarkt

Erst der Beschluss des Landratsamts von 1981, den Ludwigsburger Weihnachtsmarkt als »Spezialmarkt gem. § 68, 69 Gewerbeordnung« festzulegen,[152] ebnete den Weg zur Rückkehr des Weihnachtsmarkts auf den Marktplatz. Doch zunächst musste der Marktplatz autofrei werden.[153] 1991 war es dann soweit. Der Weihnachtsmarkt wurde im Bereich der Unteren und Oberen Marktstraße sowie auf dem überwiegenden Teil des Marktplatzes abgehalten. Die genannten Flächen wurden zur Marktzone erklärt. Die Weihnachtsmarktbeschicker teilten sich nun wieder den Marktplatz mit den Wochenmarktbeschickern, jedoch nur eine Weihnachtssaison lang. Ab 1992 stand der Marktplatz dem Weihnachtsmarkt dann in vollem Umfang zur Verfügung. Der Wochenmarkt wird in dieser Zeit auf den Arsenalplatz verlegt. Die Dauer des Weihnachtsmarktes wurde auf Minimum 17 Tage bzw. Maximum 23 Tage festgelegt. Letzter Weihnachtsmarkttag ist der 23. Dezember.[154]

Marktplatz mit beleuchtetem Weihnachtsbaum, um 1972.
(Foto: Bildverlag Arthur L. Traut, Welzheim, Slg. Martin Weißensee)

Lichterbaum auf dem Ludwigsburger Marktplatz, 2022. (Foto: Jürgen Frey)

Heutige Weihnachtsmarkttraditionen in Ludwigsburg: beleuchteter Christbaum, Barocke Tore und Lichtgestalten auf dem Marktplatz

1992 wurde der Weihnachtsmarkt auf dem neu gestalteten Marktplatz mit dem Slogan »Marktplatz mit Budenzauber im Lichterglanz« eröffnet und eine zukünftige völlige Neuplanung des Weihnachtsmarktkonzeptes unter dem Motto »Barock und lebendig« angekündigt. Ziel war die Standzahl von ca. 100 auf 140 zu erweitern.[155] Der Weihnachtsmarkt war mit Lichterketten und einem elektrisch beleuchteten Tannenbaum geschmückt.[156] Der Tannenbaum geht auf den 1927 erstmals auf dem Marktplatz aufgestellten Gemeindelichterbaum zurück.

Die 9.000 Quadratmeter Marktplatz wurden jetzt vom Architekt, Designer und Bühnenbildner Jörg ›Dimido‹ Schumacher, der auch die Venezianische Messe gestaltet hatte, regelrecht inszeniert.

»Aus seiner Feder stammt der Entwurf für den Weihnachtsmarkt: Die Stände sind entsprechend der Topografie des Marktplatzes schachbrettartig um den Brunnen gruppiert, die bislang eher unmotiviert platzierten Imbissbuden sind entzerrt und in den Ecken konzentriert. Kleine Tannen in Terracotta-Kübeln sorgen für Stimmung und schaffen in der Oberen Marktstraße ein weihnachtliches Entree, ein alter Pferdewagen dient als Programmanschlag, ein Streichelzoo mit einer kleinen Schafherde bei der großen Bühne lockt die Kinder und verbreitet Krippen-Romantik. Und die Stände selbst sind nach Dimidos Vorstellungen und Empfehlungen gestaltet und so prächtig herausgeputzt wie nie zuvor, auf dem Podium setzt ein tägliches Veranstaltungsangebot neue Akzente«.[157] 1995 kamen für den »Ludwigsburger Barock-Weihnachtsmarkt« zwei neue Lichttore hinzu, bestehend aus Mond- und Sterneelementen mit Lichtleisten«.[158] Die Lichttore vervollständigen das Konzept des »Barocken Weihnachtsmarkts«. »Die beiden Lichttore mit ihren tausenden Lämpchen unterstreichen die barocke Perspektiv-Architektur des Marktplatzes. Aber schon die Anordnung der Stände und Buden greift die architektonische Konzeption des Marktplatzes auf und setzt sie fort. Aus der Mitte

Blick auf den Ludwigsburger Weihnachtsmarkt mit dem Rathaus im Hintergrund, 2022. (Foto: Jürgen Frey)

heraus sind die Buden in einem inneren und einem äußeren Kreis um den Marktplatzbrunnen platziert. Rechteckig angeordnet sind die Stände dann in den vier Ecken des Marktplatzes. Die Geometrie und Symmetrie des Gevierts werden unterstrichen. Gleichzeitig aber wird die strenge Geradlinigkeit barocker Architektur durch die Lichttore aufgelockert. Sie bilden in gewisser Weise den Abschluss der barocken Gesamtkonzeption des Weihnachtsmarktes. Durch barocke Elemente wie Putten und die aus Weiden geflochtenen Figuren wird der Entwurf des Architekten und Künstlers Jörg ›Dimido‹ Schumacher vervollständigt«.[159] Seit 1995 trägt der Weihnachtsmarkt den Namen »Barocker Weihnachtsmarkt. Budenzauber mit Lichterglanz«. 1996 bekommen die Lichttore an der Oberen und Unteren Marktstraße Zuwachs. Um den Brunnen herum werden 17 große Lichtskulpturen installiert. Übergroße Kunstgeschöpfe, auf hohen Masten schwebende Lichtgestalten aus dem Formenspiel des Jugendstils. An der Einmündung Obere Marktstraße/Wilhelmstraße verweist ein großer angestrahlter Sternenschweif auf den Marktplatz.[160]

Heute ist die Dauer des Weihnachtsmarktes auf vier Wochen ausgedehnt. Die Standfläche erstreckt sich zu allen Seiten des Marktplatzes in die umliegenden Straßen. Ein seit 1927 nachweisbares konstantes Element des Weihnachtsmarktes ist die beleuchtete, mächtige Weihnachtstanne im Mittelpunkt.

Anmerkungen

1 Ingeborg Weber-Kellermann: Das Weihnachtsfest. Eine Kultur- und Sozialgeschichte der Weihnachtszeit, Luzern/Frankfurt a. M., 1978, S.128.

2 Alexander Tille: Noch einmal auf den Spuren des Weihnachtsbaums, Leipzig, 1889 [exportiert aus Wikisource, am 15. Juli 2022]; Weber-Kellermann, Das Weihnachtsfest (wie Anm.1), S. 104.

3 Koni Häne: Zur Geschichte des Weihnachtsbaumes, Bündnerwald 54/6, S. 38–39.

4 Ludwigsburger Zeitung (LZ), 22. Dezember 1932, Bericht: Weihnachtsrosen und Wintergrün; LZ, 16. Dezember 1932, Bericht über den Goldenen Sonntag. Mein herzlicher Dank gilt Frau Christa Lieb, für die Einräumung der Nutzungsmöglichkeit ihrer LZ-Datenbank für den Zeitraum von 1818 bis 1919 im Stadtarchiv Ludwigsburg.

5 LZ, 13. Dezember 1916, Kriegs- und Weihnachtsbäume; LZ, 28. Dezember 1925, Christbaum im Steinkreis des Ehrenfriedhofs; LZ, 27. Dezember 1924, Bericht Ehrenfriedhof; LZ, 27. Dezember 1926 Öffentlicher Weihnachtsbaum in Steinkreis; LZ, 27. Dezember 1930, Am Ehrenmal des Friedhofs, Christbaum zum Gedenken der Gefallenen; LZ, 28. Dezember 1932, Hl. Nacht auf dem Friedhof; LZ, 22. Dezember 1933, Weihnachtsbaum auf dem Ehrenfriedhof.

6 LZ, 27. Dezember 1930, LZ 22. Dezember 1933.

7 LZ, 28. Dezember 1932, LZ 21. Dezember 1934.

8 Stadtarchiv Ludwigsburg (StadtALB) L 89/02.205, Weihnachtsmarkt bis 1981, Liegenschaftsamt, Beschluss Gemeinderat, 8.November 1977.

9 Rosel Brandmayer: Christbäume Schmücken, Freiburg 1979, S. 2, 3, 6; Weber-Kellermann, Das Weihnachtsfest (wie Anm. 1), S. 105.

10 Der Name des Bischofs Bonifatius stammt aus dem Lateinischen, kommt von »bonum facere« und heißt übersetzt »Gutes tun«.

11 Guiseppe Nardi: Der Weihnachtsbaum stammt aus Geismar – Heidnisch oder christlich? Geschichte und Ursprung eines Friedenssymbols, in: Katholisches. Info. Magazin für Kirche und Kultur, Rom 2013, URL:https://katholisches.info/2013/12/16/der-weihnachtsbaum-stammt-aus-geismar-heidnisch-oder-christlich-geschichte-und-ursprung-eines-friedenssymbols/ [zuletzt aufgerufen am 27. November 2021].

12 Weber-Kellermann, Das Weihnachtsfest (wie Anm. 1), S. 108–110, 116, 118, 120, 128.

13 Nardi, Der Weihnachtsbaum (wie Anm. 11); Häne, Geschichte des Weihnachtsbaumes (wie Anm. 3), S. 38f.

14 Weber-Kellermann, Das Weihnachtsfest (wie Anm. 1), S. 108–110, 116, 118, 120, 128.

15 Robert Uhland: Das Tagebuch der Baronin Eveline von Massenbach. Hofdame der Königin Olga von Württemberg, Stuttgart 1987, Tagebucheintragungen 24. Dezember 1852ff.

16 Vgl. ebd., S. 1852ff.

17 LZ, 23. Dezember 1888, Bericht Weihnachtsfeier Marienwahl; LZ, 20. Dezember 1894, Bericht Weihnachtsgeschenkeeinkauf in Ludwigsburg; LZ, 22. Dezember 1894, Bericht Weihnachtsfeier Residenzschloss; LZ, 23.Dezember 1903, Bericht Weihnachtsfeier Residenzschloss; LZ, 20. Dezember 1911, Bericht Weihnachtsfeier Residenzschloss; LZ, 20. Dezember 1911, Bericht Weihnachtsfeier Residenzschloss.

18 LZ, 23. Dezember 1888.

19 LZ, 23. Dezember 1888, LZ, 20. Dezember 1894, LZ, 22. Dezember 1894, LZ, 23. Dezember 1903.

20 LZ, 20. Dezember 1911.

21 LZ, 23. Dezember 1888, LZ, 20. Dezember 1894, LZ, 23. Dezember 1903, LZ, 20. Dezember 1911.

22 LZ, 23. Dezember 1888, Bericht Weihnachtsfeier Marienwahl; LZ, 20. Dezember 1894, Bericht Weihnachtsgeschenkeeinkauf in Ludwigsburg; LZ, 22. Dezember 1894, Bericht Weihnachtsfeier Residenzschloss; LZ, 23. Dezember 1903, Bericht Weihnachtsfeier Residenzschloss; LZ, 20. Dezember 1911, Bericht Weihnachtsfeier Residenzschloss; LZ, 20. Dezember 1911, Bericht Weihnachtsfeier Residenzschloss.

23 Anne-Sophie Schultes: Oh Tannenbaum, oh Christmas tree – Wie ein Coburger Prinz den Weihnachtsbaum in England populär machte, URL: https://schloesserblog.bayern.de/geheimnisse/oh-tannenbaum-oh-christmas-tree-wie-ein-coburger-prinz-den-weihnachtsbaum-in-england-populaer-machte [zuletzt aufgerufen am 12. Dezember 2021].

24 Weber-Kellermann, Das Weihnachtsfest (wie Anm. 1), S. 108–110, 116, 118, 120, 128; Monika Rößiger: Der erste Weihnachtsbaum stand im Zunfthaus, in: Zeit online 2014, URL: Kulturgeschichte: Der erste Weihnachtsbaum stand im Zunfthaus | ZEIT ONLINE [zuletzt aufgerufen am 22. November 2021].

25 LZ, 2. Dezember 1870.

26 LZ, 25. Dezember 1870.

27 LZ, 29. Dezember 1876, Bericht des Besuchs eines Ludwigsburger Auswanderers; Ludwigsburger Kreiszeitung (LKZ), 1. Januar 1878, Bericht über Weihnachtsfeier der Bürgergesellschaft.

28 August Lämmle: Ludwigsburger Erinnerungen, Mühlacker 1960, Kap. 18, S. 114–117; StadtALB U 4 Läm, Der Ludwigsburger Christkindlesmarkt; Albert Sting: Geschichte der Stadt Ludwigsburg, Bd. 3: Von 1945 bis zum Schlossjubiläum 2004, Ludwigsburg 2005.
29 LZ, 27. und 28. Dezember 1915, Weihnachten in großer Stille.
30 LZ, 13. Dezember 1916, Kriegs- und Weihnachtsbäume, Aufruf, Rohstoffe zu sparen.
31 LZ, 2. Dezember 1919, Anzeige: Heinrich Kühner/Ecke Wilhelm-/Eberhardstraße bietet »Christbaumschmuck«.
32 LZ, 21. Dezember 1933.
33 Alfred Retter: Ein Heilig Abend, in: Kornwestheimer Geschichtsblätter 15 (2005), S. 54f.
34 LZ, 2. Dezember 1922.
35 LZ, 4. und 6. Dezember 1922.
36 LZ, 18. Dezember 1922.
37 LZ, 7. Dezember 1922.
38 LZ, 22. Dezember 1922.
39 Weber-Kellermann, Das Weihnachtsfest (wie Anm. 1), S. 108–110, 116, 118, 120, 128.
40 LZ, 23. und 27. Dezember 1922.
41 LZ, 21. und 22. Dezember 1923, 19. Dezember 1927.
42 LZ, 23. und 27. Dezember 1924.
43 LZ, 19. Dezember 1925.
44 LZ, 6. und 8. Dezember 1927.
45 LZ, 19. Dezember 1925.
46 LZ, 22. Dezember 1924.
47 LZ, 10. Dezember 1927.
48 LZ, 22. Dezember 1930.
49 LZ, 19. Dezember 1932.
50 LZ, 14. Dezember 1933.
51 LZ, 6., 9., 16. und 20. Dezember 1922, 15. Dezember 1923, 22. Dezember 1924, 20. Dezember 1926, 30. November 1927, 8. und 17. Dezember 1927, 15. und 20. Dezember 1928, 13. und 15. Dezember 1930, 11. Dezember 1931, 2. und 16. Dezember 1932, 8. Dezember 1933, 1., 8. und 21. Dezember 1934, 5. und 13. Dezember 1935, LZ 1936 mit vier Sonderbeilagen, LZ 1937 mit vier Sonderbeilagen. In der Zeitungsrubrik »Ludwigsburg und Umgebung« gibt es ab 1934 keine wirklichen Informationen zu Ludwigsburg und Umgebung mehr, sondern vorwiegend deutschnationale Inhalte.
52 LZ, 11. Dezember 1922.
53 LZ, 21. Dezember 1929, 22. Dezember 1930.
54 LZ, 1. Dezember 1927, 10. Dezember 1927.
55 LZ, 1. Dezember 1927, 11. Dezember 1934.
56 LZ, 24. Dezember 1928.
57 StadtA Heilbronn: Heilbronner Stadtchronik, 24. Dezember 1922; Stadtarchiv Ludwigsburg (Hg.): Ludwigsburger Mosaik. Bekanntes und Unbekanntes aus dem Stadtarchiv, Archivkalender 2023, Blatt 5 (2023), Ludwigsburg 2023.
58 LZ, 10. Dezember 1927.
59 StadtA Heilbronn, B019-212, Kondolenzschreiben des Oberbürgermeisters von Heilbronn an Alfred Hahn, zum Tode von dessen Bruder Theodor Hahn, 17. Januar 1945.
60 StadtA Heilbronn: Heilbronner Stadtchronik, 24. Dezember 1922.
61 Weber-Kellermann, Das Weihnachtsfest (wie Anm. 1), S. 108–110, 116, 118, 120, 128; Rößiger, Der erste Weihnachtsbaum (wie Anm. 24).
62 LZ, 22. November 1927.
63 Christian Belschner: Führer durch Ludwigsburg und sein Schloss, Ludwigsburg 1925, S. 23.
64 Vgl. Günther Bergan, Ludwigsburg unter Strom. Die Anfänge der Ludwigsburger Stromversorgung, in: Ludwigsburger Geschichtsblätter, 68 (2014), S. 135–159.
65 LZ, 22. November 1927, 22. Dezember 1928, 24. Dezember 1929, 28. Dezember 1931, 28. Dezember 1932.
66 LZ, 27. Dezember 1927.
67 LZ, 27. Dezember 1928.
68 LZ, 24. Dezember 1929.
69 LZ, 24. und 27. Dezember 1929.
70 LZ, 27. Dezember 1930.

71 LZ, 27. Dezember 1930, 23. und 28. Dezember 1931.
72 LZ, 21. Dezember 1931.
73 LZ, 28. Dezember 1932.
74 LZ, 21. Dezember 1933.
75 LZ, 6. Dezember 1933.
76 Grundstein. Mitteilungsblatt für den Deutschen Arbeiterverband des Baugewerbes, Nr. 51/52, 46. Jahrgang, 23. Dezember 1933, S. 306.
77 LZ, 19. Und 29. Dezember 1933.
78 LZ, 20. Dezember 1933.
79 LZ, 20. Dezember 1933.
80 LZ, 20. Dezember 1934.
81 Frank Dittmann, Günther Luxmann (Hg.): Geschichte der elektrischen Beleuchtung, in: Beiträge der Tagung des VDE-Ausschusses »Geschichte der Elektrotechnik«, Bd. 26, Berlin, 2017, S. 99, 155–159.
82 Verein für Geschichte und Heimatpflege Kornwestheim (Hg.): Stadtführer Kornwestheim, Kornwestheim 2002, S. 10; Stadtarchiv Kornwestheim, B 705, Gemeinderatsprotokoll, 19. Dezember 1935.
83 Bergan, Ludwigsburg unter Strom (wie Anm. 64), S. 155.
84 LZ, 10. Dezember 1932.
85 LZ, 20. Dezember 1934.
86 LZ, 21. Dezember 1934, 27. Dezember 1934.
87 LZ, 13. Dezember 1935, 24. Dezember 1936, 14. Dezember 1937, 23. Dezember 1937.
88 LZ, 21. Dezember 1937.
89 LZ, 13. Dezember 1935.
90 LZ, 12. Dezember 1936, 14. Dezember 1937.
91 LZ, 24. Dezember 1938.
92 LZ, 18. Dezember 1939.
93 LZ, 27. Dezember 1939.
94 Thomas Großbölting: Volksgemeinschaft in der Kleinstadt. Kornwestheim im Nationalsozialismus, Stuttgart 2017, S. 133f.
95 Hanspeter Sturm: Geschichte der Salamander AG, Kornwestheim 1985, S. 140.
96 Weber-Kellermann, Das Weihnachtsfest (wie Anm. 1), S. 108–110, 116, 118, 120, 128.
97 Frankfurter Allgemeine Zeitung, 16. Februar 1973.
98 Weber-Kellermann, Das Weihnachtsfest (wie Anm. 1), S. 108–110, 116, 118, 120, 128.
99 StadtALB L 89/02.205, Weihnachtsmarkt, 1974, 1980; Stadtarchiv LB 89/2.025, Weihnachtsmarkt, bis 1981, Liegenschaft, Aktenvermerk des Städt. Garten- und Friedhofsamt, 11. November 1975. Das Gartenbauamt der Stadt hatte 67 Bäume geschlagen, wovon 16 als Weihnachtsbäume aufgestellt und elektrisch beleuchtet wurden.
100 StadtALB L 89/02.205, Weihnachtsmarkt bis 1981, Liegenschaftsamt, Beschluss Gemeinderat, 08. November 1977.
101 Weber-Kellermann, Das Weihnachtsfest (wie Anm. 1), S. 108–110, 116, 118, 120, 128.
102 Zur Geschichte der Katholischen Gemeinde in Ludwigsburg vgl. Bernhard Veil: 175 Jahre Katholische Kirchengemeinde Zur Heiligsten Dreieinigkeit Ludwigsburg, Ludwigsburg 1981, S. 1; Paul Kopf: Katholisches Leben in Ludwigsburg. Das erste Jahrhundert. Eine Erinnerung an 300 Jahre Katholiken in Ludwigsburg, in: Ludwigsburger Geschichtsblätter 60 (2006), S. 93–111.
103 Ruth Kappel: Scholl, Apollonia (Ordensname Schwester Arcadia) Generaloberin der Barmherzigen Schwestern vom Hl. Vinzenz von Paul in Untermarchtal e. V., in: Baden-Württembergische Biographien, Bd. VII (hg. v. d. Kommission für geschichtliche Landeskunde in Baden-Württemberg), Stuttgart 2019, S. 492–498.
104 Nardi, Der Weihnachtsbaum (wie Anm. 11); Häne, Geschichte des Weihnachtsbaumes (wie Anm. 3), S. 38f.
105 Ruth Kappel: Schwester Arcadia Scholl. Erste Generaloberin der Barmherzigen Schwestern in Württemberg. Gründung des ersten katholischen Frauenordens in Württemberg nach der Säkularisation, in: Susanne Kaup (Red.): Mutter Vinzenz Sultzer 1778–1868. Generaloberin der Barmherzigen Schwestern von Straßburg. Beiträge zu ihrem Leben und Wirken. Mitschwester. Geistliche Mutter, Dienerin (hg. v. d. Föderation Vinzentinischer Gemeinschaften), München 2018, S. 325–370; Das Land Baden-Württemberg: Amtliche Beschreibung nach Kreisen und Gemeinden, Bd. III: Regierungsbezirk Stuttgart, Regionalverband Mittlerer Neckar (hg. v. d. Landesarchivdirektion Baden-Württemberg), Stuttgart, 1978, S. 368.
106 LZ, Bericht über die Einladung von Kronprinz Wilhelm und seiner Tochter Pauline in das Landgut Marienwahl, Heilbronner Straße in Ludwigsburg zur Weihnachtsfeier, 23. Dezember 1888.

107 Tony Schuhmacher: Wie ich zu meiner Puppensammlung kam. Erinnerungen einer Achtzigjährigen, Stuttgart 1929. Darin Kapitel »Der große Krippenfreund«, S. 104–111; Rolf Augustin/Heide Augustin: Gelebt in Traum und Wirklichkeit. Biographie und Bibliographie der einst berühmten Ludwigsburger Kinderbuchautorin Tony Schumacher – eine Recherche (Kinder- und Jugendkultur, -literatur und -medien. Theorie – Geschichte- Didaktik, Bd. 20), Lausanne 2002, S. 42–51.
108 LZ, 23. Dezember 1929.
109 Friedenskirche Ludwigsburg, Ehemalige Garnisonskirche, URL: www.friedenskirche-lb.de, [zuletzt aufgerufen am 17. August 2022]; StadtALB S 31 ZG, 3.3.1 Weihnachtsmarkt 1994–1999 (I/3/2004), LKZ, 26. November 1997, Krippenausstellung in der Friedenskirche.
110 LKZ, 23. Dezember 2000.
111 Jörg Schumacher, genannt Dimido, aufgrund seiner Arbeitszeiten Dienstag, Mittwoch, Donnerstag.
112 StadtALB 13/1V-250, Bü 491, LKZ 2001.
113 StadtALB SS 7.1.1.10, Weihnachtskrippe, 2005 (Oktober–November), 2009, LZ 2009.
114 Artur Strachwitz: Tony Schumacher. Wie es wirklich war: Erinnerungen eines Achtzigjährigen, Stuttgart 1925.
115 Ludwigsburger Krippenweg 2020 vom 1. Dezember 2020 bis 6. Januar 2021 in der Ludwigsburger Innenstadt. Ein Projekt der Stadtkirchengemeinde Ludwigsburg.
116 Kornwestheimer Zeitung, 24. November 2010, S. III.
117 Nardi, Der Weihnachtsbaum (wie Anm. 11), 27. November 2021.
118 Häne, Geschichte des Weihnachtsbaumes (wie Anm. 3), S. 38–39.
119 Rudolf Frey, Ludwigsburg und sein Bezirk seit Gründung der Stadt, in: Oscar Paret (Hg.): Ludwigsburg und das Land um den Asperg. Ein Heimatbuch für den Bezirk Ludwigsburg, Ludwigsburg 1934, S. 157 ff., hier S. 160.
120 Dr. Gustav Hess, Ein vergessenes Waldstück – ein Wald, genannt das Lerchenholz, in: Kornwestheimer Geschichte 31 (2021), S. 23–25; Günther Bergan: Ein vergessenes Waldstück. Lorcherholz – Lörcherholz – Lerchenholz, in: Kornwestheimer Geschichte 31 (2021), S. 25–30.
121 Stadtarchiv Kornwestheim, Strafverzeichnisse, Nr. 76f, 1851–1902.
122 Reskript zur Einrichtung eines Wochenmarktes von Herzog Eberhard Karl Ludwig vom 9. August 1715, HStAS A 39 Bü 20a; Dekret Reskript zum Wochenmarkt von Herzog Carl von Württemberg vom 5. Juni 1760, HStAS A 39 Bü 20a.
123 LZ, 11. Februar 1843.
124 Tourismus und Events Ludwigsburg (Hg.): Ludwigsburger Pferdemarkt. Fest im Sattel, Bietigheim-Bissingen 2023, S. 4–5.
125 LZ, 28. Dezember 2023; Christa Lieb/Wolfgang Kern: Endlich wieder Jahrmarkt!, in: liebevoll und kernig (2. Ludwigsburger Stadtgeschichten aus dem 19. Jahrhundert), Ludwigsburg 2019, S. 100–103.
126 LZ, 11. Dezember 1847.
127 LZ, 19. Dezember 1891.
128 LZ, 10. Dezember 1935.
129 LZ, 17. Dezember 1881, Ankündigung von Ch. Maier.
130 LZ, 10. Dezember 1935.
131 LZ, 10. Dezember 1935.
132 LZ, 18. Dezember 1939.
133 Günther Bergan: Mehr Licht für Ludwigsburg, in: Ludwigsburger Geschichtsblätter, 68 (2014), S. 83–105; Ludwigsburger Tagblatt, 20. Dezember 1866, Anzeige.
134 LZ, 15. Dezember 1932.
135 LZ, 17. Dezember 1881, Ankündigung von Ch. Maier; LZ, 11. Dezember 1847, Verkaufsankündigung des Frauenvereins für beschäftigungslose arme Personen weiblichen Geschlechts; LZ, 24. Dezember 1898, Bericht über ausverkaufte Weihnachtsbäume.
136 LZ, 14. Dezember 1928.
137 Zeitschrift Landidee 6 (2021), S. 7.
138 StadtALB L 67, Bü 293/2, 6 Weihnachtsmarkt, Städtisches Tiefbauamt, Weihnachtsbaumverkauf, 1972–1981; Ludwigsburger Wochenblatt: Grüne Röcke zeigen ihre ganze Schönheit. URL: https://www.ludwigsburger-wochenblatt.de/startseite_artikel,-gruene-roecke-zeigen-ihre-ganze-schoenheit-_arid,188977.html [zuletzt aufgerufen am 12. Dezember 2021].
139 LZ, 11. Dezember 1847, Verkaufsankündigung des Frauenvereins für beschäftigungslose arme Personen weiblichen Geschlechts.
140 StadtALB U 4 Läm, August Lämmle: Ludwigsburger Erinnerungen, Mühlacker, 1960; August Lämmle/Hans Klenk: Der Stadt unserer Jugend in herzlicher Dankbarkeit, Mühlacker 1960, Kap. 18, S. 114–117.

141 LZ, 19. Dezember 1888, Aufruf Weihnachtseinkäufe in Ludwigsburg vorzunehmen.
142 LZ, 17. Dezember 1892.
143 LZ, 17. Dezember 1892, 18. und 20. Dezember 1894.
144 LZ, 6., 9., 16. und 20. Dezember 1922, 15. Dezember 1923ff, 8., 16. und 17. Dezember 1927, 20. Dezember 1928, 11. und 18. Dezember 1931.
145 LZ, 2. Dezember 1932.
146 StadtALB 890/2.2025, Weihnachtsmarkt bis 1981, Liegenschaftsamt, Liegenschaftsamt an OB, Aktennotiz, 1974.
147 StadtALB 890/2.2025, Weihnachtsmarkt bis 1981, Liegenschaftsamt, Beschluss Gemeinderat 12. Dezember 1974.
148 StadtALB St 3.3.1, Tiefbauamt, Städtisches Liegenschaftsamt an städt. Tiefbauamt, 16. Dezember 1974, StadtALB Bü 293/2, 6 Weihnachtsmarkt, Städtisches Liegenschaftsamt, Weihnachtsmarkt, 1974.
149 StadtALB Bü 492, 1974–2005, Presseausschnittsammlung, LKZ, 9. Dezember 1974, StadtALB, 890/2.2025, Weihnachtsmarkt bis 1981, Liegenschaftsamt, Fremdenverkehrsamt an Städt. Liegenschaftsamt, 5. Weihnachtsmarkt, 6. Dezember 1978.
150 StadtALB Bü 492, 1974–2005, Presseausschnittsammlung, LKZ, 1. Januar 1990.
151 StadtALB Bü 492, 1974–2005, Presseausschnittsammlung, LKZ, 1. Januar 1990.
152 StadtALB 67, Bü 293/2, 6. Weihnachtsmarkt, Städtisches Liegenschaftsamt, Weihnachtsmarkt, 1981, 8. Weihnachtsmarkt.
153 StadtALB Bü 492, 1974–2005, Presseausschnittsammlung, LKZ, 22. Dezember 1990.
154 StadtALB Bü 492, 1974–2005, Presseausschnittsammlung, LKZ, 6. Dezember 1992.
155 StadtALB Bü 492, 1974–2005, Presseausschnittsammlung, LKZ, 3. Dezember 1993.
156 StadtALB Bü 492, 1974–2005, Presseausschnittsammlung, LKZ, 4. Dezember 1992.
157 StadtALB Bü 492, 1974–2005, Presseausschnittsammlung, LKZ, 3. Dezember 1993.
158 StadtALB Bü 492, 1974–2005, Presseausschnittsammlung, LKZ, 24. November 1995.
159 StadtALB Bü 492, 1974–2005, Presseausschnittsammlung, LKZ, 1. Dezember 1995.
160 StadtALB Bü 492, 1974–2005, Presseausschnittsammlung, Stuttgarter Nachrichten, 25. November 1996; Stuttgarter Nachrichten, 26. November 1996.

Auch für Neujahrgrüße war das Residenzschloss Ludwigsburg über Jahrzehnte hinweg ein willkommenes Postkartenmotiv, wie hier um 1910. (Vorlage: Stadtarchiv Ludwigsburg)

Ludwigsburger Keramikmalerinnen und Keramikmaler

Neu entdeckte Personen mit abgebildeten Arbeiten aus den Ludwigsburger Manufakturen

von Dr. Hans Dieter Flach,
Wenzenbach; Jahrgang 1934; Studium der Wirtschaftswissenschaften und Kunstgeschichte; im Ruhestand intensive Keramik-Recherchen; zahlreiche Publikationen zu Malern und Malertätigkeiten der Ludwigsburger Manufakturen.

Die ersten beiden mitteleuropäischen Porzellan-Manufakturen wurden 1708 in Meißen und 1718 in Wien, jeweils nicht offiziell verbunden, gegründet. In der darauffolgenden Zeitspanne zwischen 1746 und 1758 wurden in Deutschland sechs große Porzellan-Manufakturen gegründet. Die letzte davon war die in Ludwigsburg.

Von den in Ludwigsburg tätigen Malerinnen und Maler sind heute 190 namentlich bekannt. Zwanzig von ihnen konnten durch die Forschungsarbeit von Mechthild Landenberger im Stuttgarter Landesmuseum ihren Arbeiten zugeschrieben werden. Nach dem Ausscheiden von Mechthild Landenberger setzte der Autor dieses Beitrags die Untersuchungen der Ludwigsburger Keramikmalerinnen und Keramikmaler und ihrer Arbeiten fort. So konnten weitere 45 Kunstschaffende ihren Werken zugeordnet werden. In einer ersten betreffenden Publikation konnten somit zusammen mit den bereits 20 von Landenberger gefundenen Malerinnen und Malern insgesamt 65 mit ihren Arbeiten vorgestellt werden.

Es galt, die veröffentlichten Ergebnisse nicht als ausreichend zufrieden anzusehen. Bei weiteren Nachforschungen und tiefergehenden Untersuchungen konnten nach einiger Zeit insgesamt 23 weitere Keramikkünstlerinnen und Keramikkünstler entdeckt werden. Dies waren die folgenden:

Ludwigsburger Malerinnen und Maler mit erkannten Arbeiten

1 Affenheimer, wohl Jakob Friedrich
2 Beuerle, Ferdinand
3 Ebert d. J., Johann Wilhelm
4 Eller, Christian Martin
5 Faber, Christian Friedrich
6 Höflinger, Margaretha Gottliebin
7 Hollak, Johann Nepomuk
8 Knaup, Johann Michael
9 Knüpfer, Johann Christian
10 Kühnel, Christian Friedrich
11 Kuntze, Johann Andreas
12 Kunz, Johann Friedrich
13 Lamprecht, Johann Georg
14 Leinfelder, Georg Gottfried
15 Malcotte, Franz Joseph
16 N. N.
17 N. N.
18 Malcotte, Franz Joseph
19 Malcotte, de Israel
20 May, Gottfried
21 Morlok, Christian Friedrich
22 Sauterleute, Franz Joseph
23 Seehuber, Christian
24 Weber, Diethelm
25 Winkler, [Johann] Michael
26 Zimmern, C. E. (?)

Mit diesen neu nachgewiesenen 26 Künstlerinnen und Künstlern sind nun insgesamt 91 Personen mit ihren Arbeiten bekannt. Dies entspricht 51% von der Gesamtheit der nachgewiesenen Kunstschaffenden der Ludwigsburger Porzellan-Manufakturen.

Affenheimer (Fotos: Slg. Dr. Hans Dieter Flach)

Beuerle

Ebert d. J. (Fotos: Slg. Dr. Hans Dieter Flach)

Eller

Faber

Höflinger

Hollak

Knaup

Knüpfer *(Fotos: Slg. Dr. Hans Dieter Flach)*

Kuntze

Kühnel

Kunz

Lamprecht (Fotos: Slg. Dr. Hans Dieter Flach)

Leinfelder

Malcotte

May

Malcotte, d. I.

Morlok

Sauterleute (Fotos: Slg. Dr. Hans Dieter Flach)

Seehuber

Weber

Winkler

Zimmern

Quellen und Literatur

Hans Dieter Flach: Geschichtsquelle Erdboden. Entdeckungen neben der alten Ludwigsburger Porzellanmanufaktur, in: Ludwigsburger Geschichtsblätter 47 (1993), S. 87–100.

Hans Dieter Flach: Zum Beschaffungswesen der frühen Ludwigsburger Porzellan- und Fayencemanufaktur, in: Ludwigsburger Geschichtsblätter 49 (1995), S. 45–65.

Hans Dieter Flach: Drei schwarze Adler auf Porzellan. Zur Tätigkeit des Ludwigsburger Porzellanmalers und Vergolders Johann Anton Tronner, in: Ludwigsburger Geschichtsblätter 51 (1997), S. 131–143.

Hans Dieter Flach: Ludwigsburger Porzellan. Fayence, Steingut, Kacheln, Fließen. Ein Handbuch, Stuttgart 1997.

Hans Dieter Flach: Ein bisher unbekannter Manufakturmarkentyp auf Ludwigsburger Porzellan, in: Ludwigsburger Geschichtsblätter 54 (2000), S. 41–50.

Hans Dieter Flach: »Hera« und »Leda« von Johann Wilhelm Götz. Nach 245 Jahren ein Ludwigsburger Figurenpaar wieder entdeckt, in: Ludwigsburger Geschichtsblätter 59 (2005), S. 105–111.

Hans Dieter Flach: Malerei auf Ludwigsburger Porzellan – 1759 bis um 1850, Regensburg 2005.

Hans Dieter Flach: »Abgekupfert«. Vorlagenverwendung von Malern und Modelleuren der Ludwigsburger Porzellan-Manufaktur, in: Ludwigsburger Geschichtsblätter 61 (2007), S. 31–42.

Hans Dieter Flach: Ludwigsburger Keramik-Maler. Nachgewiesene Personen mit abgebildeten Arbeiten aus den ersten drei Ludwigsburger Manufakturen 1758–1824, in: Ludwigsburger Geschichtsblätter 74 (2020), S. 53–65.

Hans Dieter Flach: Ein Treffen im württembergischen Königshaus, in: Ludwigsburger Geschichtsblätter 75 (2021), S. 54–56.

Wilhelm Förstner (1861–1925)

und sein Heimatbuch des Oberamtsbezirks Marbach

von Prof. Dr. Hermann Ehmer,
Stuttgart; bis 2008 Direktor des Landeskirchlichen Archivs Stuttgart; Veröffentlichungen zur südwestdeutschen Landesgeschichte.

Am 28. August 1925 starb in Kirchberg an der Murr der Oberlehrer Wilhelm Förstner. Er hat 1923 im Verlag von Adolf Remppis in Marbach ein Heimatbuch des Oberamtsbezirks Marbach für Schule und Haus veröffentlicht, für das er zusammen mit einigen anderen Lehrern des Bezirks als Verfasser zeichnete.[1] Die amtliche Beschreibung des Oberamts Marbach[2] war schon 1866 erschienen, so dass es an der Zeit war, dass ein neues Buch für die Hand des Lehrers als Grundlage des Heimatkundeunterrichts erschien. Förstner war 1897 als Lehrer nach Kirchberg und damit in den Bezirk Marbach gekommen. Das Heimatbuch ist – neben der Aufgabe als Lehrer – das große Werk von Förstners letzter Lebensphase. Es ist deshalb an der Zeit, ein Lebensbild Förstners zu zeichnen und sein Heimatbuch zu würdigen. Diese Aufgabe wird allerdings dadurch entscheidend behindert, dass die Personalakten der württembergischen Lehrer aus diesem Zeitraum dem Bombenkrieg zum Opfer gefallen sind. Es muss daher versucht werden, aus anderen, vornehmlich kirchlichen Quellen die wichtigsten Daten zusammenzusuchen. Gleichwohl werden dabei noch viele offene Fragen bleiben.

Herkunft und Ausbildung

Carl Wilhelm Förstner wurde am 17. Januar 1861, abends 9 Uhr, als Sohn des Buchbindermeisters Johann Jakob Förstner und seiner Ehefrau Christiana Justine geb. Löw in Markgröningen geboren. Carl Wilhelm war das jüngste von fünf Kindern des Ehepaars, die zwischen 1850 und 1861 geboren wurden und sämtlich das Erwachsenenalter erreichten. Ein Bruder, der 1859 geborene Ludwig Ernst, wanderte nach Amerika aus.

Sicher hat Karl Wilhelm seine schulische Bildung am Ort bekommen, wo er die Lateinschule besuchen konnte.[3] Er sollte Volksschullehrer werden. Das Volksschulwesen in Württemberg war durch das Volksschulgesetz von 1836 geregelt. Die Lehrerausbildung erfolgte in staatlichen und privaten Anstalten. Für die angehenden evangelischen Lehrer war 1811 das Lehrerseminar in Esslingen eingerichtet worden, ein zweites wurde 1843 in Nürtingen eröffnet. Dann folgten Seminare in Künzelsau 1873, in Nagold 1881, Backnang 1909 und Heilbronn 1912. Private Lehrerbildungsanstalten bestanden im Kloster Lichtenstern bei Weinsberg und auf dem Tempelhof bei

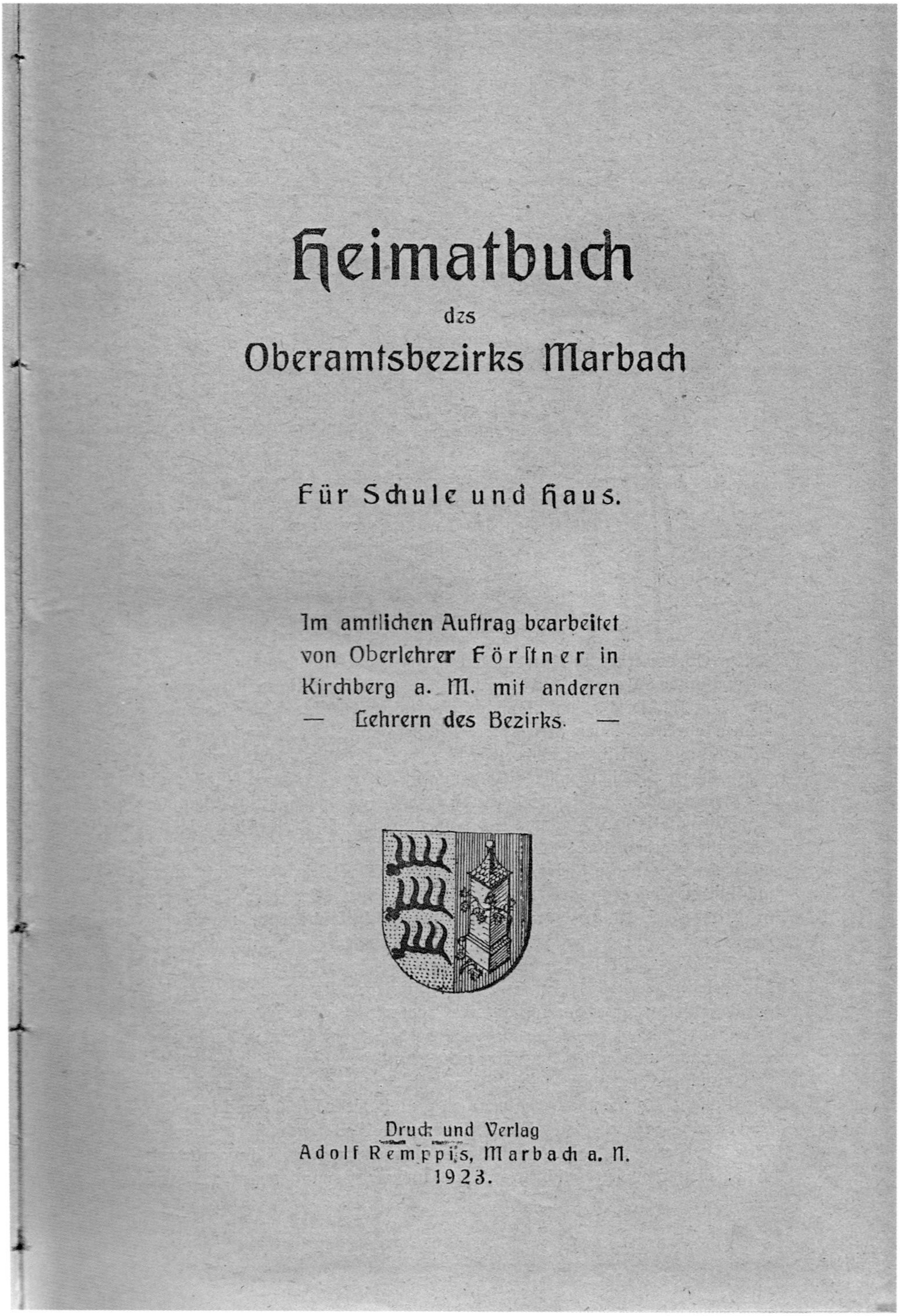

Heimatbuch

des

Oberamtsbezirks Marbach

Für Schule und Haus.

Im amtlichen Auftrag bearbeitet
von Oberlehrer Förstner in
Kirchberg a. M. mit anderen
— Lehrern des Bezirks. —

Druck und Verlag
Adolf Remppis, Marbach a. N.
1923.

Titelseite des Heimatbuchs des Oberamtsbezirks Marbach. (Stadtarchiv Marbach)

Marktlustenau. Hier und da wurden, zumeist von Pfarrern, weitere private Anstalten betrieben. Karl Wilhelm Förstner[4] wurde in Metzingen ausgebildet, wo offenbar ein kurzlebiges Institut bestand.[5] Im Frühjahr 1880 legte er die erste Dienstprüfung ab[6], die zweite bestand er 1887.

Die Volksschule war nach wie vor eine kirchliche Einrichtung. Die Aufsicht über die Schullehrer führte der Ortsgeistliche zusammen mit dem Kirchenkonvent. Bei der Visitation der einzelnen Gemeinden durch den zuständigen Dekan kamen auch die örtlichen Lehrer in den Blick. Der Dekan oder ein anderer dazu ernannter Geistlicher war zudem Bezirksschulaufseher. Das Konsistorium war die Oberschulbehörde für die evangelischen Volksschulen.

Wilhelm Förstner in seiner Kirchberger Zeit. (Vorlage: Helmut Sorg, Streiflichter aus der Geschichte von Kirchberg an der Murr, Remshalden-Buoch 1993, S. 68)

Dagersheim

Sieben Jahre, von 1880 bis 1887, hat Förstner im unständigen Dienst als Hilfslehrer gedient. Es ist allerdings nicht bekannt, wo er eingesetzt wurde. Nach Bestehen der zweiten Dienstprüfung konnte Förstner am 16. Juli 1887 in Dagersheim im Bezirk Böblingen seine erste feste Stelle antreten. Dagersheim war der Dienstort von Immanuel Gottlieb Kolb (1784–1859) gewesen. Der »Schulmeister von Dagersheim«, wie er genannt wurde, war einer der unmittelbaren Schüler von Michael Hahn (1758–1819) und hat nach dessen Tod die Hahn'schen Schriften herausgegeben. Die Hahn'sche Tradition war am Ort und besonders in der Schule durchaus noch gegenwärtig, als Förstner als zweiter Schullehrer dorthin kam.[7] Erster Schullehrer war der 64-jährige Friedrich Bächtle, der Sprecher der örtlichen Hahn'schen Gemeinschaft und Pfarrgemeinderat, der zugleich Mesner und Organist war. Wegen eines Halsleidens konnte er jedoch die Schule nicht mehr versehen, weshalb er seine Pensionierung beantragt hatte. Ihm war einstweilen der 23-jährige Hilfslehrer Gotthilf Haux beigegeben, der sich den örtlichen Gemeinschaftskreisen angeschlossen hatte.

Die Dagersheimer Schule umfasste 204 Schüler, wovon die Förstner anvertraute Unterklasse der Sechs- bis Zehnjährigen 60 Knaben und 51 Mädchen zählte, die in zwei getrennten Klassen unterrichtet wurden. Man wird sich das als Wechsel von Unterricht und Stillarbeit vorstellen müssen. Im Pfarrbericht für die Visitation in Dagersheim am 15. Mai 1888 wird Förstner von Pfarrer Eugen Knöringer (1853–1932)[8] folgendermaßen beurteilt: »Wandel und Amtsführung in Kirche und Schule gut.« Der visitierende Dekan August Schnaidt (1837–1902)[9] bezeichnet Förstner als »ungehobelt, unfreundlich, [...] aber nicht ungeschickt und sehr eifrig«. Dies ist eine Charakterisierung, die sich durch die ganze dienstliche Laufbahn Förstners zieht, wonach er seinen Dienst untadelig versah, aber im persönlichen Umgang schwierig war.

Immerhin war Förstner in Dagersheim auf einer festen Stelle und konnte nun einen eigenen Hausstand begründen. Am 28. September 1889 heiratete er in Dagersheim Sophie Christiane Schuhmacher, Tochter des Christian Friedrich Schuhmacher, Bäcker in Sindelfingen, und dessen Ehefrau Friederike Dorothea geborene Schaber.[10] Als erstes Kind aus dieser Ehe wurde am 8. Februar 1891 in Dagersheim die Tochter Helene Hedwig geboren.

Die schulische Lage in Dagersheim verbesserte sich dadurch, dass im Frühjahr 1889 der 51-jährige Adolf Dietrich an die Stelle von Friedrich Bächtle (und dessen Hilfslehrer) trat.[11] Von seinem Amtsvorgänger hatte Dietrich nicht nur das Schulamt mit der Oberklasse, sondern auch den Dienst als Mesner, Organist und Kantor übernommen. Im Orgelspiel wechselte er sich mit Förstner ab. So heißt es auch im Pfarrbericht 1892, in dem Pfarrer Knöringer über Förstner lediglich sagt: »Wandel und Amtsführung sind ohne Tadel.« Dekan Christian Niethammer (1834–1897)[12], der sein Böblinger Amt 1890 angetreten hatte, hinterließ keine Bemerkung.

Kirchheim am Neckar

Zum 23. November 1892 wurde Förstner nach Kirchheim am Neckar im Bezirk Besigheim versetzt.[13] Die Schule dort war um einiges größer als jene in Dagersheim.

Ansicht des 1812 erbauten und mittlerweile abgerissenen alten Schulhauses von Dagersheim, 1931. (Stadtarchiv Böblingen, E 2/11 Nr. 192)

Sie zählte 1894 insgesamt 284 Schüler und drei festangestellte Lehrer sowie einen Hilfslehrer. Förstner war der dritte Lehrer und hatte die Unterklasse der Erst- und Zweitklässler zu unterrichten. In seinem Pfarrbericht sagt Pfarrverweser Richard Göller (1869–1929)[14] über Förstner[15]: »Wandel: Nichts Nachtheiliges bekannt. Im Amt im Ganzen fleißig. Strebsam.« Für den visitierenden Dekan Julius Knapp (1840–1919)[16] war Förstner »ein eckiger u. zugeknöpfter Mann. Im Dienst ist er fleißig. Gaben, Lehrgeschick, Kenntnisse ziemlich gut. Wandel eingezogen.« Die letztere Bemerkung meint, dass er nicht aushäusig lebte, kein Wirtshausgänger oder dergleichen war.

Der erste Lehrer Friedrich Kunberger diente zugleich als Mesner, der zweite Lehrer Reinhold Nachtrieb spielte nach dem Bericht des Pfarrers die Orgel »mit mehr Lust und Verständnis als seine anderen Kollegen«. Vermutlich haben sich also die Lehrer im Organistendienst abgewechselt, wenngleich dies nicht ausdrücklich erwähnt wird.

In Kirchheim wurden Förstner noch vier Kinder geboren, von denen drei im Kleinkindalter starben, während die am 14. Mai 1894 geborene Ottilie Gertrud am 6. August 1899, also fünfjährig, in Kirchberg starb. So haben nur zwei der insgesamt fünf Kinder des Ehepaars Förstner das Erwachsenenalter erreicht und die Eltern überlebt, nämlich die erstgeborene Helene Hedwig und die noch in Kirchheim am 3. August 1897 geborene Johanna Lydia. Diese Schicksalsschläge blieben sicher nicht ohne Auswirkung auf die Gemütslage von Förstner.

Kirchberg an der Murr

Zum 8. Dezember 1897 wurde Förstner nach Kirchberg an der Murr versetzt. Nach der Pfarrbeschreibung von 1905 bestand das örtliche Schulwesen aus einer »Volksschule mit 3 Klassen (in zwei Schulhäusern), welche von zwei ständigen u. einem unständigen Lehrer unterrichtet werden«. Für die schulpflichtigen

Rathaus und Kirche von Kirchheim am Neckar in der Zeit vor 1900 auf einer Vorlage für eine Mehrbildpostkarte von Anton Beuter. (Kreisarchiv Ludwigsburg, Slg. Beuter)

Mädchen bestand eine Arbeitsschule, in der Handarbeiten gelehrt wurden. Für die konfirmierten Söhne gab es eine Fortbildungsschule, in der man das Schreiben von Briefen, Rechnungen und dergleichen lernte. Für die konfirmierten Töchter gab es eine Sonntagschule, in der neben Religionsunterricht auch allgemeinbildende Fächer geboten wurden.[17]

1899 zählte man in der Kirchberger Volksschule 214 Schüler und drei Lehrer, wovon zwei auf ständigen Stellen saßen. Eine unständige Stelle hatte eine Lehrgehilfin inne. Förstner war Lehrer der dritten Klasse, der Oberklasse, und hatte auch die Sonntagsschule der konfirmierten Töchter zu halten. Während der Visitation am 13./14. Mai 1899 besuchte Dekan Richard Färber (1852–1936)[18] von Marbach auch die Sonntagsschule, in der Lehrer Eisenmann Kirchengeschichte unterrichtete. Förstner, der die Sonntagsschule offenbar an den Kollegen abgegeben hatte, war auch Organist und Mesner, wobei ihm ein Mesnergehilfe an die Hand ging. Am Organistendienst beteiligte sich auch der zweite Lehrer Gotthold Eisenmann. Die erste Klasse mit den Schulanfängern wurde von der Lehrgehilfin Marie Lebküchner unterrichtet. Pfarrer Karl Aichele (1831–1917)[19] bezeichnete die Stellung der Lehrer zum kirchlichen Leben als »pflichtgemäß«.

Bei der Visitation 1903 wird Förstner als Aufsichtslehrer bezeichnet, das heißt, dass er der Schulleiter war. Pfarrer Karl Richter (1858–1912)[20] urteilte über ihn: »Seine Amtsführung und sein Wandel ist gut, sein Charakter aber nicht klar und offen, er hat in seinem Wesen etwas Verschlossenes.« Auch der visitierende Dekan Färber meinte: »Sein Charakter ist empfindlich und verschlossen.« Der Pfarrer berichtet, dass alle drei Lehrkräfte am Ort kirchlich gesinnt seien und Förstner die Gemeinschaft der Altpietisten besuche. Wie auf seinen anderen Stellen diente Förstner auch in Kirchberg als

Neues und altes Schulhaus in Kirchberg an der Murr auf einer 1929 gelaufenen Postkarte. (Stadtarchiv Marbach).

Organist. »Er versieht dieses Amt pünktlich, seine Leistungen als Organist sind befriedigend«, urteilte der Pfarrer.

Wegen des Lehrermangels in jenen Jahren gab es 1907 in Kirchberg 203 Schüler in drei Klassen, aber nur zwei Lehrkräfte, nämlich Aufsichtslehrer Förstner und die ständige Lehrerin Rosalie Maisch. Die unständige Stelle war nicht besetzt, so dass die beiden vorhandenen Lehrkräfte sich die Aufgaben der fehlenden Lehrkraft teilen mussten. Ansonsten berichtete der Pfarrer, dass beide Lehrkräfte kirchlich gesinnt seien. Der visitierende Dekan urteilte über Förstner, er sei »als Lehrer und Organist tüchtig und gewissenhaft. In seinem Wesen hat er allerdings etwas Verschlossenes u. Finsteres«.

Vier Jahre später hoffte man, wie der Pfarrbericht von 1911 zeigt, dass man nach der baldigen Erbauung eines neuen Schulhauses eine vierte Klasse bilden könne. Neben dieser hoffnungsfrohen Aussicht berichtet Pfarrer Richter: »Von Seiten der gegenwärtigen Lehrer erfährt das kirchliche Leben keinerlei Förderung. Der Oberlehrer (Wilhelm Förstner), ein finsterer, unzugänglicher Mann, bekümmert sich um die Jugend außerhalb der Schule gar nicht; die erwachsenen Glieder seiner Familie besuchen die Kirche fast nie!« Damit können nur Förstners Frau und die älteste Tochter Hedwig gemeint sein, die jüngste, Lydia, wurde 1911 konfirmiert.

Man hat den Eindruck, dass hier eine Veränderung vorgefallen ist. In der Tat hatten sich die Rahmenbedingungen der Volksschule geändert. Das seither geltende Volksschulgesetz von 1836 war durch ein neues Gesetz vom 17. August 1909 ersetzt worden, das zum 1. April 1910 in Kraft trat. Es sah eine konfessionelle Schule vor, die aber unter staatlicher Aufsicht stand. Die örtliche Aufsicht oblag dem Ortsschulrat, dem Pfarrer, Ortsvorsteher und Lehrer angehören sollten. Zur Wahrnehmung der staatlichen Aufsicht wurde das Amt des Bezirksschulaufsehers geschaffen. Dieser war ein Staatsbeamter, das heißt, dass damit die seit der Reformationszeit bestehende geistliche Schulaufsicht abgeschafft war. Ein Ergebnis dieses Wandels scheint zumindest für Kirchberg gewesen zu sein, dass sich die Lehrer auf ihre Schularbeit konzentrierten, sehr zur Enttäuschung des Pfarrers.

Pfarrer Richter starb überraschend 1912. Ihm folgte Pfarrer Theodor Sülzer (1866–1941).[21] 1913 wurde das neue Schulhaus mit fünf Schulsälen von Oberamtsbaumeister Schwammberger aus Marbach erbaut. Förstners Heimatbuch enthält ein Foto des neuen Schulhauses, das für ihn offenbar ein wichtiger Markstein seiner Kirchberger Amtszeit war.[22] Zwar hatte man jetzt vier Klassen bilden können, doch war Hauptlehrer Stanger, der die 3. Klasse versah, wie Pfarrer Sülzer bei der Visitation 1915 berichtete, zum Kriegsdienst eingezogen worden und alsbald gefallen. Seine Klasse musste also von Wilhelm Förstner neben seiner 4. Klasse, der Oberklasse, im Abteilungsunterricht mitversehen werden. Daneben diente Förstner nach wie vor als Organist. Der visitierende Dekan Reinhold Vollmer (1866–1946)[23] konnte das bestätigen, merkte aber an, dass Förstner »nicht gerade leicht zu behandeln« sei. Pfarrer Sülzer berichtete gar, dass sich Förstner nach außen kirchlich gebe, aber gegenüber seinem Amtsvorgänger Aichele »zahlreiche Proben niedriger Gesinnung abgelegt« habe, die eine Wiederholung befürchten lassen. Dabei sei es nicht so sehr die Person des Pfarrers als das von ihm vertretene Amt, mit dem sich Förstner auseinandersetze. Der 1911 berichtete mangelhafte Kirchenbesuch der Lehrersfamilie Förstner scheint also weniger auf das neue Schulgesetz als auf persönliche Zwistigkeiten zurückzuführen zu sein. Immerhin wurde Förstner bei der Visitation 1919, ebenso 1923 bescheinigt, dass er sich zum kirchlichen Leben freundlich stelle.[24]

Neues Schulhaus in Kirchberg an der Murr in seiner heutigen Erscheinung, 7. April 2024. (Foto: Hermann Ehmer)

Das Heimatbuch des Oberamtsbezirks Marbach

Schon im Titel wird darauf hingewiesen, dass Förstner das Heimatbuch »im amtlichen Auftrag« bearbeitet habe. Einen Hinweis darauf gibt das Geleitwort von Schulrat Wagner in Cannstatt, der wohl die Anregung dazu gegeben hat. Er bezeichnet das Heimatbuch als das erste seiner Art, das seit dem Weltkrieg für einen größeren Bezirk erschienen ist. Es kann kein Zweifel daran sein, dass Förstner das Heimatbuch in mehrjähriger Arbeit fertiggestellt hat, zumal der Krieg für ihn eine Vermehrung der Schularbeit und andere Beanspruchungen gebracht hatte. Seine Mühe wurde gewürdigt durch Archivdirektor Eugen Schneider (1854–1937)[25] in Stuttgart, der die Arbeit durchgesehen hatte und ihm schrieb: »Ihre Arbeit zeichnet sich durch Fleiß und gute Anordnung aus und wird dankbare Leser finden. Das Ganze macht den Eindruck von Geschmack und guter Darstellung und ist recht unterhaltend geschrieben.« Schneider war als Direktor des Stuttgarter Staatsarchivs eine anerkannte wissenschaftliche Größe, weshalb es Schulrat Wagner nicht versäumte, Schneiders anerkennende Worte in seinem Geleitwort zu zitieren. Auch der Archäologe Oskar Paret (1889–1972)[26], hatte die einschlägigen Teile des Werks durchgesehen und eine Reihe von Abbildungen zur Verfügung gestellt.

Das Heimatbuch setzt ein mit einem Kapitel über die Urgeschichte, verfasst von Oberlehrer Julius Hermann in Murr. Der Hauptteil des Werkes, geschrieben von

Wilhelm Förstner, behandelt zunächst die Zeit der Römer, die Straßen und andere baulichen Überreste hinterlassen hatten. Auch die römische Religion wird anhand von im Bezirk gefundenen Bildwerken dargestellt.

Auf die Abhandlung über die Römer folgt ein Kapitel über die Alemannen, auf deren Lebensweise und Religion eingegangen wird. Die freien Alemannen versammelten sich bei Weiler zum Stein. Der Wunnenstein wird als der »Wotanstein« bezeichnet. Dies kennzeichnet die Darstellungsweise von Förstner, da er nicht einfach nur den Geschichtsablauf bietet, sondern auch Sagen und Gedichte mit örtlichem Bezug darstellt.

In der Zeit der Merowinger und Karolinger wird auf Marbach als Grenzort zwischen Franken und Alemannen eingegangen, außerdem auf die Christianisierung und die Gründung des Klosters Murrhardt und den Gaugrafen Erlafried.

Zur Zeit der deutschen Kaiser erscheinen die Burgen im Bezirk, Lichtenberg, Hohenbeilstein und Wunnenstein, ebenso das adlige Fräuleinstift Oberstenfeld und das Kloster Mariental in Steinheim und die Hardtwaldstiftung. Hier fehlen auch nicht die Sagen um die Kirche auf dem Wunnenstein mit ihrer wundertätigen Glocke Anna Susanna[27], mit der Ballade von Gustav Schwab, ebenso die Geschichte von den feindlichen Brüdern auf Lichtenberg[28]. Den Schluss macht eine kulturgeschichtliche Betrachtung über mittelalterliches Leben zwischen Burgen und Klöstern.

Der Blick richtet sich sodann auf die württembergischen Grafen und die von ihnen erworbenen Städte Marbach, Beilstein und Großbottwar. Daneben wird auch der Gleißende Wolf von Wunnenstein und der »Städtefeind« Hans von Urbach besprochen. Die Urbacher waren im Besitz von Mundelsheim mit der Kilianskirche. Die 1892/95 aufgedeckten Wandmalereien in dieser Kirche werden ausführlich besprochen, ebenso wie die Alexanderkirche in Marbach.

Der Reformation ist ein eigener Abschnitt gewidmet, der mit der Erhebung des Armen Konrad 1514 einsetzt. Es folgen die Anfänge der Reformation mit Johann Geyling von Ilsfeld, Alexander Märklin von Marbach und dem rätselhaften Meister Peter in Großbottwar. Breiter Raum ist hier dem Bauernkrieg gewidmet mit dem Wunnensteiner Haufen unter Matern Feuerbacher von Großbottwar. Die Reformation im Herzogtum Württemberg wird ausführlich mit dem Aufbau des Bildungswesens und der Reformation im Stift Oberstenfeld und dem Kloster Steinheim dargestellt.

Die Kriege des 17. Jahrhunderts, der Dreißigjährige Krieg und der Pfälzische Erbfolgekrieg, der sich besonders im Jahre 1693 im Bezirk auswirkte, bilden ein eigenes Kapitel. Hierher gehört auch ein Abschnitt über Aber- und Hexenglauben mit einem Prozess in Steinheim 1660.

Das Kapitel über das 18. Jahrhundert, das als Zeit der ruhigen Entwicklung überschrieben ist, war freilich zu Beginn vom Spanischen Erbfolgekrieg gekennzeichnet. Förstners Darstellung geht aber auch auf die Veränderungen im Stift Oberstenfeld ein, auf das Schloss zu Höpfigheim und seine Geschichte sowie auf den Bau von Schloss und Stadt Ludwigsburg mit den Auswirkungen auf das Oberamt Marbach.

Ein jedes Kapitel von Förstners Darstellung schließt mit kulturgeschichtlichen Darlegungen, die anfänglich eher allgemein gehalten sind, aber nun konkreter werden. Es geht hier um die Tötung des zahmen Leibhirsches von Herzog Eberhard Ludwig auf Großbottwarer Markung 1721, das in Kleinbottwar vollzogene Todesurteil an dem Obersten Wartmann wegen Mord im selben Jahr und einen Hexenprozess in Murr 1739/41. Darauf werden die Lebensgeschichten der beiden bedeutendsten Marbacher dargestellt, Friedrich Schiller und Tobias Mayer. Ein Bild von Schiller ziert das Heimatbuch als Frontispiz. Es folgt die Geschichte der Familie

Karte des Oberamts Marbach mit Höhenschnitt aus der Zeit nach 1901. (Stadtarchiv Marbach)

Staudenmayer-Leibbrand, die über 163 Jahre das Lehreramt in Kirchberg versehen hat.

Das Kapitel, das als »neue Zeit« bezeichnet wird, beginnt mit der Französischen Revolution, die eine zwei Jahrzehnte dauernde Kriegszeit auslöste und vielfache Veränderungen nach sich zog, ebenso wie die Hungersnot 1816/17. Es wird auf eine Reihe von Persönlichkeiten eingegangen, die der Bezirk Marbach in dieser Zeit hervorgebracht hat, wie Friederike Hauffe, die Seherin von Prevorst, die Schriftstellerin Ottilie Wildermuth, Immanuel Niethammer, den Freund Hegels, die Dichter Julius Krais und Johannes Nefflen sowie den Juristen Karl Wächter. Ebenso kommt die Revolution 1848/49 ins Blickfeld mit den örtlichen Ereignissen und den allgemeinen Auswirkungen. Schließlich geht es um die Verehrung Schillers im 19. Jahrhundert, die im Bau des Marbacher Schillermuseums gipfelte. Auch der Krieg 1870/71 wird besprochen, an den das Denkmal der beiden Grafen Taube in Pleidelsheim erinnert. Es wird aber auch auf die wirtschaftliche Entwicklung des Bezirks mit Einrichtung der elektrischen Kraftwerke und Fabriken aller Art geblickt. Den Schluss von Oberlehrer Förstners Geschichtsdarstellung bilden Erzählungen dessen, was Männer aus dem Oberamtsbezirk Marbach in den Schützengräben des Ersten Weltkriegs erlebt hatten.

Im Anhang kommen nun Förstners Lehrerkollegen zu Wort. Hauptlehrer Otto Schäfer aus Großbottwar gibt einen Überblick über die geologischen Verhältnisse des Bezirks. Sodann folgen neun Wanderungen durch verschiedene Gegenden des Oberamts entlang der jeweiligen Wasserläufe. Die meisten dieser Wanderungen, bei denen auf geographische, historische und statistische Gegebenheiten aufmerksam gemacht wird, stammen von Förstner selbst. Hauptlehrer Otto Schäfer aus Großbottwar steuerte die Wanderung durch das Bottwartal bei, Oberlehrer Robert Wegler aus Beilstein jene durch das Söhlbachtal und die zum Stocksberg. Es entsteht damit ein anschauliches Bild des Oberamts Marbach.

Das nun ein Jahrhundert alte Heimatbuch zeigt sich auf der Höhe seiner Zeit[29]. Zu jedem Abschnitt wird die allgemeine und die spezielle Literatur angegeben, auf denen die Darlegungen fußen. Dazu gehören auch einschlägige Zeitungsartikel, die etwa im »Postillon«, dem Blatt für das Oberamt Marbach, erschienen sind und die Förstner gesammelt haben muss. Auch Archivalien hat Förstner eingesehen, so die Kirchenvisitationsakten, die damals im Staatsfilialarchiv in Ludwigsburg verwahrt wurden.

Die Darstellung ist durchaus lebendig und wird durch Gedichte und Sagen aufgelockert. Ein wichtiger Teil des Buches sind auch die zahlreichen Abbildungen, deren Druckvorlagen entsprechend den technischen Möglichkeiten der Zeit genau nachgewiesen werden. Förstner zeigt sich hier als erfahrener Lehrer, besonders auch bei den durch das Gewässernetz strukturierten Wanderungen, die einen Überblick über den landschaftlich vielfältigen Bezirk bieten.

Wilhelm Förstner

Hätte man lediglich die dürren Angaben der Pfarrberichte und die verschiedenen Auflagen des Grundbuchs über den Lehrer Förstner, so würde sich nur das Bild eines in dienstlichen Angelegenheiten untadeligen, im persönlichen Umgang eher schwierigen Menschen ergeben. Der wohl von einem Kollegen verfasste Nachruf[30] auf Förstners Beerdigung in Kirchberg am Sonntag, 30. August 1925, in der *Marbacher Zeitung*[31] spricht von seiner »stillen, bescheidenen Art« und dass er »28 Jahre in treuer Pflichterfüllung« in Kirchberg gewirkt habe. Oberlehrer Förster von Marbach, der Vertreter der Lehrerschaft des Bezirks, bezeichnet ihn als »stillen, fleißigen, stets freundlichen und entgegenkommenden Mann«, der sich selbst ein Denkmal geschaffen habe, indem er dem Bezirk das Heimatbuch geschenkt habe. Im Nachruf ist dann noch die Rede davon, dass Förstner sein schriftstellerisches Werk mit einem Führer durch den Bezirk Marbach vollendet habe, der ausgerechnet an seinem Todestag im Druck erschienen sei. Leider lässt sich ein Druckwerk mit diesem Titel

Nur in der Form und nicht im Inhalt unterscheiden sich die gebundene Ausgabe und die kartonierte Ausgabe des Heimatbuchs. (Stadtarchiv Marbach)

nicht ermitteln. Es muss sich wohl um eine Fehlinformation handeln. Allenfalls wäre daran zu denken, dass die im Anhang zum Heimatbuch abgedruckten Wanderungen noch separat erschienen sind.

Das Heimatbuch zeigt Förstner als einen Mann von großem Fleiß, Kenntnissen und Darstellungsgabe. In gewisser Weise kann man Förstner mit August Holder (1850–1919)[32], seinem Kollegen in Winzerhausen, vergleichen. Gemeinsam haben sie Interesse an der Orts- und Heimatgeschichte. Doch anders als der eher verschlossene Förstner war Holder auf Wirkung bedacht, ließ zahlreiche Veröffentlichungen erscheinen und gründete den offenbar eingeschlafenen Zabergäuverein 1899 wieder neu. Der Textilfabrikant Robert Vollmöller, der in Beilstein seit 1898 die Burg Langhans und den gesamten Burgberg aufgekauft und das Schloss gebaut hatte, beauftragte Holder, die Geschichte der Burg zu schreiben, die 1911 unter dem Titel Hohenbeilstein in der Geschichte erschienen ist.

Der Druck von Förstners Buch hingegen fiel in die höchst ungünstige Zeit der Inflation, so dass es viel bedurfte, es dennoch erscheinen zu lassen. Das Geleitwort von Schulrat Wagner[33] berichtet, dass die Aufnahme von zahlreichen Bildern in dem Werk durch einen Zuschuss der Amtskörperschaft Marbach[34] möglich war, wofür dem Bezirksrat und Regierungsrat Hermann Grimm (1866–1960)[35] gedankt wird. Das Geleitwort ist auf März 1923 datiert. Schon am 25. April 1923 war im »Postillon« die Nachricht, dass das Heimatbuch nunmehr veröffentlicht sei und die bestellten Exemplare abgeholt werden könnten.[36] So konnte Förstners Heimatbuch den Weg in die Schulen und Häuser des Oberamts Marbach antreten.

Das Heimatbuch
des Oberamtsbezirks Marbach

im amtlichen Auftrag bearbeitet von Oberlehrer Förstner in Kirchberg a. M. mit anderen Lehrern des Bezirks

488 Seiten

ist erschienen und nunmehr zu haben. Die bestellten Exemplare können nunmehr abgeholt werden, soweit sie vom Buchbinder fertiggestellt sind.

Verlag von Adolf Remppis,
Buchdruckerei in Marbach a. N.

Zeitungsanzeige über das Erscheinen des Heimatbuchs.
(Der Postillon, 25. April 1923)

Kirchberg, 28. August 1925.

Trauer-Anzeige.

In tiefem Schmerz machen wir Verwandten, Freunden und Bekannten die traurige Mitteilung, daß unser lieber Vater, Großvater, Bruder und Onkel

Wilhelm Förstner,

Oberlehrer,

nach kurzer, schwerer Krankheit im Alter von $64^1/_2$ Jahren sanft entschlafen ist.

Im Namen der trauernden Hinterbliebenen:

Der Schwiegersohn:

Albert Eisele, Hauptlehrer.

Traueranzeige zum Tod von Wilhelm Förstner vom Freitag, den 28. August 1925.
(Marbacher Zeitung, 29. August 1925)

Anmerkungen

1 Das Heimatbuch von Förstner hat den Verfasser dieser Zeilen schon als Grundschüler mit der Heimatgeschichte vertraut gemacht und den Wunsch geweckt, selbst auf diesem Gebiet tätig zu werden.
2 Beschreibung des Oberamts Marbach. Herausgegeben von dem Königlichen statistisch-topographischen Bureau, Stuttgart 1866.
3 In Markgröningen gab es eine Lateinschule mit einem Präzeptor und einem Kollaborator; Beschreibung des Oberamts Ludwigsburg, hg. von dem Königlichen statistisch-topographischen Bureau, Stuttgart 1859, S. 262.
4 Der Gebrauch des Vornamens wechselt. Amtlich scheint er, wie die später zu nennenden Grundbücher zeigen, als Karl Förstner geführt worden zu sein. Er hat aber später Wilhelm als Rufname benutzt.
5 So die Angabe im Grundbuch der Evangelischen Volksschule in Württemberg. Hg. vom Württ. Evang. Lehrerunterstützungsverein, Stuttgart 1922, S. 90. Hier werden im Personalteil erstmals die Ausbildungsorte genannt.
6 Er wird daher im vorgenannten Grundbuch stets als Angehöriger der Promotion Frühjahr 1880 genannt.
7 Die folgenden Angaben sind aus den Pfarrberichten der Jahre 1888, 1890 und 1892 im Landeskirchlichen Archiv Stuttgart (LKA), A 29, 815.
8 Eugen Knöringer (1853–1932), Pfarrer in Dagersheim 1887–1898.
9 August Schnaidt (1837–1902), Dekan in Böblingen 1881–1889.
10 Die naheliegende Vermutung, Förstner habe als Hilfslehrer in Sindelfingen seine Frau kennengelernt, hat sich nicht bestätigt. Er wird in den Sindelfinger Pfarrberichten der betreffenden Zeit, LKA A 29, 4211, nicht genannt.
11 Diesen Stand verzeichnet das Grundbuch der evangelischen Schulstellen und Schullehrer in Württemberg, hg. von Adolf Buob, Stuttgart 1890, S. 7. Hier werden auch die Einkünfte der beiden Stellen genannt. Diese betrugen für die erste Stelle 1087 Mark, für die zweite 946 Mark jährlich. Besonders bei der ersten Stelle bestand ein Teil der Einkünfte auch in Naturalien.
12 Christian Niethammer (1834–1897), Dekan in Böblingen 1890–1897.
13 Dazu der Pfarrbericht Kirchheim von 1894; LKA A 29, 2303.
14 Richard Göller (1869–1929), Pfarrverweser in Kirchheim am Neckar 1894.
15 Hier wird er Karl Förstner genannt.
16 Julius Knapp (1840–1919), Dekan in Besigheim 1887–1907.
17 LKA A 29, 2285. Hier auch die Pfarrberichte, die im Folgenden ausgewertet werden.
18 Richard Färber (1852–1936), Dekan in Marbach am Neckar 1895–1904.
19 Karl Aichele (1831–1917), Pfarrer in Kirchberg an der Murr 1874–1900. Vgl. Helmut Sorg, Streiflichter aus der Geschichte von Kirchberg an der Murr, Remshalden-Buoch 1993, S. 27.
20 Karl Richter (1858–1912), Pfarrer in Kirchberg an der Murr 1902–1912. Vgl. Sorg, Streiflichter, S. 27.
21 Theodor Sülzer (1866–1941), Pfarrer in Kirchberg an der Murr 1913–1934. Vgl. Sorg, Streiflichter, S. 27.
22 Förstner Heimatbuch, S. 464.
23 Reinhold Vollmer (1866–1946), Dekan in Marbach 1911–1924.
24 Weitere Kirchberger Visitationsberichte gibt es bis zum Tod von Förstner 1925 nicht.
25 Eugen Schneider (1854–1937), 1905–1924 Direktor des Staatsarchivs Stuttgart. Unter seinen zahlreichen Veröffentlichungen ist die 1896 erschienene Württembergische Geschichte zu nennen. Vgl. Bernhard Theil, Art. Schneider Friedrich Eugen. In: Württembergische Biographien 2, Stuttgart 2011, S. 256–259; Hermann Ehmer, Eugen Schneider (1854–1937). Vom Theologen zum Archivar. In: Blätter für württembergische Kirchengeschichte 112 (2012), S. 229–240.
26 Oskar Paret (1889–1972) ist durch zahlreiche Veröffentlichungen über Ausgrabungen hervorgetreten, so veröffentlichte er 1921 eine Urgeschichte Württembergs. Vgl. Dieter Planck, Art. Paret, Oskar. In: Baden-Württembergische Biographien 3, Stuttgart 2002, S. 292–295.
27 Vgl. dazu Hermann Ehmer, Der Gleißende Wolf von Wunnenstein. Herkunft, Karriere und Nachleben eines spätmittelalterlichen Adeligen. (Forschungen aus Württembergisch Franken Bd. 38) Sigmaringen 1991, S. 212–224.
28 Es handelt sich hier um eine Sage ohne geschichtlichen Hintergrund, die ebenso von der Burg Lichtenberg im Unterelsass erzählt wird; vgl. Hermann Ehmer, Die Herren von Lichtenberg. Aufstieg und Ende einer Adelsfamilie im Königsdienst. In: Zeitschrift für württembergische Landesgeschichte 71 (2012), S. 11–82.

29 Bibliographisch hat der Verzicht Förstners auf die Nennung seines Vornamens im Titel seines Buches leider Verwirrung angerichtet. Die maßgebende Bibliographie der württembergischen Geschichte, Bd. 8,1 bearb. von Heinrich Ihme, Stuttgart 1953, Nr. 4829 gibt seinen Vornamen als [Karl] an. Dies ist zweifellos eine Übernahme aus der Württembergischer Geschichtsliteratur 1923 und 1924, in: Württembergische Vierteljahrshefte für Landesgeschichte 32 (1925/26) S. 338, wo sich [Carl] findet. Im Buch selber sind die Wanderungen, die Förstner selbst verfasst hat, mit W. F. und K. für Kirchberg gezeichnet, so dass kein Zweifel daran sein kann, dass Förstner den Vornamen Wilhelm geführt hat. Dies zeigen auch die Traueranzeige (Marbacher Zeitung, 28. August 1925) und die Danksagung (ebenda, 1. September 1925).

30 Der Nachruf ist gezeichnet »Mf«. Möglicherweise verbirgt sich dahinter seine örtliche Kollegin, Oberlehrerin Rosalie Maisch.

31 Marbacher Zeitung, 1. September 1925. – Den Mitarbeitenden des Stadtarchivs Marbach ist an dieser Stelle für die Recherche im »Postillon« und in der Marbacher Zeitung sowie für die Bereitstellung des Materials zu danken.

32 August Holder (1850–1919), Lehrer in Winzerhausen 1876–1893, in Erligheim 1893–1914, im Ruhestand in Kirchheim am Neckar seit 1914. Vgl. Hermann Ehmer, August Holder und sein Reiseführer durchs Bottwartal. In: Geschichtsblätter aus dem Bottwartal 3 (1989) S. 26–53.

33 Schulrat Friedrich Wagner in Cannstatt versah seit 1918 das Bezirksschulamt Waiblingen, zuständig für die Oberämter Waiblingen und Marbach; Grundbuch der Evangelischen Volksschule in Württemberg, hg. vom Württ. Evang. Lehrerunterstützungsverein, Stuttgart 1922, S. 64–66. Zu Wagner ebd. S. 84.

34 Laut Auskunft des Kreisarchivs sind in den Oberamtsprotokollen des Oberamts Marbach im Kreisarchiv Ludwigsburg keine Hinweise auf diese Bezuschussung oder den Vorgang selbst zu ermitteln.

35 Hermann Grimm (1866–1960) war 1918–1933 Oberamtsvorstand in Marbach; Wolfram Angerbauer (Red.), Die Amtsvorsteher der Oberämter, Bezirksämter und Landratsämter in Baden-Württemberg 1810 bis 1972, Stuttgart 1996, S. 286.

36 Die Anzeige spricht von einem Umfang des Werks von 488 Seiten. Tatsächlich sind es 472 gezählte Seiten. Mit den nicht nummerierten Seiten der Titelei, die auch Inhaltsverzeichnis und Register enthält, sind es tatsächlich 488 Seiten.

Das ehemalige Dampfkraftwerk der »Neckarwerke AG«

Über 50 Jahre lang wurde in Bissingen Strom erzeugt

von Erwin Ruff,
Bietigheim-Bissingen; Verwaltungsbeamter a. D., Schatzmeister des Geschichtsvereins Besigheim e. V., zahlreiche Publikationen zur Stadtgeschichte.

In den Bissinger Langwiesen an der Enz unterhalb des Wäldchens »Brandhalde« an der Markungsgrenze zu Bietigheim wurde bis 1964 ein Kohle-Dampfkraftwerk betrieben. Es wurde 1911 von der kurz zuvor gegründeten Firma »Enzgauwerke GmbH Bissingen« gebaut und 1913 an die »Neckarwerke Elektrizitätsversorgungs AG« (Neckarwerke) verkauft. Das Bissinger Dampfkraftwerk entstand 1911 nicht als Gesamtkomplex, sondern wurde in einem Zeitraum von 20 Jahren durch mehrere Anbauten erweitert. In diesem Aufsatz wird die Baugeschichte des Kraftwerks dokumentiert.

Elektrizität änderte die Lebensbedingungen grundlegend

Früher begann der Arbeitstag mit Sonnenaufgang und endete mit Sonnenuntergang. Das Tageslicht gab den Rhythmus vor. Nach Einbruch der Dunkelheit sorgten Kerzen, Kienspäne, Talglichter und Öllampen in den Stuben für spärliches Licht. Ab 1860 lösten Petroleumlampen als neue, verbesserte Lichtquelle die Öllampen und Kerzen ab. Petroleum brannte deutlich länger, heller und weitgehend rußfrei, war weniger gefährlich und konnte in großen Mengen aus den USA importiert werden. Elektrische Energie spielte vor 1900 in privaten Haushalten noch keine Rolle. Die Elektrifizierung des Wohnens begann erst nach der Jahrhundertwende. Im Wohnbereich wurde elektrische Energie zunächst für die Beleuchtung genutzt. In den 1920er Jahren war der Großteil der Ortschaften in Württemberg an die Stromversorgung angeschlossen, das heißt die Möglichkeit, Strom über ein öffentliches Netz zu beziehen, war gegeben. Entscheidend für die Zunahme der Stromanwendung und damit auch der Stromnachfrage war die Weiterentwicklung des Elektromotors. Erst mit dem verstärkten Auftreten des Drehstrommotors nach der Jahrhundertwende waren die technischen Voraussetzungen für einen robusten elektrischen Kleinmotor geschaffen, der seinen Siegeszug antrat.[1] Die Einwohner fieberten in den Jahren vor dem Ersten Weltkrieg mit großer Ungeduld dem Anschluss ans Stromnetz entgegen. Der industriereiche und dicht besiedelte mittlere Neckarraum wurde schon bald nach der Jahrhundertwende von privaten Überlandwerken sukzessive erschlossen.

Vorgeschichte zur Gründung der »Enzgauwerke«

Die Geschichte der Stromerzeugung in Bissingen begann nicht dort, sondern im Pfarrdorf Münchingen im Oberamt Leonberg. Westlich von Münchingen steht an der Glems seit 1381 die »Glemsmühle«, wo der Müller Johannes Graf im Jahr 1885 ein Wasserkraftwerk für den eigenen Bedarf eingerichtet hatte. Ab 1897 versorgte er zunächst das etwa einen Kilometer entfernt in Schöckingen gelegene Schloss des Freiherrn Friedrich von Gaisberg-Schöckingen (1857–1932), der auf den weiteren Geschäftsverlauf erheblichen Einfluss ausübte. Johannes Graf und Freiherr Friedrich von Gaisberg-Schöckingen gründeten im Jahr 1900 das Überlandwerk »Elektrizitätswerk Glemsmühle GmbH«. Im selben Jahr wurde der Mahlbetrieb ein- und ganz auf Stromerzeugung umgestellt. Ab 1901 lieferte ein 4,65 m hohes und 2,53 m breites oberschlächtiges Wasserrad die Energie für den Generator.[2] Johannes Graf wurde Betriebsleiter. Zur weiteren Stromerzeugung war ein Wasserkraftwerk in Unterriexingen geplant, das allerdings wegen der hohen Kosten nicht realisiert wurde. Stattdessen schloss man mit den »Bremen-Besigheimer Oelfabriken« am 7./17. Dezember 1904 einen Vertrag über den Strombezug aus deren geplantem Wasserkraftwerk in Besigheim. Ende 1906 wurden schon neun Gemeinden mit Strom beliefert.

Was für den Müller Johannes Graf als Erfolgsgeschichte begonnen hatte, entwickelte sich in den Folgejahren für ihn zur menschlichen Tragödie. Innerhalb der Gesellschaft gab es immer wieder Kompetenzstreitigkeiten zwischen Graf, von Gaisberg-Schöckingen, dem Prokuristen Diplom-Ingenieur Friedrich Wagner und dem kaufmännischen Leiter, Direktor C. Blechschmidt, die letztlich dazu führten, dass Graf im August 1906 seinen Austritt aus der Gesellschaft erklärte.[3] Er war zwar ein geschickter Monteur, verstand sich aber nicht auf das große Geschäft. Am 15. September 1909 wurde die »Glemsmühle GmbH Münchingen« in »Enzgauwerke GmbH Bissingen« umbenannt. Der Betriebssitz wurde 1910 von Münchingen nach Bissingen verlegt.

Grunderwerb von der Gemeinde Bissingen

Für das neue Dampfkraftwerk wurde von der Gemeinde Bissingen ein Grundstück mit 38 a 60 m² zum Preis von 50 Pfennig (Pf)/m² erworben. Zusammen mit dem Grundstücksverkauf hatte der Gemeinderat eine fünfjährige Befreiung von der Gewerbesteuer beschlossen. Das auf dem Grundstück stehende Holz hatte die Käuferin der

Friedrich Freiherr von Gaisberg-Schöckingen
Ritterschaftliches Mitglied der Ersten Kammer
(Vorname bei der Adresse nötig)
Schöckingen
Oberamt Leonberg (Württemb.), Post Schöckingen, Telefon Nr. 1
Bahnstation Ditzingen.
Schöckingen, den 16.März 1912.

Briefkopf des Mitbegründers des Kraftwerks Freiherr Friedrich von Gaisberg-Schöckingen. (Stadtarchiv Bietigheim-Bissingen)

Firmenzeichen der Enzgauwerke. (Stadtarchiv Bietigheim-Bissingen)

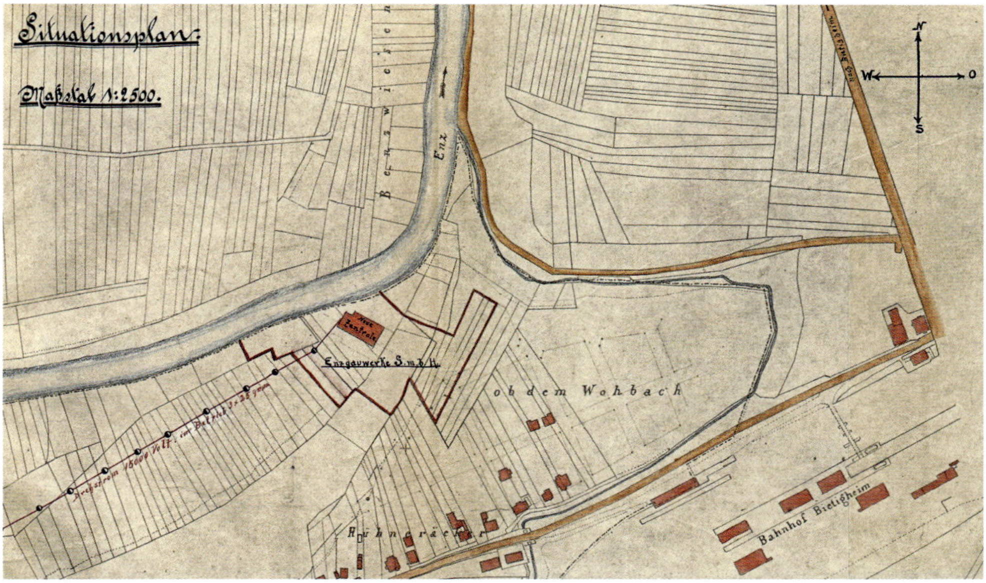

Lageplan aus dem Baugesuch der Enzgauwerke vom Juli 1910 zum Neubau einer elektrischen Zentrale, rot umrandet das Baugrundstück. (Stadtarchiv Bietigheim-Bissingen)

Gemeinde nach dem Anschlag des Königlichen Forstamts Bietigheim gesondert zu vergüten.[4] Das Baugrundstück am östlichsten Zipfel Bissingens war nur etwa 100 m von der Markungsgrenze zu Bietigheim entfernt.

Einsprüche gegen die Nutzung von Enzwasser

Das geplante Kraftwerk war zur Speisung der Dampfkessel, zur Kühlung und zur Kondensation auf Wasser aus der Enz angewiesen. In ihrem Gesuch zur Wasserentnahme gingen die »Enzgauwerke« von einer Wassermenge von 1.000 Litern pro Sekunde aus. Gegen dieses Vorhaben gab es Einsprachen der Städte Bietigheim und Besigheim sowie mehrerer Triebwerksbetreiber an der Enz. Bietigheim brachte vor, das Vorhaben werde sich auf die geplante Gemeindewasserversorgung aus dem Enzgrundwasser, auf die Benutzung der Badeplätze wegen der Verunreinigung der Enz durch ölhaltiges Abwasser und Erwärmung des Enzwassers, auf ihr Triebwerk Nr. 9 wegen der Verringerung der Betriebswassermenge und auch auf die spätere Enzschifffahrt nachteilig auswirken. Die Stadt Besigheim befürchtete negative Auswirkungen auf ihren Badeplatz an der Enz zwischen den zwei Wehren. Alle anderen Kritiker bemängelten, dass die durch die Wasserentnahme verursachten Wasserverluste den Nutzeffekt ihrer Triebwerke ungünstig beeinflussen würde. Nachdem die Königlich Württembergische Regierung des Neckarkreises, die über das Wasserrechtsgesuch und die Einsprachen zu entscheiden hatte, am 7. März 1910 das Königliche Medizinalkollegium in Stuttgart um Stellungnahme zu den geäußerten hygienischen Bedenken und über etwaige Maßnahmen zu deren Vermeidung gebeten hatte, äußerte sich die Geschäftsleitung der »Enzgauwerke« dazu wie folgt: Die Benutzung des Enzwassers beschränke sich in der Hauptsache darauf, in den Oberflächenkondensatoren als Kühlwasser wirksam zu werden, von wo aus es in einem offenen Kanal in die Enz ausfließe. Auf dem ganzen Wege käme das Wasser weder mit Dampf noch Chemikalien noch sonstigen unreinen Gegenständen in Berührung, sodass es abgesehen von einer geringen Temperaturerhöhung in der Maschine selbst unverändert wieder der Enz zufließe.[5] Hinsichtlich der von Bietigheimer Seite vorgebrachten Erwärmung des Enzwassers heißt es in diesem Brief weiter: »Bei einer Flusstemperatur von 25 Grad garantiert die Lieferantin unserer Dampfturbinen, dass das Kühlwasser direkt beim Austritt aus der Maschine nicht über 38 Grad warm wird. Es wird also u.E. [unseres Erachtens] die geringe Warmwassermenge, welche sich schon im Zulaufgraben teilweise abgekühlt hat, beim Zusammentreffen mit dem unveränderten Flusswasser sofort zerteilt und gemischt, und da die Badeanstalt von der Einlaufstelle an gemessen 700 m weit entfernt ist, so möchten wir unsererseits behaupten, dass an der Badestelle überhaupt keine Temperaturerhöhung mehr zu beobachten ist. Die Einleitung des Wohbachs [heutige Schreibweise Wobach], der die Haushaltsabwässer des Bahnhofs Bietigheim bringt und ferner die nur 65 m von der Badestelle erfolgende Einleitung der Haushaltsabwässer von 21 Wohnhäusern den Badenden jedenfalls unangenehmer sein dürften.«[6]

Das Gesuch der »Enzgauwerke« auf Nutzung von Enzwasser und dessen Wiedereinleitung in die Enz wurde von der Königlich Württembergischen Regierung des Neckarkreises in Ludwigsburg am 11. April 1910 genehmigt. Alle Einsprüche wurden als unbegründet abgewiesen. Die »Enzgauwerke« entnähmen der Enz nur sehr wenig Wasser zur Speisung ihrer Dampfkessel, zur Kühlung und zur Kondensation, zudem handle es sich um kein Wasser-, sondern um ein Dampfkraftwerk.[7]

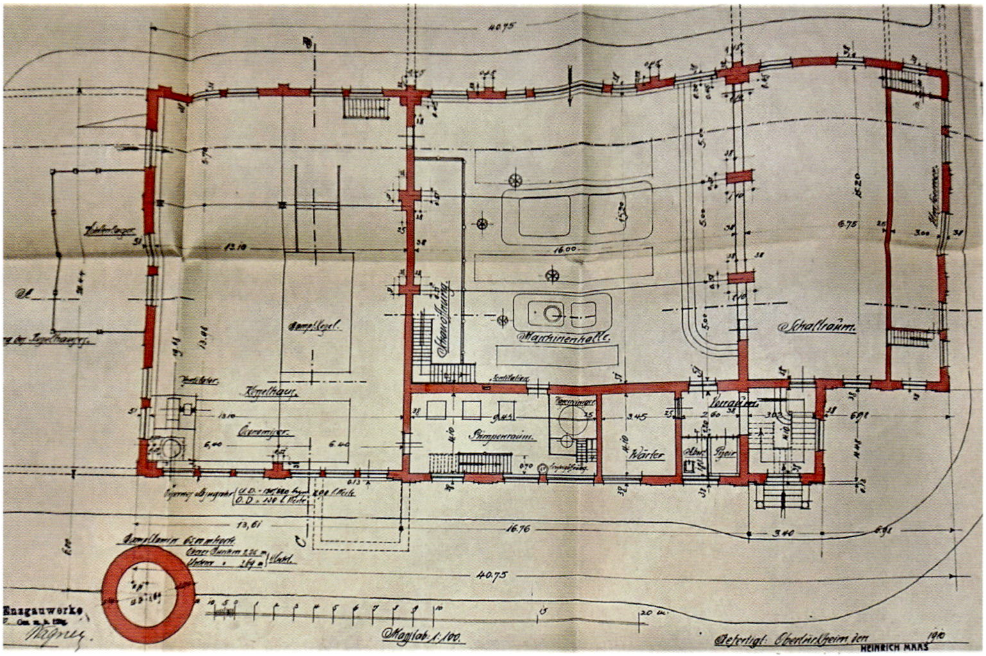

Grundriss des neuen Kraftwerks aus dem Baugesuch vom Juli 1910. (Stadtarchiv Bietigheim-Bissingen)

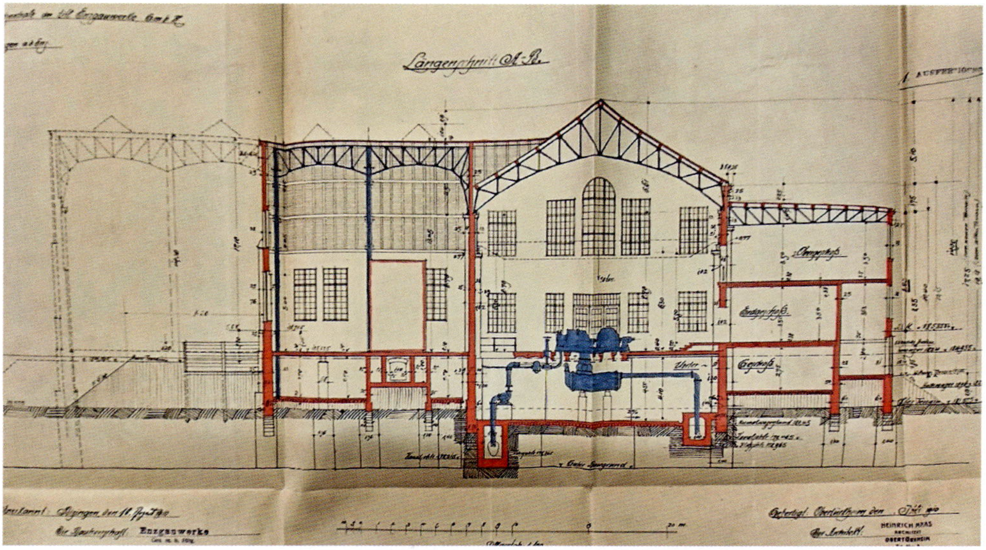

Längsschnitt des neuen Kraftwerks aus dem Baugesuch vom Juli 1910. (Stadtarchiv Bietigheim-Bissingen)

Das Genehmigungsverfahren für die neue elektrische Zentrale

Nachdem die wasserrechtliche Voraussetzung für das Kraftwerk geklärt war, reichten die »Enzgauwerke« am 6. Juli 1910 beim Königlich Württembergischen Ministerium des Innern in Stuttgart ihr Gesuch betreffend der »Erstellung einer elektrischen Zentrale in Bissingen« mit Plänen und Beschreibungen ein.[8] Das Gesuch betraf ein 40,75 m langes, 20,44 bzw. 15,96 m breites Gebäude mit einem Kesselhaus, einer Maschinenhalle, Schalträumen, einem Transformatorenraum und einem Raum für Pumpen und Wasserreiniger. Für drei Arbeiter plante man einen Aufenthaltsraum, einen Baderaum sowie einen Abort mit Pissoir. Ein 65 m hoher Dampfkamin sollte die Abgase ableiten. Der gemauerte Dampfkessel war mit einer Heizfläche von 250 m² ausgelegt. Die elektrischen Maschinen und Transformatoren sowie die gesamte Schaltanlage der »Bergmann Elektrizitätswerke AG« in Berlin bestanden aus einem Drehstrom-Turbogenerator für eine Leistung von 687,5 Kilovoltampere (kVA), einem Gleichstromdynamo von 6,4 Kilowatt (kW), einem Drehstrom-Öltransformator für 600 kVA und 3.150/15.000 Volt, einem Drehstrom-Öltransformator für 300 kVA und 3.150/15.000 Volt, einem Drehstrom-Öltransformator für 150 kW und 3.150/226 Volt und einem Drehstrom-Öltransformator für 50 kW und 3.150/226 Volt.

Mit Erlass vom 3. September 1910 entschied das Königlich Württembergische Ministerium des Innern, dass es nach Rücksprache mit der Königlichen Generaldirektion der Posten und Telegraphen die geplante Erbauung einer elektrischen Zentrale auf der Markung Bissingen mit dem Zwecke, das bestehende Hochspannungsfernleitungsnetz an diese Zentrale anzuschließen, nicht beanstandet. So konnte das Königliche Oberamt Ludwigsburg am 10. September 1910 die Genehmigung für das Gebäude und den Dampfkessel erteilen. Den Dampfkessel lieferte die Firma »Deutsche

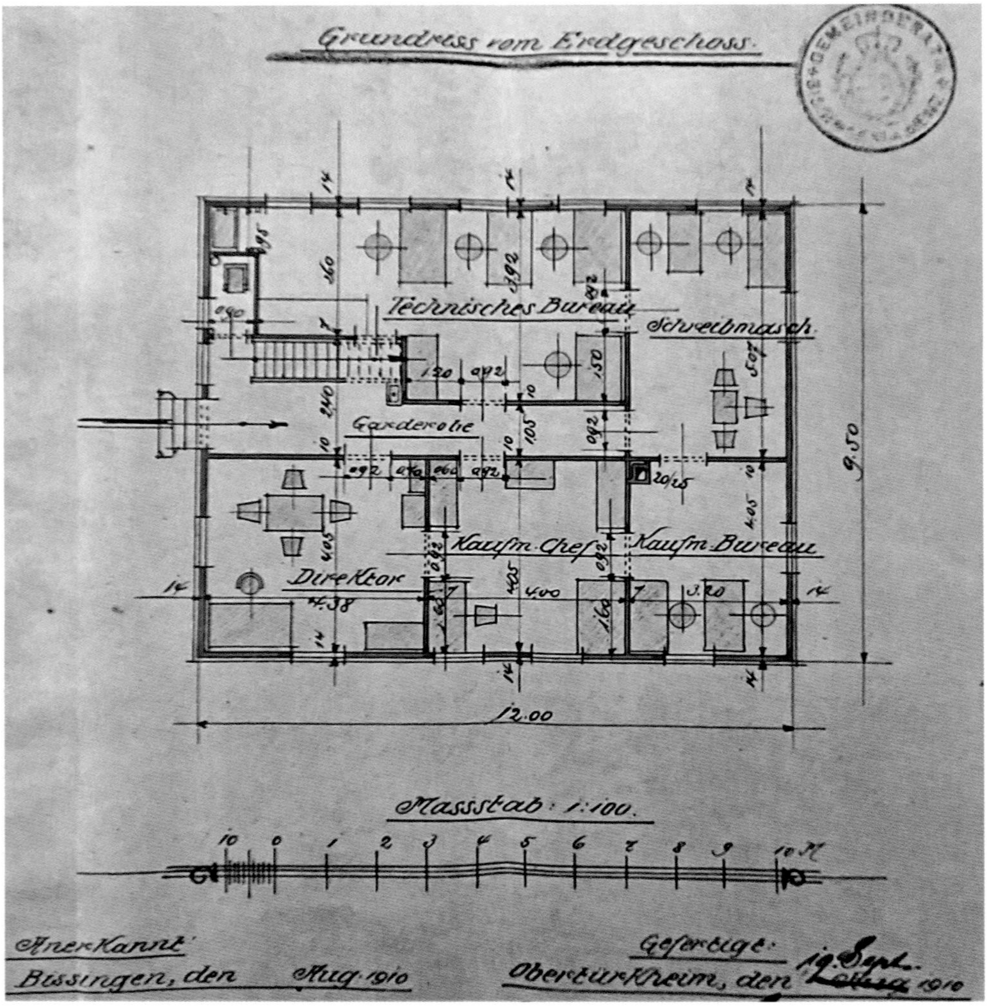

Grundriss des Bürogebäudes aus dem Baugesuch vom August/September 1910. (Stadtarchiv Bietigheim-Bissingen)

Babcock & Wilcox Dampfkesselwerke AG«, Oberhausen-Berlin. Der Kraftwerksbau wurde im März 1911 abgeschlossen. Am 10. Mai 1911 war ein Vertreter des Ministeriums des Innern, Abteilung für den Straßen- und Wasserbau, vor Ort, um den Neubau zu prüfen. Da die Prüfung keinerlei Beanstandungen ergab, konnte die Anlage sofort als endgültig betriebsfähig erklärt werden.[9]

Der Dampfkessel wurde mit Steinkohle befeuert. Weil im Königreich Württemberg trotz intensiver Suche keine Kohle entdeckt wurde,[10] musste sie aus dem Ruhr- und Saargebiet über den Wasserweg und das Eisenbahnnetz herangeschafft werden. Vom Bietigheimer Bahnhof wurden die Kohlen mit Fuhrwerken, u. a. mit solchen des Fuhrwerkers »Karr«, zum Lagerplatz an der Ringstraße gefahren. Im Zuge der bereits angedachten Kraftwerkserweiterung wollte man dort eine Kohlesiloanlage erstellen.

Natürlich waren für das Kraftwerk auch entsprechende Büroräume für die Geschäftsleitung notwendig. Auf dem oberhalb der Hangkante liegenden Grundstück, Flurstücknummer (Flst. Nr.) 3804, an der Ringstraße wurde 1910 ein »Bureaugebäude« mit den Maßen 12,00 m x 9,50 m erstellt. Darin waren die Büros des Direktors und des kaufmännischen Chefs, ein kaufmännisches Büro, ein großes technisches Büro und ein Schreibzimmer untergebracht.[11] Neben dem Bürogebäude wurde im Jahr 1911 ein Lagerschuppen mit zwei Autogaragen in den Ausmaßen 13,00 m x 8,00 m gebaut.[12]

Erweiterung des Kraftwerks im Jahr 1913

Schon bei der Inbetriebnahme des Kraftwerks im Mai 1911 war erkennbar, dass es angesichts der dynamisch steigenden Nachfrage nach Strom zu klein ist. Deshalb gingen die »Enzgauwerke« sofort an die Planung einer Betriebserweiterung. In einem Kesselhausanbau mit den Maßen 12,51 m x 20,44 m sollten zwei »Babcock & Wilcox-Kessel« und eine Dampfturbine mit 1.500 kW Leistung aufgestellt werden. Am 31. August 1911 wurde der Genehmigungsantrag eingereicht. Der bereits im Vorjahr genehmigte Dampfkamin sollte an anderer Stelle errichtet werden. Für die automatische Beschickung der Kessel wurde eine an den Hang angelehnte Kohlebunkeranlage konzipiert. Der Württembergische Revisions-Verein stellte am 16. Oktober 1911 die Genehmigungsurkunde für zunächst einen Dampfkessel der Firma »Deutsche Babcock & Wilcox Dampfkesselwerke AG«, Oberhausen-Berlin, aus.[13]

Einwendungen der Stadt Bietigheim wurden abgewiesen

Das Kraftwerksgelände im Enztal hatte keine Straßenverbindung nach Bissingen.

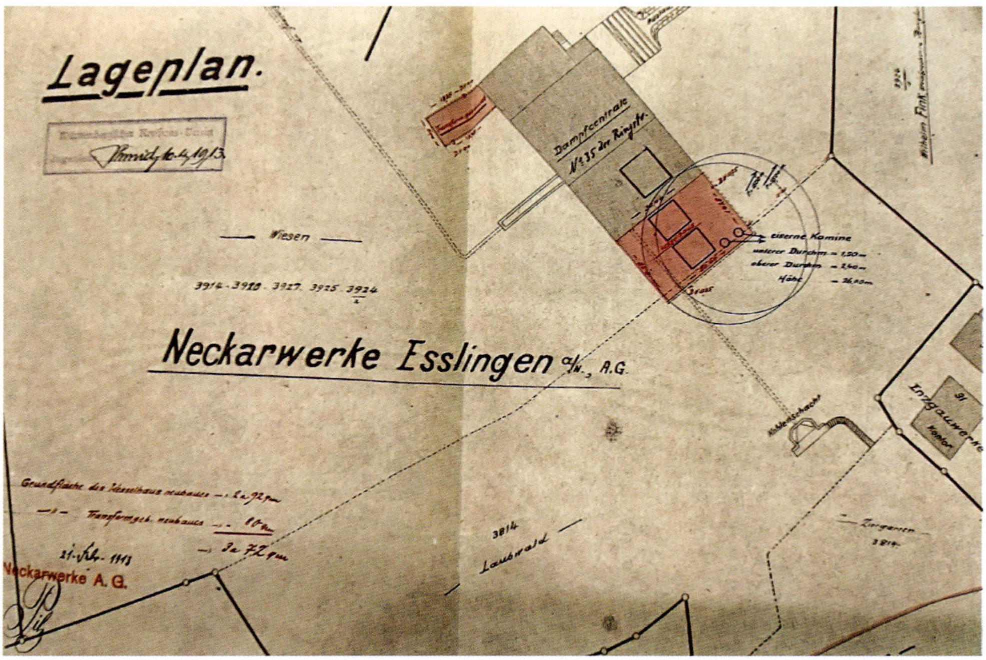

Lageplan zur Kraftwerkserweiterung im Jahr 1913. (Stadtarchiv Bietigheim-Bissingen)

Östlich davon verlief etwa 100 m entfernt auf Bietigheimer Markung ein Weg, der von der Enz hinauf zum Bahnhof führte. Nur von dort her war eine Zufahrt zum Kraftwerk möglich. Der Gemeinderat der Stadt Bietigheim hatte am 15. März 1911 beschlossen, »in jederzeit widerruflicher Weise den Enzgauwerken in Bissingen den Feldweg Nr. 82/2 zur Benützung für ihr Grundstück einzuräumen, im Wesentlichen unter denselben Bedingungen, welche die K. Eisenbahnverwaltung unterm 30. Juli/ 3. August 1910 mit den Enzgauwerken vereinbart hat. Die Gemeinde behält sich vor, die Einräumung jederzeit, ohne Angabe eines Grundes, aufzuheben.«[14] Somit konnten die »Enzgauwerke« zu ihrem Kraftwerk auf Bissinger Markung über die auf Bietigheimer Markung verlaufende Wohbachstraße gelangen. Die Wohbachstraße war einst ein Privatweg im Eigentum der Königlich Württembergischen Staats-Eisenbahnen. Auf diesem Privatweg wurde ab Oktober 1847, als die Eisenbahnstrecke Ludwigsburg–Bietigheim in Betrieb genommen wurde, das für die Lokomotiven benötigte und auf der Enz angeflößte Brennholz vom Holzabladeplatz rechts der Enz hinauf zum Bahnhof transportiert. Nach einigen Jahren hatte die Eisenbahnverwaltung aber das Interesse an diesem Weg verloren, weil die Lokomotiven auf Kohlefeuerung umgestellt worden waren und kein Holz mehr benötigt wurde. Die Stadt Bietigheim hatte diesen ehemaligen Holztransportweg von der Eisenbahnverwaltung am 19. Oktober 1910 käuflich erworben.

Als es um die Erweiterung des Kraftwerks ging, regte sich in Bietigheim Widerstand. Am 1. November 1911 befasste sich der Gemeinderat mit dem Erweiterungsprojekt. Im Gemeinderatsprotokoll ist zu lesen: »Dem Anwesen gebricht es an der erforderlichen Zugänglichkeit. Die Zugänglichkeit über den der Stadtgemeinde Bietigheim gehörigen Feldweg Nr. 82/2 (Wohbachweg) ist der Firma gegenüber früher schon beanstandet worden.« Der Gemeinderatsbeschluss war eindeutig: »Nunmehr wird beschlossen: Gegen das vorliegende Bauprojekt aus dem Grunde der mangelnden Zugänglichkeit Einspruch zu erheben & bei der Baupolizeibehörde zu beantragen, der Firma »Enzgauwerke GmbH« in Bissingen die Beschaffung einer Zufahrt für ihre sämtlichen Gebäude ohne Benutzung des im Eigentum der Stadtgemeinde Bietigheim stehenden Wohbachwegs zur Auflage zu machen. Die widerrufliche Ermächtigung vom 15. März d.J. (Gem.Ratsprot. § 3) zur Benutzung des Wegs durch die Enzgauwerke GmbH in Bissingen wird hiermit zurückgezogen.«[15]

Durch den Widerruf der Wohbachweg-Benutzung standen die »Enzgauwerke« nun vor dem Dilemma, dass ihnen eine gesicherte Zufahrt zum Kraftwerk fehlte. Dessen Weiterbetrieb und Erweiterung war deshalb davon abhängig, dass man mit der Stadt Bietigheim eine einvernehmliche Lösung über die Benutzung des Wohbachwegs fand. Allerdings bestand von Bietigheimer Seite her daran kein Interesse. Das Königliche Oberamt Ludwigsburg hatte deshalb am 15. November 1911 das Schultheißenamt Bissingen angeschrieben und um eine Äußerung des Gemeinderats ersucht, insbesondere auch zur Frage der Zugänglichkeit. Falls diese anderweitig gesichert ist, sollte die Gemeinde einen erweiterten Lageplan mit Wegeeinzeichnung vorlegen. Der Gemeinderat Bissingen beschloss dazu am 28. November 1911: »Gegen das Baugesuch wird nichts eingewendet. Das Verbot der Stadt Bietigheim zur Benutzung des Feldwegs 82/2 wird für unzulässig gehalten, weil es sich um einen öffentlichen Weg handelt. Er wird zwar in den öffentlichen Büchern als Feldweg bezeichnet, hat aber längst die Eigenschaft einer öffentlichen Straße. Es ist ein Verbindungsweg von der Stadt in die Bahnhofsgegend und für

Jedermann benutzbar. Falls das Verbot der Stadt begründet wäre, hätten die Enzgauwerke nach § 917 BGB ein Notwegerecht. Eine andere Zufahrt ist nicht vorhanden.«[16]

Der Bezirksrat in staatlichen Angelegenheiten beim Oberamt Ludwigsburg befasste sich am 30. Dezember 1911 in einer mündlichen Verhandlung mit dem Einspruch der Stadtgemeinde Bietigheim. Stadtschultheiß Wilhelm Mezger (1860–1921, amt. 1891–1921) hielt daran fest, dass die Zufahrt nicht gesichert sei. Der Bezirksrat fasste allerdings den einstimmigen Beschluss, das Gesuch der »Enzgauwerke« zu genehmigen unter der Bedingung, dass mit dem Bau erst nach Rechtskraft der Entscheidung begonnen werden darf. Der Einspruch der Stadtgemeinde Bietigheim wurde ab- und auf den Rechtsweg verwiesen. Nachdem der Bezirksrat positiv entschieden hatte, wurde im schriftlichen Bescheid des Oberamts Ludwigsburg vom 30. Dezember 1911 der Einspruch der Stadt Bietigheim formell abgewiesen.[17] Am 23. Januar 1912 hatte der Bietigheimer Gemeinderat beschlossen, den Einspruch nicht weiter zu verfolgen.[18] Mit Urkunde vom 30. Dezember 1911/ 3. Februar 1912 wurden der Kesselhausanbau und das Dampfkamin genehmigt.[19]

Die »Enzgauwerke« klagten auf Benutzung des Wohbachwegs

Über die Zufahrt zum Kraftwerk signalisierte die Stadt Bietigheim zwar gewisse Verhandlungsbereitschaft, aber schon vor Abschluss des Genehmigungsverfahrens hatten sich die »Enzgauwerke« dazu entschlossen, auf dem Rechtsweg gegen die Stadt Bietigheim vorzugehen. Der Prozess ist insoweit interessant und wird nachstehend ausführlich beschrieben, als die Stadtgemeinde Bietigheim auch nach der Genehmigung des Erweiterungsbaus und Abweisung ihres Einspruchs vehement die Benutzung des Wohbachwegs verhindern wollte und es für die »Enzgauwerke« um die Existenz und den Weiterbetrieb ihres neuen Kraftwerks ging.

Mit Schriftsatz vom 19. Dezember 1911 erhoben die Stuttgarter Rechtsanwälte Dr. Schneider & Dr. Metzger namens der »Enzgauwerke« bei der Königlichen Regierung des Neckarkreises in Ludwigsburg gegen die Stadtgemeinde Bietigheim eine Klage »Benutzung eines öffentlichen Wegs betreffend«. Die Klage wurde damit begründet, dass die »Enzgauwerke« diesen Weg seit ihrem Bestehen benutzt und der Eisenbahnverwaltung zur Unterhaltung des Weges jährlich 50 Mark bezahlt hätten. Nachdem der Weg ins Eigentum der Stadt Bietigheim übergegangen sei, habe diese eine Baulinie gezogen, eine Gas- und Wasserleitung eingerichtet, eine Straßenbeleuchtung erstellt, ein Straßenschild mit der Aufschrift »Wohbachstraße« angebracht und bis heute seien acht Neubauten auf der Bietigheimer Stadtseite erstellt worden. Der Weg habe also zweifellos die Eigenschaft eines öffentlichen Wegs erhalten. Der Beschluss des Gemeinderats vom 1. November 1911, den »Enzgauwerken« die fernere Benutzung des Weges zu verbieten, weil dieser noch Privatweg der Stadt sei, sei unrechtmäßig. Der Weg sei durch die Art seiner Benutzung und Bebauung zu einem öffentlichen Weg geworden.

Die von der Stadtgemeinde Bietigheim bevollmächtige Anwaltskanzlei Payer I u. II und Dr. Müller I in Stuttgart beantragte mit Schriftsatz vom 19. Januar 1912 bei der Königlichen Regierung des Neckarkreises die kostenfällige Abweisung der Klage. Aus der mehrseitigen Klageerwiderung ergab sich im Wesentlichen Folgendes: Rechts vom untersten Lauf des Wohbachs und rechts der Enz befinde sich ein Landstreifen, der seit alters her als Oede bzw. Gemeindeallmand im Eigentum der Stadtgemeinde Bietigheim stehe. Dort befinde sich schon immer ein nicht vermarkter Schleifweg. Durch den

Kaufvertrag vom 19./23. Februar 1853 habe die Eisenbahnverwaltung einen Teil der Gemeindeallmand, und zwar einen langen Streifen in der Breite, wie er für einen Holzabfuhrweg erforderlich ist, zum Preis von 200 bis 400 Gulden pro Morgen erworben. Am 1. Juli 1853 habe die Eisenbahn auch von einigen Privatpersonen Gelände für ihren Holztransportweg gekauft. Der ganze Weg sei im Güterbuch/Grundbuch auf einem besonderen Grundbuchblatt als Feldweg 82/2 »Steinbruchweg« mit einem Maßgehalt von 46 a 38 m² eingetragen. Bei einer Breite von 6 m sei der Weg 700 bis 800 m lang gewesen. Die Bahnverwaltung habe stets auf dem Rechtszustand »Privatweg« bestanden, auf dem sie der Stadt Bietigheim ein Benutzungsservitut eingeräumt habe. Am 30. Juli 1910 habe die Bahn mit den »Enzgauwerken« eine im Einzelnen bestimmte Mitbenutzung des Wegs vertraglich vereinbart, sich aber das Recht vorbehalten, die Vereinbarung jederzeit kündigen zu können. Am 8. März 1911 habe die Bahn von diesem Kündigungsrecht mit sofortiger Wirkung Gebrauch gemacht, weshalb den »Enzgauwerken« ein vertragsmäßiges Privatrecht auf Benutzung des Wegs nicht mehr zustehe. Schon am 19. Oktober 1910 habe die Eisenbahnverwaltung den ganzen Weg zurück an die Stadtgemeinde Bietigheim verkauft, die als Eigentümerin ins Grundbuch eingetragen wurde. Weil die Stadt beim Baubeginn für das Kraftwerk im Jahr 1910 noch nicht Eigentümerin des Wegs war, hätte sie auf den Bau nicht im Sinne der Unterlassung der Wegbenutzung einwirken können. Erst als sie Eigentümerin geworden sei, habe sie den »Enzgauwerken« mitgeteilt, dass ihnen ein Recht zur Benutzung des Wegs nicht zustehe. Der Gemeinderat Bietigheim habe am 1. März 1911 beschlossen, die Benutzung des Wegs als Kraftwerkszufahrt zu verbieten. Die von der Klägerin behauptete Bautätigkeit sei zwar gegeben, allerdings sei die Wohbachstraße nicht an die Stelle des alten Feldwegs 82/2 getreten und dass dieser dadurch aus einem Privatweg zur öffentlichen Ortsstraße geworden sei. Ein Privatweg werde nicht zur öffentlichen Straße, wenn ein Straßenschild und eine Straßenlaterne angebracht werden. Selbst wenn der alte Feldweg 82/2 öffentlicher Weg geworden wäre, stoße er an keiner Stelle direkt an die Markungsgrenze, auch nicht dort, wo der Privatweg der »Enzgauwerke« die Markungsgrenze überschreite. Der Zwischenraum zwischen dem Feldweg und der Grenze sei Bietigheimer Gemeindeallmand. Diese Fläche dürfe die Klägerin unter keinen Umständen ohne die privatrechtliche Erlaubnis der Stadtgemeinde Bietigheim überfahren. Sie habe also gar keinen Zugang zum Feldweg 82/2, selbst wenn dieser öffentlich wäre. Auch könnten die »Enzgauwerke« auf kein Notwegerecht bestehen.

Das Verhalten der Stadt sei »im höchsten Grade schikanös«, schrieben die Anwälte der »Enzgauwerke« am 20. März 1912. Und weiter: »Allein das Stadtoberhaupt von Bietigheim steht bekanntlich auf Kriegsfuß mit der Gemeinde Bissingen und will erzwingen, dass die Gemeinde Bissingen einen Teil ihrer Markung an Bietigheim abtritt. Um die Gemeinde Bissingen gefügig zu machen, wird nun mit derartigen Mitteln operiert.«[20] Am 9. April 1912 antwortete Bietigheims Rechtsanwalt Dr. Müller und beantragte die mündliche Verhandlung, da er sich von der Fortsetzung der schriftlichen Polemik in dem von der Klägerin jetzt angeschlagenen Ton gar keine sachliche Förderung versprach. Der Gegner verlege sich auf persönliche Angriffe gegen die Stadtgemeinde Bietigheim und deren Stadtoberhaupt. Statt einer wirklichen Klagebegründung gebe es persönliche Beleidigungen.

Im weiteren Verlauf des Verfahrens versuchten die »Enzgauwerke« durch die Vorlage zweier Urkunden für ein eingeräumtes Überfahrtsrecht über die benachbarten Grundstücke der Steinbruchbesitzer Wilhelm Fink (1876–1952) und Heinrich Lepple (1882–1958) vom 8. September 1908 und einer Grunddienstbarkeit für das Überfahren des am Wohbach gelegenen Flst. Nr. 3806 des Friedrich Elbe nachzuweisen, dass sie den Wohbachweg ohne Benutzung der Bietigheimer Gemeindeallmande erreichen könnten. Der Anwalt der Stadt Bietigheim legte am 27. September 1912 ein Schreiben der beiden Fuhrleute Zaiser und Bauer[21] aus Bietigheim vor, woraus sich ergibt, »dass der Umfang der von der Klägerin geforderten Benutzung des fraglichen Wegs sehr erheblich schon ist und bei der geplanten Vergrösserung immer erheblicher werden wird. Zufuhren zu einem Neubau pflegen einen nicht befestigten Weg ausserordentlich stark in Anspruch zu nehmen«.

Der unerfreuliche und heftige Streit vor der Königlichen Regierung des Neckarkreises endete plötzlich. Nachdem beim Ministerium des Innern inzwischen ein gemeinsamer Bauplan für den Bahnhofsbereich, der beide Gemarkungen betraf, in Arbeit genommen wurde, zogen die »Enzgauwerke« ihre Klage am 17. Oktober 1912 zurück.[22] Daraufhin wurde nun Bietigheim aktiv. Am 24. Oktober 1912 beschloss der Gemeinderat, Verbotstafeln aufzustellen mit dem Inhalt: »Der Wohbachweg ist als Zu- und Abfahrtsweg der Enzgauwerke verboten. Das Polizei- und Feldschützpersonal soll auf die Einhaltung des Verbots achten.«[23] Letztlich gab es doch eine gütliche Einigung über die Benutzung des Wohbachwegs. Anscheinend war Bietigheim nun auch an der Stromlieferung durch die »Enzgauwerke« interessiert, nachdem es Probleme mit dem örtlichen Elektrizitätswerk »Konz« gegeben hatte. Im Vertrag vom 3. März 1913 verpflichteten sich die »Enzgauwerke« zum Entgegenkommen bei den Verhandlungen über die Stromlieferung in die Gemarkung Bietigheim. Im Gegenzug gestattete die Stadtgemeinde Bietigheim den »Enzgauwerken«/»Neckarwerken« die Benutzung des Wohbachwegs und des daran anstoßenden Gemeindeeigentums als Ein- und Ausfahrt zum Kraftwerk. Dafür war ein jährlicher Wegunterhaltungsbeitrag von 30 Mark fällig. Für die Instandsetzung des Wegs zahlten die »Neckarwerke« im April 1922 an Bietigheim 5.000 Mark.[24]

Vielschichtig erscheint der politische Hintergrund des Einspruchs der Stadt Bietigheim gegen das Erweiterungsgesuch, der sich im Grunde nicht gegen die »Enzgauwerke« richtete. Man wollte die Kraftwerkserweiterung nicht verhindern. Vielmehr legte es Bietigheim darauf an, das Kraftwerksareal samt der Bissinger Parzelle »Bahnhof« bis zur Rosenstraße nach Bietigheim einzugemeinden. Mit dem Einspruch wollte man die Gemeinde Bissingen »weichkochen«. Am 12. April 1911 hatte der Gemeinderat Bietigheim über das schwebende Eingemeindungsverfahren beraten und am 21. Februar 1912 zum Ausdruck gebracht, dass durch Zuteilung der »Enzgauwerke« nach Bietigheim ein normaler Zustand baldigst geschaffen werden könne. Auch hatten die »Enzgauwerke« signalisiert, das Eingemeindungsverfahren Bietigheims zu unterstützen, wenn man ab 1921 die Stromversorgung der Bietigheimer Markung übernehmen könne. Die Eingabe der Stadt Bietigheim an die württembergische Abgeordnetenkammer wegen der Eingemeindung des Kraftwerksgrundstücks sowie der Bissinger Parzelle »Bahnhof« blieb letztlich erfolglos. Nachdem die Bissinger Parzellenbürger mit 77:15 Stimmen gegen die Eingemeindung votiert hatten, lehnte der Landtag das Eingemeindungsersuchen Bietigheims ab.[25]

An die Stelle der »Enzgauwerke« traten die »Neckarwerke«

Im laufenden Verfahren der Kraftwerkserweiterung änderten sich die Eigentumsverhältnisse bei den »Enzgauwerken«. Das kleine Pionierunternehmen konnte mit der fortschreitenden Technik und dem steigenden Finanzbedarf nicht mehr Schritt halten. Im Jahr 1912 übernahm die »Gesellschaft für elektrische Unternehmungen« (Gesfürel) den bislang von der »Bergmann AG« gehaltenen Kapitalanteil von 130.000 Mark.[26] Die »Gesfürel« war eine 1894 gegründete und 1942 durch Verschmelzung mit der »AEG« aufgelöste Beteiligungsgesellschaft mit Sitz in Berlin, die in der Frühzeit der Elektrifizierung Deutschlands um 1900 als Kapitalgeber für die Gründung und den Ausbau zahlreicher Elektrizitätsversorger, elektrischer Bahngesellschaften und anderer Unternehmen der Elektroindustrie wirkte.[27] Die »Neckarwerke AG«[28] wurde durch die 1912 erfolgte Kapitalbeteiligung in Höhe von 830.000 Mark Hauptanteilseigner der »Enzgauwerke«. 1913 kauften die »Neckarwerke« den »Enzgauwerken« das Bissinger Kraftwerk ab.[29] Weil den »Enzgauwerken« damit die Möglichkeit zur eigenen Stromerzeugung verlorengegangen war, schlossen sie mit den »Neckarwerken« einen Energielieferungsvertrag ab, damit sie die Gemeinden in ihrem Versorgungsgebiet weiterhin beliefern konnten.

Die »Neckarwerke« änderten die Planung zur Kraftwerkserweiterung

Die »Neckarwerke« als neue Kraftwerkseigentümerin hielten an der Kraftwerkserweiterung zwar fest, setzten allerdings auf eine andere Kesseltechnik. Anstelle des den »Enzgauwerken« genehmigten 12,51 m langen und 20,44 m breiten Kesselhausanbaus mit einem »Babcock & Wilcox-Kessel« sollte der Kesselhausanbau jetzt 14,28 m lang bei unveränderter Breite von 20,44 m werden. Die zwei neuen »Steinmüller-Kessel« benötigten wegen anderer Abmessungen ein größeres Gebäude. Mit den neuen Kesseln sollten zwei weitere Dampfturbinen von je 3.000 kW Leistung angetrieben werden. Zur automatischen Beschickung der Dampfkessel wurde eine an den Hang angelehnte Kohlebunkeranlage geplant, für die ein gesondertes Genehmigungsgesuch eingereicht wurde. Südwestlich des bestehenden Kesselhauses entstand ein neues Transformatorengebäude, das am 29. Juli 1913 durch das Schultheißenamt Bissingen baurechtlich genehmigt wurde.[30]

Durch die vom Königlich Württembergischen Oberamt Ludwigsburg am 15. Juli 1913 genehmigten zwei Dampfkessel und Dampfturbinen wurde die Ausbauleistung des Kraftwerks von ursprünglich 600 kW auf 6,6 Megawatt (MW) erhöht.[31] Anstelle der genehmigten eisernen Kamine wurde eine ausgeriegelte Eisenkonstruktion hergestellt, 20 m hoch und mit einer lichten Weite von 1,60 m.

Eine elektrische Gleisbahn zum Kohletransport konnte nicht gebaut werden

Für das vergrößerte Kraftwerk wurden natürlich wesentlich mehr Kohlen benötigt. Dazu reichten die »Neckarwerke« am 22. August 1913 beim Schultheißenamt Bissingen Pläne zum Bau eines an den Hang angelehnten 27 m breiten und 29 m langen Kohlesilos ein. Mit Beschluss vom 1. November 1913 genehmigte die Baupolizeibehörde Bissingen das Baugesuch.[32] Für das vergrößerte Kraftwerk mit drei Dampfkesseln gingen die »Enzgauwerke« davon aus, dass sie täglich zehn Güterwaggons Kohle benötigen. Der Kraftwerksleitung war natürlich klar, dass man diese enorme Kohlemenge weder mit Pferdefuhrwerken noch mit Lastwagen über die schmale Charlottenstraße anliefern konnte. Deshalb plante man für den Kohletransport vom Güterbahnhof zum Kraftwerk eine elektrisch betriebene Gleisbahn. Dazu sollte abgehend vom Entladeplatz am Güterbahnhof ein Gleis gebaut werden, das die

Maschinist Karl Pfisterer (1888–1963) bedient die Maschinen. (Stadtarchiv Bietigheim-Bissingen)

Bahnhofstraße überquert, durch die Charlottenstraße führt, die Ringstraße quert und am Ausladeplatz oberhalb des neuen Kohlebunkers endet. Über eine Kipprampe sollten die Kohlen in den Kohlebunker gelangen und darin talabwärts rutschen.

Als Transportfahrzeug wollte man einen so genannten Sattelwagen einsetzen, der bei einem Volumen von 12 m³ etwa 10 t Kohlen aufnehmen konnte. Zur Realisierung dieser Planung war man allerdings darauf angewiesen, dass die Gemeinde Bissingen die Charlottenstraße, die bislang nur ein schmaler, geschotterter Weg war, in ausreichender Breite ausbaut, sodass Platz für die Gleisbahn mit den erforderlichen Strommasten ist. Eine entsprechende Zusage der Gemeinde Bissingen lag vor. Damals waren an der Charlottenstraße bereits einige Häuser vorhanden, sodass auch Straßenraum für Fußgänger und den sonstigen Straßenverkehr geschaffen werden musste. Wegen der Genehmigung des Bahnbetriebs wurde Anfang 1913 Kontakt mit der Königlichen Direktion der Württembergischen Staats-Eisenbahnen aufgenommen, die allerdings auf die wegepolizeiliche Genehmigung der Gemeinde Bissingen zur Einlegung der Schienen in die Straße wartete. Diese Genehmigung wurde zwar vom Bissinger Schultheißen Karl Kälble (1875–1948, amt. 1900–1933) mündlich angekündigt, vom Gemeinderat letztlich aber nicht erteilt, weil es Widerstand und Einsprüche seitens der Anwohner der Charlottenstraße gab, die Nachteile durch Staub und Lärm befürchteten. Vom Gemeinderat Bissingen wurde alternativ der Bau einer Drahtseilbahn ins Gespräch gebracht, was die »Neckarwerke« jedoch ablehnten. Da eine Einigung mit den Anwohnern der Charlottenstraße nicht zustande gekommen war,

Maschinist Karl Pfisterer (1888–1963) bedient die Maschinen.
(Stadtarchiv Bietigheim-Bissingen)

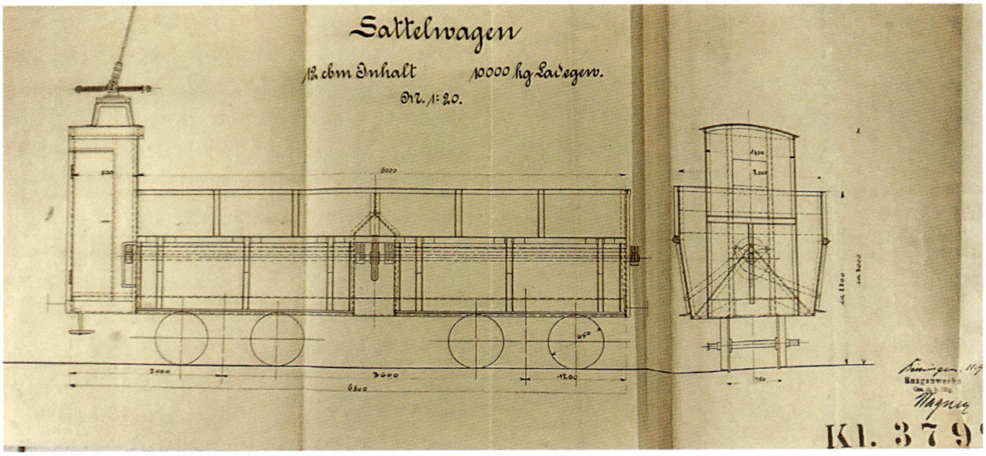

Schemazeichnung des Sattelwagens zur 1913 geplanten, aber nicht verwirklichten elektrischen Gleisbahn. (Stadtarchiv Bietigheim-Bissingen)

zogen die »Neckarwerke« am 25. November 1913 das Gesuch zum Bau der elektrischen Gleisbahn zurück. Für ein anderes Projekt wurden neue Planungen angekündigt.[33]

Probleme mit der Kohleversorgung während des Ersten Weltkriegs

Kaum war die Erweiterung des Kraftwerks fertig, brach am 28. Juli 1914 der Erste Weltkrieg aus. Im Bergbau wurde ab August 1914 ein großer Teil wehrpflichtiger Belegschaftsjahrgänge eingezogen. Die Verringerung der Belegschaft führte zu einem Rückgang der Förderleistung, da trotz technischer Modernisierung der eigentliche Abbau nur gering mechanisiert war und somit die Arbeitskraft des einzelnen Bergmanns der bestimmende Produktionsfaktor des Bergbaus blieb. 1916 kam es aufgrund der durch das sogenannte »Hindenburg-Programm« geforderten Ausweitung der deutschen Rüstungsproduktion zu einem unerwarteten Einbruch bei der Kohleförderung. Die aus dem Kohlemangel resultierenden Produktionseinbrüche bei Elektrizitätswerken verschärften die Lage der unter der extrem kalten Witterung ohnehin notleidenden Bevölkerung. Die Probleme mit der Kohleversorgung im gesamten Reichsgebiet schlugen natürlich auch auf das Bissinger Kraftwerk durch. 1917 verschärfte sich die Lage weiter, sodass der Verbrauch elektrischer Energie für alle Verbraucher auf 80 % desjenigen von 1916 eingeschränkt wurde.[34] Menge und Qualität der Kohlen waren unzureichend. Offenbar konnte der Betrieb des Dampfkraftwerks Bissingen nur mit Mühe aufrechterhalten werden. Nach Mitteilung des Reichskommissars für die Kohleverteilung vom März 1918 standen Lokomotiven und Wagen zur Kohlelieferung nur eingeschränkt zur Verfügung. Deshalb musste die Stromerzeugung wegen schleppender Kohlelieferungen für das mittlerweile zu einer wichtigen Stütze gewordene Dampfkraftwerk zurückgefahren werden, was zu Versorgungsengpässen führte. Im September 1918 ging das Königlich Württembergische Kriegsministerium davon aus, dass bei der herrschenden Kohleknappheit mit einer Mehrzuteilung nicht gerechnet werden könne. Die schlechte Kohlequalität werde wohl die Leistungsfähigkeit der Kraftwerke herabdrücken. Alle Kraftwerke mussten einen Kohlebedarfsplan und einen

Notbetriebsplan zur Aufrechterhaltung des Kraftwerksbetriebs erstellen.[35] Ihren Großabnehmern hatten die »Neckarwerke« in einem Brief vom 31. August 1918 verdeutlicht, dass sie ohne Preiszuschläge »im sicheren Ruin endigen würden«.[36]

Der Erste Weltkrieg endete durch den Waffenstillstand vom 9. November 1918 mit der militärischen Niederlage Deutschlands und seines Bündnispartners Österreich-Ungarn. Die Alliierten hatten aufgrund des Waffenstillstandsabkommens die Gebiete auf dem linken Rheinufer besetzt, worunter auch die Kohlegruben an der Saar fielen.

In der Nachkriegszeit fehlte es an Kohle

Nach dem Ende des Krieges fehlte es aufgrund der eingeschränkten Transportmöglichkeiten allerorten an Kohle. Mit dem Gesetz über die Regelung der Kohlenwirtschaft vom 23. März 1919,[37] beschlossen durch die verfassungsgebende Deutsche Nationalversammlung, regelte das Reich die Organisation der Kohlenwirtschaft durch einen Reichskohlenrat. In Vollzug dieses Gesetzes wurde in Württemberg das Landesbrennstoffamt errichtet.[38] Seine Aufgaben waren die Beischaffung, Bewirtschaftung und Verteilung sämtlicher Brennstoffe.

Der verantwortliche Leiter des Kraftwerks Bissingen, Oberingenieur Philipp Knab,[39] hatte angesichts der wirtschaftlichen Rahmenbedingungen sehr um den Betrieb des Kraftwerks zu kämpfen. Die angelieferte Kohle war von minderer Qualität und entsprach bei weitem nicht dem Bedarf, wie der Reichskommissar für die Kohleverteilung am 14. November 1919 bemängelte. Aufgrund des »Kriegsschuldartikels« 231 des Versailler Vertrages vom 28. Juni 1919 musste Deutschland als Wiedergutmachung für die im Krieg entstandenen Schäden große Reparationen zahlen, die auch in Kohlelieferungen bestanden. Zusätzlich zur fehlenden Kohle aufgrund der Tilgung der Kriegsschulden kam es im Januar 1920 zur »Kohlekrise«, weil die Bergarbeiter im Ruhrgebiet, die Eisenbahner und die Entladearbeiter im Mannheimer Hafen streikten.[40] Im Mannheimer Hafen wurde alle Kohle, die über den Rhein angeliefert wurde, auf die Bahn umgeladen. Im Januar und Februar 1920 kam es zu Betriebseinschränkungen wegen fehlender Kohlen.[41] Den »Neckarwerken« wurden im Februar 1920 nur 57% der benötigten Kohlen geliefert, was einem Vorrat für neun Tage entsprach.[42] Das Landesbrennstoffamt für Württemberg kam am 14. Oktober 1921 zum Ergebnis, dass das Kraftwerk Bissingen so schlecht mit Kohle versorgt werde, dass man mit seinem Erliegen jede Stunde rechnen müsse. Seine kleinen Vorräte bestünden aus minderwertigen Brennstoffen.[43] Wegen eines Eisenbahnerstreiks im Januar/Februar 1922 war Württemberg von jeder Brennstoffzufuhr abgeschnitten.[44]

Die Reparationsleistungen an die Siegermächte des Ersten Weltkriegs belasteten Deutschland in erheblichem Maße. Im April 1920 bemängelte der Oberste Alliierte Rat, dass Deutschland mit den Kohlelieferungen im Rückstand sei. Als Deutschland mit den Reparationszahlungen wieder in einen vergleichsweisen kleinen Rückstand kam, besetzten französische und belgische Truppen am 11. Januar 1923 das Ruhrgebiet. Davon betroffen war auch die in Essen ansässige Zentrale der Reichsbahn für den Abtransport der Kohle, sodass vom Ruhrgebiet zunächst keine Kohle mehr geliefert werden konnte. Die deutsche Regierung und die Bevölkerung reagierten mit passivem Widerstand, Befehle der Besatzungstruppen wurden ignoriert, ein Generalstreik wurde ausgerufen und die Transportzüge mit der Kohle, die Franzosen und Belgier als Reparationen abtransportieren wollten, wurden umgelenkt und blockiert.[45] In den Kraftwerken der »Neckarwerke« in

Altbach und Bissingen musste auf andere, teilweise schlechtere Kohlesorten umgestellt werden.[46]

Durch Verfügung des Arbeitsministeriums vom 29. März 1924[47] wurde das württembergische Landesbrennstoffamt auf 31. März 1924 aufgelöst, nachdem sich die Kohleversorgung wieder normalisiert hatte. Damit endete auch die im Juli 1917 eingeführte Elektrizitätszwangsbewirtschaftung mit der Aufhebung aller einschränkenden Vorschriften.[48] Ab Ende 1924 war die Kohlebelieferung im ganzen Reich wieder störungsfrei.[49]

Rechtsstreit mit dem benachbarten Steinbruchbetreiber Wilhelm Fink

1921 kam es vor dem Amtsgericht Ludwigsburg zu einem Rechtsstreit mit Wilhelm Fink aus Bietigheim, dem Eigentümer des östlich an das Kraftwerksgelände angrenzenden Steinbruchs mit Steinwerk. Kläger waren die »Neckarwerke« und die »Enzgauwerke«. Die »Enzgauwerke« waren in die Klage eingebunden, weil sie südlich des Steinbruchs an der Ringstraße ein Wohnhaus, ein Magazin und eine Werkstatt mit Lagerhaus besaßen. Im Klageschreiben vom 23. August 1921 wurde Fink vorgeworfen, er habe seinen Steinbruch über die Grenze hinaus in die Grundstücke der Kläger hineingetrieben, wodurch deren Eigentum im Bestand verletzt und bedroht sei. Die von seinem Steinwerk ausgehenden Erschütterungen und sonstigen Einwirkungen seien einzustellen. Die Sprengungen mit sehr starker Ladung würden den Gewerbebetrieb der Kläger erheblich gefährden. Am 8. Dezember 1920 sei ein faustgroßer Stein durch das Oberlicht in das Kesselhaus gefallen, zum Glück nicht auf, sondern zwischen die Kessel.[50]

In einem undatierten Schreiben an das Amtsgericht, das dort am 21. September 1921 eingegangen ist, wurden weitere Gründe nachgeschoben. Am 3. September zwischen 9 und 9:30 Uhr sei eine derart starke Sprengung erfolgt, dass circa 60 m entfernt von der Sprengstelle Steine auf die Telefonleitung gefallen seien, sodass dadurch die Benutzung des Telefons gestört worden sei. Wären die Steine auf die daneben verlaufende Hochspannungsleitung gefallen, hätte ein Kurzschluss mit großem Schaden für die Maschinenanlage entstehen können, der leicht in die Hunderttausende gegangen wäre.[51]

Nachdem Fink Vergleichsverhandlungen eingeleitet hatte, wurde der ursprüngliche Verhandlungstermin durch das Amtsgericht Ludwigsburg auf den 31. Oktober 1921 verschoben. Weil keine weitere Äußerung kam, und um die Rechtssache abschließen zu können, fragte das Amtsgericht am 1. Februar 1923 nach, ob die Klage zurückgezogen werde. Darauf und auf nochmalige Anfrage vom 6. März 1923 kam keine Antwort. Die vom Amtsgericht festgesetzte Gebühr über 70 Mark hatten die Kläger am 9. März 1923 gezahlt, woraufhin das Gericht die Verfahrensakten geschlossen hatte. Wie sich die »Neckarwerke« und die »Enzgauwerke« mit Wilhelm Fink geeinigt hatten, ist aus den beim Staatsarchiv Ludwigsburg verwahrten Gerichtsakten nicht zu entnehmen.[52] Vom Enkel des Wilhelm Fink, Hellmut Fink, konnte erfahren werden, dass der Steinbruch in den Langwiesen seit der Firmengründung im Jahr 1912 betrieben und 1924 aufgegeben wurde, weil die Vorräte ausgebrochen waren. Stattdessen wurde der Steinbruch an der Kayhstraße übernommen. Die 1923 erkennbare Auflassung des Steinbruchs war offenbar der Grund für die Einstellung des Klageverfahrens. [53]

Kohleanlieferung zum Kraftwerk über ein privates Industriegleis

Durch die Kraftwerkserweiterung im Jahr 1913 mit einer Erhöhung der Leistung von

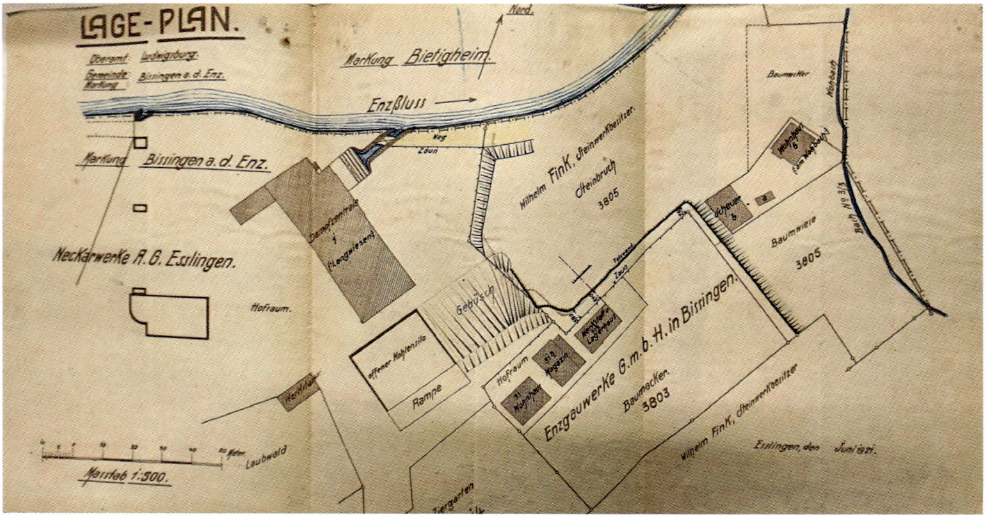

Grundstückssituation anlässlich der Klage gegen den benachbarten Steinbruchbetreiber Wilhelm Fink. (Stadtarchiv Bietigheim-Bissingen)

600 kW auf 6,6 MW war der Kohlebedarf auf über das Zehnfache gestiegen. Nachdem die Planungen für eine elektrische Gleisbahn durch die Charlottenstraße Ende 1913 eingestellt wurden, gaben die »Neckarwerke« eine neue Planung in Auftrag, wonach sie das private Industriegleis der »Rommelmühle« mitbenutzen wollten, das der Mühlenbetreiber Carl Rommel sen. (1855–1913) im Jahr 1905 vom Güterbahnhof Bietigheim zu seinem Mühlenbetrieb am nördlichen Bissinger Ortsrand gebaut hatte. Die 2,8 km lange Schienenstrecke musste einen Höhenunterschied von etwa 50 m überwinden. Auf einer Länge von 1.135 m lagen die Schienen in der Straßenfläche der damaligen Nachbarschaftsstraße (Vizinalstraße 5) zwischen Bietigheim und Bissingen. Hier mussten sich die Straßenbenutzer und die Eisenbahn die Verkehrsfläche teilen. In Fahrtrichtung Mühle betrachtet, lag das Gleis auf der rechten Straßenseite. Bei der Rückfahrt zum Güterbahnhof kam der Zug deshalb den in die Bissinger Ortsmitte fahrenden Verkehrsteilnehmern direkt entgegen, weshalb diese nach links ausweichen mussten.

Der über einen Kilometer lange mittlere Streckenabschnitt verlief am oberen Rand des Gemeindewalds »Brandhalde«. Auf dieser Teilstrecke im Wald sahen die »Neckarwerke« einen Abzweig zu ihrem Kraftwerk vor. Dazu findet sich in den Akten der Gemeinde Bissingen ein Lageplan der Straßburger Firma »Orenstein & Koppel« vom Mai 1914. Weiterer Schriftverkehr zu dieser Planung ist nicht vorhanden.[54] Wegen des kurz danach beginnenden Ersten Weltkriegs konnte die Gleisanlage nicht gebaut werden. Zwar hatte der Gemeinderat am 6. April 1914 den Verkauf der notwendigen Waldfläche an die »Neckarwerke« beschlossen und auch der Kaufvertrag wurde am 6. Oktober 1914 unterschrieben. Allerdings wurde dieser hinfällig, weil der vereinbarte Fertigstellungstermin 1. Juli 1916 nicht eingehalten werden konnte. Deshalb mussten die Kohlen weiterhin vom Bahnhof mit Fuhrwerken auf der Charlottenstraße zum Kohlesilo oberhalb des Kraftwerks herangefahren werden. Die Charlottenstraße war wegen der schweren Kohlefuhrwerke in einem schlechten

Zustand und musste immer wieder gewalzt werden. Damals waren die Straßen nur geschottert, geteerte Straßen gab es erst ab Mitte der 1920er Jahre. Im September 1921 beschwerten sich die »Neckarwerke« über den miserablen Zustand der Charlottenstraße, was Schultheiß Kälble zur Äußerung veranlasste, dass sie daran selbst schuld seien, weil die Charlottenstraße nicht für das Befahren mit außerordentlich schweren Kohlefuhrwerken ausgelegt sei. Zwar sagten die »Neckarwerke« Ende Oktober 1921 eine Kostenbeteiligung für die Ausbesserung der Straße zu, wegen der fortgeschrittenen Jahreszeit unterblieb aber eine Bewalzung, weil man befürchtete, dass die Straße nicht mehr austrocknen würde.[55]

Nachdem sich die »Neckarwerke« im Dezember 1921 mit der Firma »Carl Rommel« (Firma Rommel) vertraglich über die Mitbenutzung von deren Gleisanlage geeinigt hatten, wurde der Gleisanschluss im Wald auf der Grundlage der Planung aus 1914 wieder aufgegriffen. Die Gemeinde Bissingen unterstützte die Maßnahme, damit die Beeinträchtigungen auf der Charlottenstraße aufhören. Da aber der 1914 abgeschlossene Grundstückskaufvertrag mit einem Preis von 50 Pf/m² verfallen war, wurden neue Grunderwerbsverhandlungen notwendig. Der zunächst vom Gemeinderat am 27. Januar 1921 beschlossene Kaufpreis von 3 Mark/m² wurde nach Einwendungen der »Neckarwerke« – durch den Gleisbau entfalle für die Gemeinde die kostspielige Unterhaltung der Charlottenstraße – vom Gemeinderat am 21. April 1921 auf 2 Mark/m² festgesetzt, zusätzlich zur Entschädigung des Holzwerts. Nachdem sich gezeigt hatte, dass die verkaufte Grundstücksfläche mit 28 a wegen einer vergrößerten Gleisanlage nicht ausreichen würde, wurde eine weitere Waldfläche zum Preis von 20 Mark/m² verkauft. Dieser höhere Preis ist durch die Inflation im Jahr 1922 zu erklären. Der Kaufvertrag wurde aber erst am 11. März 1925 abgeschlossen. Insgesamt wurden 35 a 85 m² Laubwald an die »Neckarwerke« verkauft. Nachdem die Inflation überwunden war, wurde der Kaufpreis auf Basis der neuen Währung auf 4.250 Reichsmark (RM) vereinbart.

Im April 1922 wurden die Planunterlagen des Regierungsbaumeisters Karl Schempp, Stuttgart, vom März 1922 bei der Eisenbahn-Bauinspektion Ludwigsburg zur Genehmigung durch die Eisenbahn-Generaldirektion eingereicht. Auf der Baustelle wurde zum Abtransport des Erdaushubs und der Zufuhr des Baumaterials eine Feldbahn eingesetzt. Die für das Anschlussgleis verwendeten Stahlschienen, Profil »Rhätische Bahn«, wurden mittels eiserner Unterlegplatten und Schienennägeln auf mit Basilit getränkten Kiefernholzschwellen befestigt. Die Entwässerung der Strecke erfolgte über Bahngräben und Dolen. Ab dem 20. August 1922 war die regelspurige Gleisanlage betriebsbereit. Abgehend vom Gleis der »Firma Rommel« war bei Kilometer 0+819 nach dem Bahnhof Bietigheim nach rückwärts rechts vom Stammgleis liegend ein 522 m langer Nebenanschluss. Oberhalb des Kohlesilos teilte sich das Zufahrtsgleis in eine zweigleisige Entladestelle auf, von wo aus die Kohlen talabwärts in den Kohlebunker rutschten. Gegenüber der Abzweigung zum Kraftwerk wurde links vom Stammgleis bei Kilometer 0+825 eine zweigleisige Übergabegruppe gebaut, wo die vom Bahnhof ankommenden Waggons zwischengeparkt und von dort aus zur Entladestelle rangiert wurden. Am Ende der Entladestelle und am Ende der Übergabegruppe konnte die Lok umgesetzt werden. Täglich verkehrten ein bis zwei Güterzüge zwischen Bahnhof und Kraftwerk. Die im Kraftwerk anfallende Schlacke wurde über einen Schrägaufzug hinauf zur Gleisanlage befördert und von dort aus abtransportiert.[56]

Am 29. Dezember 1922 fand in Bietigheim eine Besprechung über Maßnahmen zur Verhütung von Unfällen auf dem Industriegleis statt. Daran beteiligt waren Vertreter des Ministeriums des Innern, des Straßen- und Wasserbauamts Ludwigsburg, der Reichsbahndirektion Stuttgart sowie Carl Rommel jun. (1885–1953), der Eigentümer des Industriegleises. Bei dieser Besprechung stellte sich heraus, dass die »Neckarwerke« zwar eine Genehmigung für den Bau ihrer Gleisanlage hatten, für die Mitbenutzung des Industriegleises der Firma »Rommel« aber noch keine Genehmigung vorlag. Diese hätte die Firma »Rommel« als Eigentümerin gesondert beantragen müssen, weil die Kohlezüge auch über die öffentliche Vizinalstraße 5 (Nachbarschaftsstraße von Bietigheim nach Bissingen) zum Bahnhof fuhren. Ein nachträgliches Genehmigungsverfahren wurde eingeleitet. Am 30. August 1923 legte das Oberamt Ludwigsburg dem Ministerium des Innern das verspätet eingegangene Gesuch auf Mitbenutzung des Industriegleises vor.[57] Mit Erlass vom 7. Januar 1924 gab das württembergische Ministerium des Innern dem Oberamt Ludwigsburg und der Gemeinde Bissingen die von der Reichsbahndirektion und dem Ministerium verfügten neuen Betriebsvorschriften für den Privatgleisanschluss der Rommelmühle und den Nebenanschluss der «Neckarwerke« bekannt.[58]

Der Rangierbetrieb zum Kraftwerk wurde durch die Deutsche Reichsbahn abgewickelt, die nach dem Ersten Weltkrieg mit Wirkung vom 1. April 1920 aus den früheren Länderbahnen hervorgegangen war. Die alten Lokomotiven der einstigen Königlich Württembergischen Staats-Eisenbahnen wurden in den 1920er Jahren ausgemustert und durch die stärkere Güterzug-Tenderlokomotive der Gattung Gt 34.15 ersetzt. Ab 1949 betrieb die neu gegründete Deutsche Bundesbahn das Industriegleis. Während

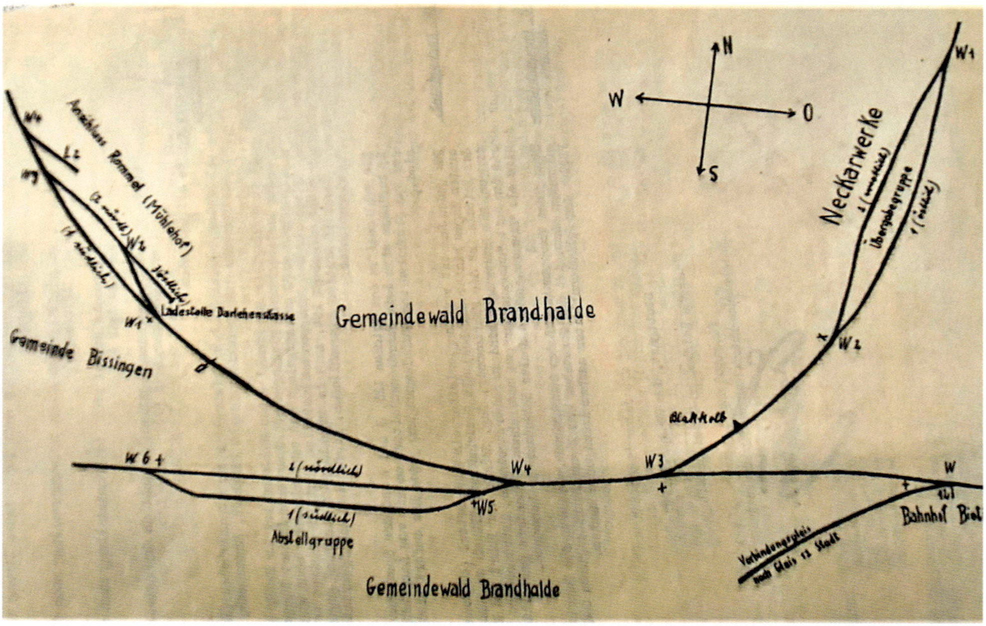

Gleisschema des Industriegleises zur Rommelmühle 1922. Nach rechts oben der Abzweig zum Kraftwerk der Neckarwerke, nach links unten die Übergabegruppe. (Stadtarchiv Bietigheim-Bissingen)

Die Gleisanlage oberhalb des Kraftwerks. Am linken Bildrand ist die Entladestelle zu sehen, von welcher aus die Kohlen in das Kohlesilo talabwärts rutschten. (Stadtarchiv Bietigheim-Bissingen)

jahrzehntelang Dampflokomotiven fuhren, setzte die Deutsche Bundesbahn ab den 1960er Jahren Diesellokomotiven der Baureihe 261 ein.

Gegen Ende des Zweiten Weltkriegs wurde das Gleis im Bereich des Güterbahnhofs beschädigt, sodass der Zugverkehr erst wieder Ende Juni 1945 möglich wurde. Das war für die »Neckarwerke« nicht weiter schlimm, weil das Kraftwerk wegen fehlender Kohle ohnehin außer Betrieb war.

Erweiterung des Kraftwerks im Jahr 1923

Die dauernd steigenden elektrischen Neuanschlüsse und die starke Nachfrage nach Strom sowie die kriegsbedingt verzögerte Investitionstätigkeit hatten die vorhandenen Kraftwerke an ihre Kapazitätsgrenzen gebracht. Deshalb planten die »Neckarwerke« für ihr Bissinger Kraftwerk schon 1918/1919 eine nochmalige Erweiterung.[59] An der Westseite des bestehenden

Werks wurde ein 250 m² großer Maschinenhausanbau und ein 896 m² großer Kesselhausanbau konzipiert. Im Maschinenhaus mit den Maßen 18,84 m Länge, 13,28 m Breite und 14,00 bzw. 18,00 m Höhe sollte eine 6000 kW-Dampfturbine der Firma »Bergmann« aufgestellt werden. Der Anbau war so groß, dass später noch eine weitere Dampfturbine Platz hatte. Im Kesselhausanbau war Platz für drei Doppelgarbe-Dampfkessel von je 640 m² Heizfläche.[60] Die Planung sah auch eine Vergrößerung des Kohlesilos und die Erweiterung der automatischen Kohletransportanlage für den Anbau vor.

Wegen der fortschreitenden Inflation wurde die Planung zeitweise unterbrochen, weil die Baukosten nicht mehr überschaubar waren. Am 15. April 1922 reichten die »Neckarwerke« den Bauantrag nebst Beschreibungen, Plänen und statischen Berechnungen beim Oberamt Ludwigsburg ein. Der Gemeinderat Bissingen hatte in seiner Sitzung vom 21. Juni 1922 dem Bauvorhaben zugestimmt. Das Oberamt Ludwigsburg erteilte mit Urkunde vom 9. Januar 1923 die Erlaubnis zur Erstellung eines Kessel- und Maschinenhauses und die Genehmigung zur Anlegung von drei feststehenden Dampfkesseln.[61]

Nach der Abnahmeprüfung vom 21. März 1923 gab der Württembergische Revisions-Verein die Dampfkessel am 21. April 1923 bzw. 3. September 1923 frei. Für diese Abnahme erhob das Oberamt Ludwigsburg am 13. September 1923 eine Gebühr über 2.638.000 Mark. Dieser exorbitant hohe Betrag ist durch die anhaltende Hyperinflation zu erklären, die von der Reichsbank erst im November 1923 durch die Einführung der Goldmark währungstechnisch beendet werden konnte. Durch die Erweiterung wurde die Gesamtleistung des Kraftwerks auf 12,6 MW erhöht, erzeugt über vier Dampfturbinen und sieben Dampfkessel.[62]

Kraftwerkserweiterung 1923, rechts entsteht das vergrößerte Kohlesilo. (Stadtarchiv Bietigheim-Bissingen)

Die Obermaschinisten Karl Pfisterer und Karl Klein stehen nach der Erweiterung vor der größeren Dampfturbine. (Stadtarchiv Bietigheim-Bissingen)

Bau eines Schalthauses und weiterer Ergänzungsbauten

Im zeitlichen Zusammenhang mit der Erweiterung des Kraftwerks erstellten die »Neckarwerke« ein zweistöckiges Schalthaus unterhalb des Kraftwerks Richtung Enz. 1924 wurden ein Zwischenbau mit Verbindungsgang zum Schalthaus und ein Lagerschuppen im Hof erstellt.[63] 1925 folgte ein Schrägaufzug zum Transport von Bau- und Betriebsmaterialien und zum Verbringen der Schlacke für den Abtransport über den Gleisanschluss.[64] 1929/1930 konnte das Kraftwerk Bissingen durch den Bau einer 26 km langen 35 Kilovolt (kV)-Verbindungsleitung nach Feuerbach noch stärker ins »Neckarwerke«-Netz integriert werden.[65] An der Nord-Ost-Seite des Schalthauses Langwiesen 1b wurde ein Transformatoranbau angefügt. Im Zuge einer Modernisierung bauten die »Neckarwerke« im Jahr 1930 anstelle zweier erst 1923 aufgestellter Dampfkessel zwei größere Dampfkessel in ihr Bissinger Kraftwerk ein.[66]

Nach dieser Erweiterung standen zur Verfügung:

Zur Dampferzeugung:
Zwei »Babcock & Wilcox«-Zirkulations-Wasserröhrenkessel
Zwei »Steinmüller«-Dreizug-Schrägwasserrohr-Vollkammerkessel
Zwei »Dürr«-Steilrohrkessel
Zur Krafterzeugung:
Dampfturbine 1, Baujahr 1910, 600 kW
Dampfturbine 2, Baujahr 1913, 3.000 kW
Dampfturbine 3, Baujahr 1913, 3.000 kW
Dampfturbine 4, Baujahr 1922, 6.000 kW.[67]

Weitgehender Stillstand in den 1930er Jahren

Infolge der Weltwirtschaftskrise kam es auch in Deutschland ab 1930 zu einem Abwärtstrend in der Wirtschaft. In der zweiten Hälfte dieses Jahres ging der Stromabsatz der »Neckarwerke« an die Industrie um 15 % zurück, was durch den erhöhten Strombezug der privaten Haushalte aber nur teilweise kompensiert werden konnte. [68] Auch 1931 gingen die Stromlieferungen an Industrie, Handel und Gewerbe deutlich zurück. Gleichzeitig gab es ein Problem mit dem vertraglich vereinbarten, langfristigen Fremdstrombezug von der »Badischen Landes-Elektrizitäts AG« (Badenwerk), der »Bayernwerk AG« und dem »Bezirksverband Oberschwäbische Elektrizitätswerke«, wodurch den »Neckarwerken« zu viel Strom zur Verfügung stand. Deshalb musste das Bissinger Kraftwerk zeitweise stillgelegt werden.[69] Auch in den Folgejahren stand das Kraftwerk weitgehend still und wurde nur als Reserve vorgehalten. In den Wintermonaten 1938/1939 wurde das Kraftwerk trotz des weitgehenden Fremdstrombezugs aufgrund der gesteigerten Stromabnahme wieder voll in Betrieb genommen.[70] Die von den Nationalsozialisten angetriebene Produktivitätssteigerung, vor allem in der Rüstungsindustrie zur Vorbereitung eines Krieges, führte dazu, dass das Dampfkraftwerk Bissingen wieder in Volllast übernommen werden konnte.[71]

Das Kraftwerk während des Zweiten Weltkriegs

Mit dem Beginn des Zweiten Weltkriegs am 1. September 1939 wurden Mitarbeiter zur Wehrmacht eingezogen. Im Geschäftsbericht der Neckarwerke für das Jahr 1939 heißt es dazu: »Viele Gefolgschaftsangehörige stehen bei den Fahnen. Sie erhalten von der Gesellschaft Zuschüsse zu den reichsgesetzlichen Familienunterhaltbeiträgen.

Ansicht des Dampfkraftwerks von der Enzseite her Ende der 1920er Jahre. (Stadtarchiv Bietigheim-Bissingen)

Reger Briefwechsel und Zusendung von Feldpostpäckchen halten bei den Ausmarschierten und Zurückgebliebenen das Gefühl der Zusammengehörigkeit in der Betriebsgemeinschaft wach.«[72]

Ab 1939 entwickelte sich die Elektrizitätswirtschaft sehr stark. Auch im zweiten Kriegsjahr 1940 gab es eine große Nachfrage nach Elektrizität in Gewerbe, Industrie und privaten Haushalten. Entsprechend dem damaligen Sprachgebrauch im »Führerstaat« enthielt auch der Geschäftsbericht 1940 pathetische Formulierungen, wie: »Der Ausfall einer großen Anzahl von Gefolgschaftsangehörigen infolge Einberufung zur Wehrmacht verlangte von den zurückgebliebenen Arbeitskameraden die Anspannung aller Kräfte, um den gestellten Anforderungen gerecht zu werden. Bereitwilligst nahmen alle den vermehrten Arbeitsanfall auf sich im Bestreben, an ihrem Arbeitsplatz mit den Kameraden im Felde zu wetteifern. Im Leistungskampf der Betriebe wurde uns auch in diesem Jahr wieder das Gaudiplom für hervorragende Leistungen verliehen.«[73] Durch die im Westen heranrückenden alliierten Streitkräfte und die ständigen Bombardements waren im Januar 1945 die Eisenbahnlinien und das Zugmaterial bereits erheblich zerstört, sodass nur noch geringe Mengen Kohle am Kraftwerk ankamen. Am 6. Februar 1945 untersagte der württembergische Reichsstatthalter Wilhelm Murr (1888–1945) die Benutzung aller Geräte, die Strom oder Gas verbrauchen, wie Heizkörper, Kocher, Hauswaschmaschinen usw. Lediglich kriegswichtige Betriebe waren davon ausgenommen.[74]

Freiluft-Transformator für das Werk »Galenit«

Mit Baugenehmigungsantrag vom 19. September 1944 wurden beim Landrat in Ludwigsburg die Pläne für die Aufstellung eines Freiluft-Transformators, Trafofundament mit Splitterschutz, Grundriss 7,50 m x 8,80 m, neben dem 30-kV-Schaltgebäude eingereicht. Weil ein allgemeines Bauverbot herrschte, wurde eine entsprechende Ausnahme beantragt. Aus den Akten ergibt sich, dass der Trafo für den Anschluss des Werks »Galenit«[75] (Untertage-Verlagerung) verwendet werden sollte. Fünf Maurer und drei Bauhilfskräfte sollten vom Bezirkseinsatzleiter der Organisation Todt (OT)-Baustelle »Galenit« gestellt werden. An Baumaterial wurden 0,5 t Eisen, 24 t Bauzement, von denen aber nur 18 t genehmigt wurden, 24.000 Mauerziegel, 20 m² Dachpappe, 270 t Kies und Sand, 150 kg Dieselkraftstoff und 50 l Vergasertreibstoff beantragt. Der in Wendlingen ansässige OT-Einsatzleiter und Baubeauftragte beim Reichsverteidigungskommissar Württemberg erteilte am 25. Oktober 1944 die Ausnahmebewilligung vom Bauverbot. Die OT-Oberbauleitung Heilbronn, Sitz Weinsberg, wurde mit der Lieferung der notwendigen Baustoffe beauftragt. Die beantragten Treibstoffe konnten nicht zugesagt werden. Das Schutzbereichsamt Baden-Baden hatte mit Bescheid vom 14. November 1944 das Baugesuch genehmigt. Daraufhin erteilte der Landrat des Landkreises Ludwigsburg am 25. November 1944 die Baugenehmigung.[76]

Was unter dem Werk »Galenit« zu verstehen ist, für das der Trafo vorgesehen war, ist aus den Bauakten nicht ersichtlich. In einer digitalen Quelle der »Forschungsgruppe Untertage e.V.« aus Stuttgart findet sich zum Stichwort »Werk Galenit« Folgendes: »In einer Auflistung des Rüstungsamts vom 4.9.1944 über Straßentunnel und Bunkeranlagen wird das Vorhaben als Bunker Großsachsenheim bezeichnet. Im Decknamenverzeichnis vom 15.1.1945 ist dem Standort der Deckname ›Galenit‹ zugeordnet. Dieses Projekt diente nicht der Fertigung von Flugzeugen. Es lag wohl nur zufällig neben dem Flugplatz. Unter dem Decknamen ›Galenit‹ hatte die

Daimler-Benz AG eine Verlagerung von Teilen ihrer LKW-Produktion aus dem Werk Mannheim geplant. Als Produktionsort wurde ›Stollen Großsachsenheim‹ angegeben. Das Arbeitskommando war in einem Lager bei Unterriexingen untergebracht, in dem circa 1.000 Häftlinge gefangen waren. Mindestens 200 waren vom Daimler-Benz-Werk in Mannheim dorthin verlegt worden. Das Unterkommando Unterriexingen war dem KZ Vaihingen-Enz zugeordnet. Bis Februar 1945 wurde an dem Stollen für Daimler-Benz gearbeitet; er wurde nicht mehr in Betrieb genommen.«[77] Am Enzhang Richtung Unterriexingen war bis zur Einstellung der Bauarbeiten ein 421 m langer und teilweise bis zu 8 m hoher Stollen mit einer Gesamtfläche von knapp 5.000 m² für die unterirdische Produktion angelegt. Er wurde 1988 verfüllt und verschlossen. [78]

Keine Schäden durch Kriegshandlungen

Zwischen dem 31. Oktober 1944 und dem 6. April 1945 gab es auf Bietigheim insgesamt zehn Bombenangriffe der alliierten Luftstreitkräfte. Hauptangriffsziele waren der Bahnhofsbereich und die dort ansässigen Industriebetriebe sowie das Viadukt.[79] Obwohl das Kraftwerk an der Enz nur etwa 400 m vom Bahnhof entfernt war, bekam es weder einen geplanten noch einen zufälligen Treffer ab, sodass es den Zweiten Weltkrieg unbeschädigt überstand. Am 8. April 1945 zog sich die Deutsche Wehrmacht vor der anrückenden französischen Armee auf die Ostseite der Enzlinie zurück, wodurch entlang der Enz von Vaihingen bis Besigheim die Front zum Stehen kam. Bei ihrem Rückzug sprengte die Wehrmacht alle Enz- und Metterübergänge bis auf die Metterbrücke in der Bietigheimer Holzgartenstraße. Zehn Tage lang beschossen die Franzosen die Ostseite von Bietigheim. Von Untermberg aus wurde auch Bissingen beschossen. Von einem Beschuss des Bissinger Kraftwerks ist nichts bekannt. Die auf der Ostseite der Enz liegenden deutschen Truppen rückten am 20. April, morgens um drei Uhr, ab, sodass nun das östliche Bietigheim und auch Bissingen besetzt wurden.[80] Mutige Mitarbeiter konnten gemeinsam mit dem technischen Vorstandsmitglied Diplomingenieur Ludwig Kittler die befohlene Sprengung des Kraftwerks und zugeordneter Anlagen in den letzten Kriegstagen trotz großer Schwierigkeiten und persönlicher Lebensgefahr verhindern.[81] Sie hatten sich dadurch Adolf Hitlers »Befehl betreffend Zerstörungsmaßnahmen im Reichsgebiet« vom 19. März 1945, später kurz »Nerobefehl« genannt, widersetzt, der eine »Taktik der verbrannten Erde« angeordnet hatte. Den alliierten Truppen sollte nur unbrauchbare Infrastruktur in die Hände fallen.

Kohleknappheit in der Nachkriegszeit führte zu Betriebseinschränkungen

Nach der bedingungslosen Kapitulation am 8. Mai 1945 war wirtschaftlicher Stillstand in Deutschland. Von der Demontage blieb das Kraftwerk verschont. Bei Kriegsende hatten die «Neckarwerke« neben dem Dampfkraftwerk Altbach, der Urzelle des Unternehmens, auch das Dampfkraftwerk Bissingen mit vier Dampfturbinen und sechs Kesseln, deren gesamte Generatorleistung 12,6 MW betrug, voll verfügbar.

Die allgemeine wirtschaftliche Notlage mit erheblichem Rohstoff- und Materialmangel führte zu einem starken Rückgang der Stromproduktion. Wegen ausbleibender Kohlelieferungen stand das Kraftwerk Bissingen 1945 mehr oder weniger still. Durch Überlastung vieler Ortsnetze gab es beträchtliche Schwierigkeiten in der Stromversorgung. Die »Neckarwerke« waren weitgehend auf den Fremdstrombezug von der »Energie-Versorgung Schwaben AG« (EVS) angewiesen; aus eigener Wasserkraft konnte nur eine unbedeutende Strommenge erzeugt werden. Erst Ende 1945 setzte die Kohlelieferung allmählich wieder ein.[82]

Wegen der allgemeinen Knappheit von Energie wurde der Stromverbrauch durch das Kontrollratsgesetz Nr. 7 vom 30. November 1945 zur Rationierung von Elektrizität und Gas erheblich eingeschränkt.[83] Kontrollratsgesetze sind in den Jahren 1945 bis 1948 in Ausübung der Besatzungsrechte der vier Siegermächte vom Alliierten Kontrollrat erlassene Gesetze zur Überwindung des Nationalsozialismus und Militarismus in ganz Deutschland. Die alliierte Gesetzgebung umfasste außerdem eine Reihe von Proklamationen, Befehlen, Direktiven und Instruktionen. Aus dem Kontrollratsgesetz Nr. 7 ergaben sich für die Bevölkerung und die Wirtschaft rigorose Vorgaben zur Energieeinsparung. Wer dagegen verstieß, musste mit empfindlichen Strafen bis hin zu Gefängnis rechnen.

Die zuständigen Behörden verfügten in den Wintermonaten Stromabschaltungen oder Sperrtage. Die für 1946 im amerikanisch besetzten Nordwürttemberg geforderte Stromverbrauchseinsparung um 30% gegenüber dem Vorjahr zwang die »Neckarwerke« dazu, ihre Kraftwerke Altbach und Bissingen an je zwei Wochentagen abzuschalten. Zusätzlich zu den allgemeinen Stromrationierungen der Privathaushalte wurden 1946 auch für Industrie und Gewerbe strenge Stromrationierungen angeordnet. Ab November 1946 waren nur 70% des Augustverbrauchs zugelassen. Weil die französische Besatzungsmacht aus ihrer besetzten Zone Strom nach Frankreich abzog, mussten auch die »Neckarwerke« zur Stützung des übergeordneten Verbundnetzes Strom einspeisen. Das gelang nur, weil die Dampfkraftwerke Altbach und Bissingen Ende 1946 wieder bis zur Grenze ihrer Leistungsfähigkeit eingesetzt werden

Blick in das 1949 modernisierte Maschinenhaus. (Stadtarchiv Bietigheim-Bissingen)

konnten.[84] Besonders einschneidend wirkten sich die Verbrauchsbeschränkungen im langen und kalten Winter 1946/1947 aus. Unzureichende Kohleförderung in den deutschen Revieren und Transporterschwernisse durch strengen Frost zwang zu großflächigen Stromabschaltungen. Viele Betriebe standen wochenlang still. [85]

Baumaßnahmen in der Nachkriegszeit

Aus den alten Turbinen und Kesseln konnten wegen der schlechten Kohlequalität im Allgemeinen nur 60 % Leistung gezogen werden. 1949 waren zwei Turbinen mit zusammen 3,6 MW nicht mehr einsetzbar. Weil der Standort aber nach wie vor interessant war, wurde das Kraftwerk Bissingen 1949 einer Ertüchtigung unterzogen. Zwei Steilrohrkessel von 1931 wurden umgebaut, sodass sich die Kesselleistung von je 22 Tonnen pro Stunde (t/h) auf 40 t/h erhöhte. Gleichzeitig wurden die alten Kessel aus den Jahren 1911 und 1912 abgetragen, ebenso eine 1911 eingebaute Dampfturbine. Anstelle der ebenfalls ausgebauten »Bergmann«-Dampfturbine von 1913 wurde eine im Kraftwerk Altbach ausgebaute 4,6-MW-»AEG«-Turbine eingebaut. Ende 1949 stand dadurch eine Kraftwerksleistung von 13,6 MW zur Verfügung, die aus drei Turbo-Generatoren und vier Dampfkesseln gewonnen wurde. Ebenfalls 1949 wurde in die Gleisanlage investiert. Zum Verfahren der Kohlewaggons an der Entladestelle wurde seither eine selbstgebaute Benzinlokomotive verwendet, die im Lokschuppen am Gleisende eingestellt werden konnte. Nachdem diese betriebsunsicher geworden war, wurde sie durch ein elektrisch angetriebenes Spill ersetzt.[86] Das Anschlussgleis wurde vom seitherigen schweizerischen Profil auf deutsches Profil mit Stahlschwellen umgebaut. 1950 wurde das Schalthaus für die Spannungsebene 3/30 kV erweitert. Durch diese Investitionen konnte die Wirtschaftlichkeit des Dampfkraftwerks beträchtlich verbessert werden. Der Kohleverbrauch sank um 25 bis 30 %. Um das Enzwasser nicht zu verunreinigen, wurden ein Schlammbecken und eine biologische Kläranlage gebaut.

In das alte Kesselhaus wurden 1950 Wohlfahrtsräume eingebaut.[87] Ein neben dem Auslauf in die Enz stehendes Pumpenhaus zur Hochwasserbeseitigung innerhalb des Kraftwerks wurde am 11. März 1952 in Betrieb genommen. Der Umbau der 30/3-kV-Schaltanlage und die Aufstellung von zwei Millivoltampere (mVA)-Regelleistungsumspannern erfolgte ebenfalls 1951.[88] An der Kohleentladestelle wurde der »Heinzelmann-Waggonentlader« 1952 umgebaut.[89] Für ein neues 15-kV-Schaltgebäude, westlich angebaut an das bestehende Schalthaus, erfolgte die Bauabnahme durch den Kreisbaumeister am 7. November 1952.[90] Auf dem Grundstück Flst. Nr. 3803 entstanden 1950 und 1956 weitere Lagergebäude.[91] Zur Unterbringung der notwendigen Feuerlöschgeräte wurde 1953 im südwestlichen Hofraum ein Feuerlöschschuppen mit den Maßen 8,50 m x 5,70 m gebaut.[92]

Abbruch des Kraftwerks im Jahr 1969

Trotz der in der Nachkriegszeit vorgenommenen Modernisierungsmaßnahmen arbeitete das Kraftwerk weiterhin mit verhältnismäßig hohem Kohleverbrauch. Zur Sicherung der Stromversorgung im nördlichen Gebiet der »Neckarwerke« war das Dampfkraftwerk nach wie vor nötig. Es hat auch geholfen, die infolge Wasser- und Kohlemangels bei der Industrie entstandenen Leistungsspitzen zu decken.[93] Ab 1958 wurde das völlig veraltete Dampfkraftwerk aber nur noch sporadisch in Betrieb genommen. Während es 1958 noch 4,87 Mio. Kilowattstunden (kWh) erzeugt hatte, waren es 1960 nur noch 0,97 Mio. kWh

Kraftwerk nach einer Ansicht von 1956 im endgültigen Ausbauzustand. (Stadtarchiv Bietigheim-Bissingen)

Strom. Gemessen an der Jahresstromproduktion der »Neckarwerke« von 800 Mio. kWh war das Bissinger Werk unbedeutend geworden.[94] In der Folge diente es nur noch zur Abdeckung von Lastspitzen und ab 1964 nach dem Abschalten der Kessel nur noch als Reserveanlage. Zum 1. Januar 1968 wurde es stillgelegt.[95] An seine Stelle trat das neue Dampfkraftwerk in Walheim. Die verfügbare Kühlwassermenge und die Anlieferung von Kohle über den Neckar und mit der Eisenbahn boten dort weitaus günstigere Voraussetzungen als in Bissingen. Auch stand in Bissingen kein entsprechend großes Areal für ein neues Kraftwerk zur Verfügung. Das Kraftwerk Walheim wurde in den Jahren 1962 bis 1967 von der »Neckarwerke AG« gebaut. Am 28. Oktober 1968 reichten die »Neckarwerke« für das Bissinger Kraftwerk ein Abbruchgesuch für alle Betriebsteile und Anlagen ein, die dem Betrieb des früheren Dampfkraftwerks dienten. Die

Am 31. Juli 1965 wurde das Kraftwerk stillgelegt und das Kohlesilo war leer. (Stadtarchiv Bietigheim-Bissingen)

Schaltgebäude des Umspannwerks waren weiterhin erforderlich und blieben zunächst stehen. Im Juli 1969 beauftragten die »Neckarwerke« die Stuttgarter Firma »Paul Lauster KG« mit den Abbrucharbeiten.[96]

Nachnutzung als Müllverbrennungsanlage unterblieb

Schon 1963 wurde untersucht, ob auf dem Bissinger Kraftwerksstandort eine Müllverbrennungsanlage gebaut werden könne. Damals war die Müllentsorgung noch in Händen der Städte und Gemeinden, heute ist dafür der Landkreis Ludwigsburg zuständig. Überlegungen der »Neckarwerke« für eine Müllverbrennungsanlage betrafen einerseits das Gelände des Kraftwerks Altbach und andererseits den Standort Bissingen. Beim Kraftwerk Bissingen gab es aber zwei Nachteile: Erstens ließ die Verkehrsanbindung über die Bahn zu wünschen übrig und zweitens hätte ein höherer Schornstein gebaut werden müssen. Auch bremste Bietigheims Bürgermeister Karl Mai (1909–1993, amt. 1948–1975) derartige Planungen.[97] Auf dem früheren Kraftwerksgelände wurde nach der Beseitigung der restlichen Bauten im Zuge der Landesgartenschau 1989 ein Biotop mit knorrigen Kopfweiden angelegt. Heute erinnert nichts mehr an das frühere Dampfkraftwerk.

Nur noch ein Strommast lässt die Nutzung des ehemaligen Kraftwerksgeländes im Jahr 2024 erkennen. (Foto: Erwin Ruff)

Anmerkungen

1 Jürgen Gysin: Entwicklung der Energieversorgung, in: Eberhard Herter (Hg.), Elektrotechnik in Württemberg, Stuttgart/Leipzig 1998, S. 119.

2 Thomas Schulz: Die Mühlen im Landkreis Ludwigsburg, in: Mühlenatlas Baden-Württemberg, Band 3, Remshalden-Buoch 1999, S. 270.

3 Marlis Prinzing: Strom für das Neckarland. Die Geschichte der Neckarwerke von 1900–1945, St. Katharinen 2000, S. 181. Dem Buch liegen alle im Wirtschaftsarchiv Baden-Württemberg (WABW), Schloss Hohenheim, verwahrten Akten der »Enzgauwerke« und der »Neckarwerke« zugrunde, Signatur B 74.

4 Stadtarchiv Bietigheim-Bissingen (STABB) 8/034.

5 Schreiben der Enzgauwerke vom 5. März 1910 an Obermedizinalrat Dr. Scheurlen, Stuttgart, Staatsarchiv Ludwigsburg (StAL) E 162 III Bü 73.

6 Ebd.

7 StAL E 162 III Bü 73; Stadtarchiv Besigheim (StaB) A 383.

8 Akten des Genehmigungsverfahrens, StAL F 181 III Bü 415 und STABB Bs 60 Nr. 0255.

9 Akten des Genehmigungsverfahrens, StAL F 181 III Bü 415 und STABB Bs 60 Nr. 0255.

10 Erwin Ruff: Keine Kohle im Königreich, in: Neckar- und Enzbote (3./4. September 2022), S. 11.

11 STABB Bs 60 Nr. 0256.

12 STABB Bs 60 Nr. 0264.

13 StAL F 181 III Bü 139.

14 Gemeinderatsprotokoll Band 29, S. 136, § 3, STABB 6/348.

15 Gemeinderatsprotokoll Band 29, S. 531, § 12, STABB 6/348.

16 Gemeinderatsprotokoll vom 28. November 1911, STABB 6/348.

17 Genehmigungsakten, StAL F 181 III Bü 139.

18 Gemeinderatsprotokoll Band 29, S. 651, § 1, STABB 6/348.

19 STABB Bs 60 Nr. 0257.

20 Schreiben von Rechtsanwalt Dr. Schneider vom 20. März 1912 an die Königliche Regierung des Neckarkreises, StAL E 173 III Bü 8005. STABB 652/30.

21 Zu den Fuhrleuten Zaiser und Bauer konnten keine Vornamen und Lebensdaten ermittelt werden.

22 Akten der Verwaltungsrechtssache, StAL E 173 III Bü 8005.

23 Gemeinderatsprotokoll Bh B1486, S. 535, § 18.

24 STABB 6/348.

25 Hermann Roemer: Geschichte der Stadt Bietigheim, 1961, S. 242; ders., Bissinger Heimatbuch, 1955, S. 73.

26 URL: <www.albert-gieseler.de/dampf_de/firmen0/firmadet646.shtml> [zuletzt aufgerufen am 30. März 2024].

27 Gesellschaft für Elektrische Unternehmungen (Hg.): GESFÜREL – Gesellschaft für Elektrische Unternehmungen, ihr Aufbau und ihre Entwicklung unter besonderer Berücksichtigung der internationalen Verflechtung, Arbeitsgebiete, Werke, Statistik, Finanzen, Berlin 1928.

28 Am 18. November 1905 wurde aus der »Neckarwerke Altbach-Deizisau Heinrich Mayer« unter Beteiligung der Gesfürel die »Neckarwerke AG« mit 5 Millionen Mark Eigenkapital. Die »Gesfürel« war dadurch einerseits unmittelbare und andererseits mittelbare Teilhaberin an den »Enzgauwerken«.

29 Marlis Prinzing, S. 348, vgl. Anm. 3.

30 STABB Bs 60 Nr. 958.

31 Genehmigungsakten, StAL F 181 III Bü 139.

32 Bauakten, STABB Bs 60 Nr. 0258.

33 STABB Bs Nr. 0362.

34 Bekanntmachung im Reichsanzeiger Nr. 263 vom 5. November 1917.

35 StAL E 393 Bü 106.

36 StAL E 393 Bü 108.

37 RGBl. 1919, S. 342; StAL E 393 Bü 1.

38 Verfügung des Arbeitsministeriums vom 15. November 1919, Staatsanzeiger Nr. 264 vom 17. November 1919.

39 Übersicht über die Leiter württembergischer Elektrizitätswerke, StAL E 393 Bü 113.

40 Nach Mitteilung des Landesbrennstoffamts vom 13. Januar 1920 »ist die Kohlenzufuhr nach Württemberg vollständig ins Stocken geraten«, StAL E 393 Bü 111.

41 Marlis Prinzing, S. 267, vgl. Anm. 3.

42 Württembergisches Landeskohlenamt am 11. März 1920, StAL E 393 Bü 111.

43 StAL E 393 Bü 111.
44 Mitteilung des Landesbrennstoffamts beim württembergischen Arbeitsministerium vom 6. Februar 1922, StAL E 393 Bü 111.
45 John Maynard Keynes, Dorothea Hauser (Hg.): Krieg und Frieden. Die wirtschaftlichen Folgen des Vertrages von Versailles, Berlin 2014.
46 Neckarwerke AG, Geschäftsbericht 1923, S. 5.
47 Staatsanzeiger Nr. 77 vom 31. März 1924.
48 Bekanntmachung des Reichskommissars für die Kohleverteilung vom 10. November 1923, StAL E 393 Bü 112.
49 Frankfurter Zeitung Nr. 404 vom 3. Juni 1925.
50 Klageschrift des Anwalts Dr. jur. Mattes, Stuttgart, vom 23. August 1921, StAL F 281 Z 418. Anmerkung: Der Vorname ist in den Akten nicht belegt.
51 Schreiben des Anwalts Dr. jur. Mattes, StAL F 281 Z 418.
52 StAL F 281 Z 418.
53 Korrespondenz mit Hellmut Fink vom 6. Dezember 2022.
54 STABB Bs 60 Nr. 0964.
55 WABW B 74 Bü 1620.
56 Neckarwerke-Bauakten, WABW B 74 Bü 861.
57 StAL E 168 Bü 973.
58 StAL E 173 III Bü 7618.
59 Marlis Prinzing, S. 421, vgl. Anm. 3.
60 Neckarwerke AG, Geschäftsbericht 1921, S. 6.
61 WABW B 74 Bü 1656.
62 Genehmigungsakten, StAL F 181 III Bü 645.
63 Bauakten, STABB Bs 06 Nr. 0260.
64 Neckarwerke AG, Geschäftsbericht 1925, S. 5.
65 Neckarwerke AG, Geschäftsbericht 1930, S. 6.
66 Neckarwerke AG, Geschäftsbericht 1930, S. 6.
67 Bericht der Neckarwerke, WABW B 74 Bü 1743.
68 Neckarwerke AG, Geschäftsbericht 1930, S. 4.
69 Neckarwerke AG, Geschäftsbericht 1931, S. 4.
70 Neckarwerke AG, Geschäftsbericht 1938, S. 5.
71 Marlis Prinzing, S. 198, vgl. Anm. 3.
72 Neckarwerke AG, Geschäftsbericht 1939, S. 6.
73 Neckarwerke AG, Geschäftsbericht 1940, S. 8.
74 Paul Sauer: Das Ende des Dritten Reiches in Württemberg, in: Ludwigsburger Geschichtsblätter 1979, S. 85.
75 Die Organisation Todt (OT) diente der baulichen Realisierung von Schutz- und Rüstungsprojekten. Sie wurde als Bauorganisation für militärische Anlagen geschaffen, die sowohl in Deutschland als auch in den von deutschen Truppen besetzten Gebieten kriegswichtige Bauvorhaben durchführte. Die OT war straff hierarchisch organisiert und ihre Angehörigen waren uniformiert.
76 Bauakten, StAL FL 20/12 I Bü 2763.
77 URL: https://fgut.wordpress.com/bauwerke/wk2/werkluftschutz/betriebsverlagerungen/grossachsenheim/ [aufgerufen am 26. April 2024]; Manfred Scheck: Zwangsarbeit und Massensterben, Berlin 2014, S. 231–233 u. S. 241–247; Hans Walter Wichert: Decknamenverzeichnis deutscher unterirdischer Bauten des Zweiten Weltkriegs, Marsberg 1999, S. 123.
78 Herbert Ade-Thurow: Zur Geschichte des Militärstandorts Sachsenheim 1939–1994, in: die Mörin, Schriftenreihe des Vereins für Heimatgeschichte Sachsenheim e.V., Heft 74, S. 25.
79 Siehe die sog. Kriegschronik, die der kommissarische Bürgermeister (10. April 1945–27. Juni 1945), der Kohlenhändler Otto Schneider, am 20. Juli 1946 angefertigt hat; abgedruckt in: Bietigheim 789–1989, Beiträge zur Geschichte von Siedlung, Dorf und Stadt, 1989, S. 690.
80 Michael Schirpf: Bombenkrieg und Zerstörung, in: Bietigheim 789–1989, Beiträge zur Geschichte von Siedlung, Dorf und Stadt, 1989, S. 689–698.
81 Eberhard Fredeke: Strom fürs Neckarland, Geschichte der Neckarwerke Elektrizitätsversorgungs-AG von 1945 bis 1997, Esslingen 1998, S. 6.
82 Ebd., S. 13.
83 Amtsblatt des Kontrollrats in Deutschland, S. 32. Das Gesetz wurde außer Wirkung gesetzt durch das Gesetz Nr. A-10 der Alliierten Hohen Kommission vom 10. August 1950 (ABl. AHK S. 522).

84 Neckarwerke AG, Geschäftsbericht 1946, S. 4, StAL FL 20/19 Bü 505.
85 Eberhard Fredeke, S. 14, vgl. Anm. 81.
86 Neckarwerke AG, Geschäftsbericht 1949, S. 16, StAL FL 20/19 Bü 505.
87 Bauakten, StAL FL 20/12 I Bü 2967 und STABB BS 60 Nr. 0271.
88 Bauakten, StAL FL 20/12 I Bü 3027; Neckarwerke, Geschäftsbericht 1951, S. 8; StAL FL 20/19 Bü 505.
89 Neckarwerke AG, Bericht vom 2. Juni 1955, WABW B 74 Bü 1743.
90 Bauakten, StAL FL 20/12 I Bü 3028; Neckarwerke AG, Geschäftsbericht 1952, S. 8, StAL FL 20/19 Bü 505.
91 Bauakten, STABB Bs 60 Nr. 0997 und 0998.
92 Bauakten, StAL FL 20/12 I Bü 3139 und STABB Bs 60 Nr. 0272.
93 Neckarwerke AG, Geschäftsbericht 1955, S. 9, StAL FL 20/19 Bü 505.
94 Neckarwerke AG, Geschäftsbericht 1958-1960, StAL FL 20/19 Bü 506.
95 Eberhard Fredeke, S. 69, vgl. Anm. 81.
96 Bauakten, STABB Bs 60 Nr. 1001.
97 Eberhard Fredeke, S. 91, vgl. Anm. 81.

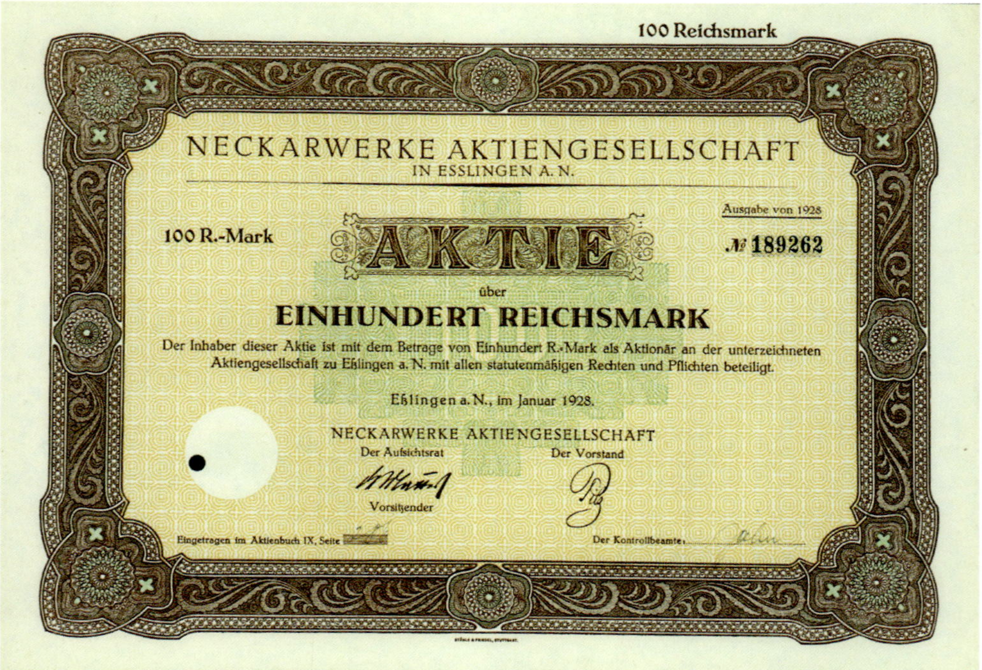

Aktie über 100 Reichsmark der »Neckarwerke AG« vom Januar 1928.
(Vorlage: Erstes Deutsches Historic-Actien-Museum e.V.)

Richard Hoffmann – Maler, Grafiker, Bildhauer –

und die Ludwigsburger Kunstszene der 1950er Jahre

von Günther Bergan,
Ludwigsburg; seit 1996 ehrenamtlicher Mitarbeiter im Stadtarchiv Ludwigsburg; Verfasser zahlreicher stadthistorischer Aufsätze in den Ludwigsburger Geschichtsblättern und in der Ludwigsburger Kreiszeitung.

Richard Hoffmann, 1912 in Eichwalde bei Berlin geboren, ist heute als Künstler in Ludwigsburg weitgehend vergessen, obwohl er hier fünfzig Jahre lang bis zu seinem Tod 1999 lebte und arbeitete. Er engagierte sich aktiv in der Ludwigsburger Kunstszene. Sein künstlerisches Schaffen war eng mit Ludwigsburg und der Entwicklung der Bildenden Kunst in der Stadt verbunden.

Bevor auf das Leben und Werk von Richard Hoffmann eingegangen wird, sollte als Hintergrundinformation die Entwicklung der Ludwigsburger Kunstszene von den Anfängen Ende der 1920er Jahre bis zum Anfang der 1960er Jahre näher beschrieben werden.

Die Ludwigsburger Kunstszene und ihre Vertreter[1]

Die Anfänge

Ludwigsburg stand im 19. Jahrhundert lange Zeit im Schatten von Stuttgart, zumindest was die Bildende Kunst anging. In Stuttgart fanden Künstler die Möglichkeit, sich mit Gleichgesinnten auszutauschen und ihre Werke in geeigneten Räumen auszustellen. 1898 wurde in der benachbarten Landeshauptstadt der Künstlerbund gegründet, 1913 die Vereinigung Bildender Künstler und 1923 schließlich die Stuttgarter Sezession bzw. 1929 die Stuttgarter Neue Sezession. In Ludwigsburg existierte in dieser Zeit keine vergleichbare Organisation.

Provokativ stellte deshalb der Ludwigsburger Bildhauer Erwin Dauner am 10. Mai 1929 in der Ludwigsburger Zeitung die Frage »Was tut man in Ludwigsburg für die Kunst?«. In dem Artikel verwies er auf das mangelnde Interesse und Verständnis der Bevölkerung für die Kunst, die eher zum Kauf von Kitsch als zum Kauf eines Kunstwerks neige. Nicht unschuldig an der Situation sei auch die Stadtverwaltung und die fehlende Kunstförderung ihrerseits. Außerdem bemängelte Dauner die fehlenden Ausstellungsmöglichkeiten in der Stadt.

Aber Not macht erfinderisch. Die der Kultur eng verbundene Buchhandlung Aigner erklärte sich deshalb bereit, als Abhilfe ihre Schaufenster bei Bedarf für kleine Kunstausstellungen zur Verfügung zu stellen. So berichtete die Ludwigsburger Zeitung am 27. April 1929 über eine dieser Schaufenster-Ausstellungen. Der Kunstmaler Eduard Pfennig zeigte ein beachtenswertes

Anzeige zur zweiten Kunstausstellung. (Ludwigsburger Zeitung, 14. Oktober 1930)

Porträt der Baronin von der Lippe. Eine Lösung des Problems war das aber nicht.

Als Reaktion auf diese Missstände schlossen sich die Ludwigsburger Maler Heiner Baumgärtner, Wilhelm Blutbacher, Eugen Pfäfflin und Eduard Pfennig sowie die Bildhauer Erwin Dauner und Vinzenz Schapfl zur »Gruppe Ludwigsburger Künstler« zusammen. Ziel der Künstlergruppe war es, durch Ausstellungen auf ihre Ideen und ihre Werke über die Grenzen von Ludwigsburg hinaus aufmerksam zu machen.

Am 6. Oktober 1929 wurde die »1. Kunstausstellung Ludwigsburger Künstler« im Ratskellersaal von der Schirmherrin, der »Frau Oberbürgermeister Dr. Schmid«, feierlich eröffnet. Die Ludwigsburger Zeitung vom 7., 9. und 10. Oktober 1929 würdigte die Künstler und ihre Werke in zwei Artikeln. Als Besonderheit sollte ein Gesellschaftsnachmittag in Form eines Tanztees in zwangloser Weise Gelegenheit geben, das Schaffen und Wirken der hiesigen Künstler kennenzulernen. Ein Jahr später, im Oktober 1930, fand die zweite Kunstausstellung statt. Hermann Rombach und Erwin Scheerer waren als Künstler neu hinzugekommen. Die Ludwigsburger Zeitung vom 17. und 18. Oktober 1930 beschäftigte sich wieder eingehend mit den Arbeiten der bereits vom Vorjahr bekannten sowie mit denen der neuen Künstler.

Die 3. Ausstellung konnte am 22. Mai 1936 eröffnet werden, allerdings unter geänderten Vorzeichen. Nach der Gleichschaltung der Kultur schaffenden Organisationen ab 1933 stand die Ausstellung unter dem Motto »Kunst und Volk« im Zeichen der endgültigen »Volkwerdung«[2] der Kunst. Die Eröffnung lag nicht mehr in den Händen der Frau Oberbürgermeister, stattdessen begrüßte der Kreiskulturstellenleiter im Namen der NS-Kulturgemeinde die anwesenden Gäste.

Wie die Ludwigsburger Zeitung vom 23. und 30. Mai 1936 berichtete, stellten neben den bereits bekannten Künstlern auch Alfred Ade und Fritz Ketz ihre Werke im Ratskellersaal aus. Trotz der oft beschworenen vaterländischen Begeisterung sind während der Ausstellung nur fünf Werke verkauft worden.

Wilhelm Blutbacher, Selbstbildnis, Kohle und Rötel. (Ludwigsburg Museum, 20 G 64)

Neuanfang nach 1945

Das Jahr 1945 bedeutete für Deutschland Ende und Anfang zugleich, sowohl in der Politik, der Wirtschaft, der Gesellschaft als auch in der Wissenschaft. Gleichzeitig endete nach zwölf Jahren der staatlich verordnete Kunstbetrieb. Der darstellende Künstler musste nicht mehr das, »was er in Blut, Geist und Heimat seinem Volk verdankt, wieder in geläuterter, veredelter Form als Erbe zurückgeben«.[3] Auch war er vom Zwang befreit, den Menschen der »neuen Zeit«[4] zu gestalten. Die Kunst war wieder frei, Ausstellungs- bzw. Malverbote waren aufgehoben.

Dafür lag Deutschland in Trümmern. Freischaffende Künstler traf die Not der ersten Nachkriegsjahre am stärksten. Sie mussten vom Verkauf ihrer Werke leben, doch wo sollten sie diese anbieten und wer sollte sie kaufen? Der private Kunstmarkt war zum Erliegen gekommen, Ausstellungsmöglichkeiten fehlten, ebenso wie die öffentlichen Aufträge. Besonders schlimm betroffen waren die vielen Künstler, die als Flüchtlinge ins Land kamen und hier neu Fuß fassen mussten. Kaum jemand kannte sie, es fehlte an Arbeitsmaterial, von einem Atelier ganz zu schweigen. Der Ludwigsburger Kunsterzieher und Maler Robert Mayer wies neben der materiellen Not auch noch auf die seelische Not der freischaffenden Künstler hin, auf das erniedrigende Gefühl, nicht gebraucht zu werden und vergessen zu sein.[5]

Der Ludwigsburger Maler Wilhelm Blutbacher erkannte als Betroffener die schwierige Situation der Künstler in seiner Umgebung.

Laut einem Protokoll des Kreis- und Kulturausschusses vom 9. Oktober 1948 regte Wilhelm Blutbacher die Bildung einer Notgemeinschaft der in ihrer Existenz bedrohten Kulturschaffenden an, mit dem Zweck, das Publikum wieder mehr für Kunst und Kultur zu interessieren. Rund dreißig Künstlerinnen und Künstler aus Ludwigsburg und dem Landkreis schlossen sich daraufhin zum »Künstlerbund Ludwigsburg« zusammen. Einige der Mitglieder waren dabei schon in den Dreißigerjahren künstlerisch tätig. Neben jüngeren Künstlern aus dem Landkreis traten auch viele Neubürger wie Richard Duschek, Richard Hoffmann, Axel Mondry, Werner Regner, Fred Stelzig, Gustav Tauschinsky und Hans Teitge dem Künstlerbund bei. Es wurden Ausstellungen beschlossen, bei denen »dem Publikum eine günstige Gelegenheit geboten werden sollte, Werke echter Kunst in Bildern verschiedener Stilarten, Kunst- und Geschmacksrichtungen zu mäßigen Preisen zu erwerben«.[6]

Bereits am 8. Dezember 1948 eröffnete Oberbürgermeister Dr. Doch die erste Kunstausstellung nach Kriegsende in Ludwigsburg. Der Eintritt betrug für Erwachsene 50 und für Schüler 20 Pfennig. Das größte Problem im Vorfeld dieser Ausstellung war die Beschaffung eines geeigneten Ausstellungsraums. Der Ratskellersaal stand noch nicht zur Verfügung. Die Räume in der Galerie Swiridoff[7], der einzigen Privatgalerie in Ludwigsburg, waren zu klein. Als Ausweg kam deshalb nur die etwas abseits gelegene Schulbaracke in der Königsallee gegenüber dem ehemaligen Garnisonlazarett in Frage. Ein gravierender Nachteil, wie sich bald herausstellen sollte, denn die folgenden gemeinsamen Ausstellungen scheinen wegen der schlechten Lage und der unzureichenden Räume kein großer Erfolg gewesen zu sein.

Die Ausstellungen 1952, 1954, 1957[8]

»Kunst im Kreis Ludwigsburg« 1952 – Eine Wanderausstellung vom 5. April bis 25. Mai.

Um die Idee der Kunstförderung erfolgreich weiterentwickeln zu können, erklärte sich die Kreisverwaltung zur Vorfinanzie-

Richard Hoffmann Anlagensee

Katalog der Kulturabteilung des Landratsamtes Ludwigsburg 1952, Richard Hoffmann, »Anlagensee«. (Vorlage: StadtALB SQ 5.2.2)

rung einer Wanderausstellung im Jahr 1952 bereit. Die Ausstellung sollte ein künstlerisches und gesellschaftliches Ereignis werden. Die Organisation übernahm das Kreiskulturamt. Nach dem Start in der Ludwigsburger Stadthalle zog die Ausstellung für jeweils eine Woche nach Bietigheim, danach nach Besigheim und Marbach weiter. Fünf Künstlerinnen und 31 Künstler stellten insgesamt 107 Werke aus.

Landrat Dr. Ebner war sich im Vorwort zum Katalog sicher, dass die schöpferischen Impulse der im Kreis tätigen Künstler während der Ausstellung sichtbar werden. Die Ausstellung war ein voller Erfolg und bewies nach Aussage der Veranstalter, dass sich die schöpferischen Kräfte nicht nur auf die großen Städte konzentrieren und wie rege das Interesse für die Kunst auch auf dem »flachen Land«[9] ist. Der Katalog mit seinen Abbildungen und Kurzbiografien ist ein wichtiges Zeitdokument. Rund 5300 Besucher wurden gezählt, sechzehn Werke fanden einen Käufer, allerdings nur vier davon gingen an Privatpersonen.

»Kunst in Stadt und Kreis Ludwigsburg« 1954

Vom Juni bis September fand im Ludwigsburger Schloss zuerst in den Wandelgängen östlich und westlich des Gardesaals und ab Juli dann im Riesenbau eine weitere, vom Landratsamt vorbereitete Ausstellung einheimischer Künstler statt. Eigentlich ein idealer Zeitpunkt während der Jubiläums-Gartenschau »Blühendes Barock«, doch im Programmheft der Gartenschau findet sich kein Hinweis auf die Kunstausstellung.

Die meisten der 1954 ausstellenden Künstler waren schon bei der Ausstellung 1952 vertreten. Ein Katalog wurde nicht herausgegeben. So bleiben nur die Kommentare in der örtlichen Presse, die sich hauptsächlich auf die Künstlernamen und die Erwähnung der ausgestellten Bildtitel beschränken. Nach Meinung des Rezensenten der Ludwigsburger Kreiszeitung hinterließ die Ausstellung hinsichtlich der Vielfalt der Auswahl wie auch der Anordnung der Bilder einen überaus günstigen Eindruck.

»Kunst in drei Kreisen« 1957 – Eine Wanderausstellung vom 8. Juni bis zum 3. November.

71 Künstlerinnen und Künstler zeigten 170 Kunstwerke in zehn verschiedenen Ausstellungsorten der Landkreise Ludwigsburg, Leonberg und Vaihingen. Vom 15. bis zum 23. Juni machte die Ausstellung im Ludwigsburger Schloss halt. Aus dem Kreis Ludwigsburg stellten 37 Künstlerinnen und Künstler ihre Werke aus. Neben den bereits bekannten Ludwigsburgern präsentierten auch Fritz Allmendinger, Wilhelm Becker-Strey, Christa Braun, Nils Jablonski, Fritz Klein, Elise Schwarz-Binder und Helma Seegert ihre Werke im Schloss. In der Besprechung der Ludwigsburger Kreiszeitung (LKZ) vom 19. Juni 1957 wurde besonders die gesprengte Neckarweihinger Brücke von Wilhelm Blutbacher erwähnt. Es wurde aber auch darauf hingewiesen, dass die Ausstellung bewusst jener Bevölkerungsschicht entgegenkam, die der modernen Kunst noch etwas fremd gegenüberstand. Ausnahmen bildeten dabei Werner Regner, Richard Hohly oder Paul Reichle, die mit ihren »abstrakten« Werken als Kontrast zu den eher konventionellen Arbeiten in der Ausstellung und im Katalog vertreten waren.

Als Nachfolgeorganisation des Künstlerbundes Ludwigsburg schlossen sich Anfang 1962 junge Ludwigsburger Künstler zwischen 20 und 30 Jahren zur »Vereinigung Bildender Künstler Ludwigsburg VBKL« zusammen. In der Satzung vom 10. Februar 1962 waren die Interessen und Ziele der Gruppe festgelegt. In den folgenden Jahren präsentierte die Gruppe Ausstellungen in Ludwigsburg und in der Region. Am 15. Oktober 1970 schlossen sich die Ludwigsburger VBKL-Künstler zu einer Ausstellungsgemeinschaft zusammen, die dann zur Gründung des Ludwigsburger Kunstvereins am 4. Dezember 1973 führte.

Die Künstler im Kreis Ludwigsburg 1945–1957 *

**Tabellarische Zusammenstellung siehe Ende des Beitrags (ab Seite 27)*

Kunst am Bau

Das Projekt »Kunst am Bau« ermöglichte es den Kommunen, Kunstschaffende zu fördern und finanziell zu unterstützen, gleichzeitig aber auch der Bevölkerung Kunst auf unkomplizierte Art zugänglich zu machen. Zudem konnten mit Hilfe dieser Maßnahme oft eintönig erscheinende öffentliche Gebäude innen und außen etwas freundlicher gestaltet werden. Mindestens 1% der veranschlagten Bausumme sollte dabei für die Kunst ausgegeben werden. Die Entscheidung, welcher der meist ortsansässigen Künstler mit dem Entwurf und der Ausführung der Arbeit beauftragt werden sollte, lag in der Regel bei der bauausführenden Behörde.

Die »Kunst am Bau« war ein wichtiger, nicht zu vernachlässigender Beitrag zur Existenzsicherung vieler Künstler in den ersten Nachkriegsjahren. Sie bot aber auch einigen Konfliktstoff, zum einem mit der Bevölkerung, die mit den Kunstwerken nicht immer einverstanden war, zum anderen aber bei den Künstlern selbst, die sich in ihrer künstlerischen Gestaltung oft eingeschränkt, sogar bevormundet sahen. Sie befanden sich in einem emotionalen Spannungsfeld zwischen eigenen wirtschaftlichen Bedürfnissen und dem Anspruch auf Verwirklichung ihrer Ideen, zwischen nicht vermeidbaren Zugeständnissen und dem befürchteten Verlust ihrer künstlerischen Persönlichkeit. Missverständnisse und Konflikte zwischen Künstlern und ihren Auftraggebern waren deshalb oft nicht zu vermeiden.

Viele Künstler im Kreis nutzten die Möglichkeit, über die Grenzen ihres Ateliers hinaus bekannt zu werden. Den Anfang machten Erwin Dauner und Erwin Scheerer bereits 1934 mit der Gestaltung der beiden Reliefplatten über den alten Eingängen des Schiller- und Mörikegymnasiums in der Solitudestraße. Wilhelm Blutbacher gestaltete um 1950 die Nordwand des neu erbauten Goethegymnasiums mit Tierkreiszeichen. Richard Hohly belebte im 1. Stock des Amtsgerichts eine Wand mit einem Mosaik. Hans Teitge erhielt Aufträge in Heutingsheim und Hermann Wolf entwarf die Motive des Buntglasfensters im Treppenhaus der alten Oßweiler Schule.

Die Kunst am Bau ist meistens eine vergängliche Kunst. Sie ist permanent in ihrem Bestand gefährdet. Veränderungen am Bauwerk, Abnutzung oder Beschädigungen des Kunstwerks, wechselnder Zeitgeschmack, zu hohe Unterhaltungskosten, aber auch Unkenntnis der kunsthistorischen Bedeutung führten und führen auch heute noch oft zum Ende dieser Kunstwerke. Bedauerlich ist nur, dass in der Vergangenheit vor der Beseitigung meist auf eine aussagekräftige Dokumentation verzichtet wurde und somit wichtige Informationen verloren gingen.

Richard Hoffmann, Kunstmaler, Grafiker, Bildhauer

Biografie

Richard Hoffmann wurde am 23. März 1912 in Eichwalde bei Berlin geboren. Von 1932 bis 1937 studierte er in Berlin, u. a. bei dem Grafiker Ernst Boehm, bei Kurt Wehlte, einem Fachmann für Maltechnik, sowie als Meisterschüler bei César Klein, einem expressionistischen Maler und Bühnenbildner. Nach seiner Teilnahme am Zweiten Weltkrieg von 1940 bis 1945 wurde Hoffmann bis 1947 in der Ludwigsburger Flak-Kaserne im Lager I.C. 74 interniert. Er war dort als Kunstmaler Angehöriger des »Art Studios« und fertigte für seine amerikanischen Auftraggeber u.a. auch Porträts an.

Nach seiner Entlassung zog er nach Heidelberg und heiratete noch im selben Jahr in Saarbrücken. Seit 1. Juni 1949 war er mit Wohnsitz in Ludwigsburg gemeldet. Er konnte sich als freischaffender Künstler im »Ruinenbau« im Ostgarten des Ludwigs-

Richard Hoffmann in seinem Atelier im Ruinenbau. (Foto: Familie Hoffmann)

burger Schlosses sein Atelier einrichten und wohnte mit seiner Familie auch in dem historischen Gebäude. Im Zuge der Eröffnung der Gartenschau »Blühendes Barock« 1954 erfolgte der Umzug in eine Wohnung in der Stuttgarter Straße 20. Ab ca. 1970 war Hoffmann mit einem kleinen nebenberuflichen Lehrauftrag als Kunsterzieher an der Gottlieb-Daimler-Realschule tätig. Außerdem arbeitete er noch in einem Ludwigsburger Fachgeschäft als Restaurator. Richard Hoffmann starb am 4. Dezember 1999.[10]

Auf Richard Hoffmann als künstlerische Persönlichkeit einzugehen oder ihn einer bestimmten Stilrichtung zuzuordnen, ist nur bedingt möglich, zu gering ist die Zahl seiner öffentlich bekannten Werke. Er war als Maler und Grafiker tätig. Hoffmann schuf Radierungen, Lithos, Aquarelle, malte in Öl und gestaltete Wandgemälde, Mosaike und Sgraffiti. Er selbst bezeichnete seinen Stil als lyrischen Expressionismus. Als Bildhauer arbeitete er mit unterschiedlichen Materialien wie Stein, Metall oder Holz. In Ludwigsburg sind trotz der Breite seiner Arbeitstechniken zur Zeit nur zwei Radierungen und ein Aquarell sowie sieben Arbeiten an bzw. in öffentlichen Gebäuden im Rahmen des Projekts »Kunst am Bau« bekannt. Von weiteren sieben verloren gegangenen Arbeiten sind nur noch Abbildungen vorhanden.

Über den Menschen Richard Hoffmann geben die im Stadtarchiv im Zusammenhang mit den einzelnen Kunstprojekten erhaltenen Akten Auskunft. Richard Hoffmann war ein sensibler, ruhiger, trotzdem aber streitbarer Künstler mit hohen künstlerischen Idealen und wenig Verständnis für unflexible Bürokratie, was die Zusammenarbeit mit öffentlichen Institutionen oder Behörden auf dem Gebiet »Kunst am Bau« oft erschwerte. Als Idealist entschied sich Hoffmann für den Beruf des freischaffenden Künstlers, ohne seine Existenz über ein gesichertes Standbein, zum Beispiel als Kunsterzieher an einer Schule, dauerhaft abzusichern. So wurde sein Wirken als Künstler von permanenten Geldsorgen überschattet. Das Bemühen um Aufträge bestimmte den Alltag seiner Familie. Der große Durchbruch ist Richard Hoffmann nie gelungen. Über den privaten Verkauf seiner Werke bzw. deren Verbleib ist nichts bzw. nur wenig bekannt.

Öffentliche Auftragsarbeiten

Nach seiner Ankunft in Ludwigsburg schloss sich Richard Hoffmann als Erstes dem 1948 von Ludwigsburger Künstlern initiierten »Künstlerbund Ludwigsburg« an, deren Mitglieder er von seinem ersten Aufenthalt in der Stadt wahrscheinlich kannte. In den folgenden Abschnitten wird auf die von Hoffmann im Rahmen von »Kunst am Bau« ausgeführten öffentlichen Auftragsarbeiten im Detail näher eingegangen.

Werbeplakat für den Ludwigsburger Pferdemarkt 1950/51[11]

Für den nach dem Krieg erstmals wieder veranstalteten traditionellen Pferdemarkt fertigte Richard Hoffmann eine Anzahl von Rohentwürfen zu einem Werbeplakat an. Im November 1950 beschloss der städtische Verwaltungsausschuss, den Entwurf »Bauer mit zwei Pferden und Schloss im Hintergrund« zu erwerben und 2.000 Plakate als Vierfarben-Offsetdruck drucken zu lassen. Die Plakate sind wie die Entwürfe verschollen.

Wandbilder in den Treppenhäusern der neuen Oststadtschule Ludwigsburg 1951[12]

Im Juli 1951 beschloss ein Sachverständigen-Beirat, die Treppenhäuser und Flure im Neubau der Oststadtschule mit Wandbildern auszuschmücken. Richard Hoffmann entwarf für die unteren Klassen Motive mit Märchenbildern und für die oberen Klassen

Richard Hoffmann, Wandgemälde in der Oststadtschule Ludwigsburg. (StadtALB SP 2.2.2.2)

Motive mit Szenen aus dem Theaterleben und der Literatur. Die Wandbilder sind ein typisches Beispiel für Hoffmanns lyrischen Expressionismus. Das Urteil der Sachverständigen über die Entwürfe fiel nicht einheitlich aus. Oscar Paret begrüßte die Märchenbilder, die seiner Meinung nach bei den Kindern viel Freude auslösen würden. Richard Hoffmann wurde mit der Ausführung beauftragt.

Nach 20 Jahren war die Begeisterung für die Wandgemälde verflogen. Sie waren verschmutzt, beschädigt, von Schränken verstellt. Außerdem waren die Schulleiter der Meinung, dass die Motive für Schüler der 1970er Jahre wenig geeignet wären. Die letzten Gemälde wurden deshalb in den Sommerferien 1972 übermalt, ohne Richard Hoffmann vorher zu informieren. Auf einer Aktennotiz vom 7. Dezember 1973 über die Beseitigung der Wandgemälde notierte Baubürgermeister Faßl handschriftlich: »Alles etwas peinlich, nachdem der Künstler vor der Beseitigung nicht hinzugezogen wurde.« Ein zweiter Kommentator vermerkte: »Fehlendes Feingefühl für sensiblen Künstler.«[13] Es wurde daraufhin überlegt, ob Hoffmann nicht einen Ersatzauftrag bekommen könnte.

In der Festschrift zum fünfzigjährigen Schuljubiläum 2001 wurden noch einzelne Motive der Malereien abgebildet, jedoch ohne Erwähnung, dass sie bereits 1972 übermalt worden waren.

Umbau der Bahnhof-Gaststätte 1953

In der LKZ vom 12. Januar 1953 erschien ein Bericht über die Modernisierung des Bahnhofs und den damit verbundenen Umbau der Bahnhofsgaststätte. Es heißt darin u. a.: »Ein besonderes Gepräge erhält der Raum durch drei große Wandgemälde

Richard Hoffmann, »Jagdgesellschaft«, Wandgemälde im Rathaus Ludwigsburg. (Ludwigsburger Kreiszeitung, 9. Dezember 1954)

des Ludwigsburger Kunstmalers Hoffmann. Es handelt sich um eine Ansicht der Südfront des Schlosses mit dem Schlossteich im Vordergrund, um eine Ansicht von Hoheneck und um das Viadukt von Marbach. Die Gemälde sind Stiftungen der beiden Städte Ludwigsburg und Marbach.« Von den Wandgemälden existieren allerdings keine Fotos.

Zwei Wandgemälde im Treppenaufgang des Ludwigsburger Rathauses 1954[14]

Im Dezember 1953 erhielt Richard Hoffmann vom städtischen Verwaltungsausschuss den Auftrag, für das kommende Jubiläumsjahr zwei Wandgemälde zur Geschichte Ludwigsburgs zu entwerfen, die zu beiden Seiten des Treppenaufgangs im Rathaus angebracht werden sollten. Das Motiv »Jagdgesellschaft« bezieht sich auf die Gründungszeit von Ludwigsburg und zeigt eine Gruppe, die sich an einer Quelle vor den Hügeln einer Neckarlandschaft mit ihrer Jagdbeute trifft.

Das Motiv »Weinlese« stellt eine moderne Personengruppe in einem Weinberg vor der Silhouette von Ludwigsburg dar.

Die beiden Schwarz-Weiß-Fotos aus der Ludwigsburger Kreiszeitung vom 9. Dezember 1954 sind von bescheidener Qualität und können keinen Eindruck von der in festlichen Harmonien gehaltenen Farbgebung der beiden Gemälde vermitteln.

Bis zur endgültigen Genehmigung im April 1954 wurde um die Gestaltung der »Jagdgesellschaft« noch hart gerungen. So verlangte der Verwaltungsausschuss u. a., die Leuchtkraft des Bildes zu verändern, den Wald mehr zu betonen und die Kronen der im Vordergrund stehenden Bäume ganz darzustellen. Im Sommer 1954 waren die auf Hartfaserplatten gemalten Bilder fertiggestellt und im Treppenaufgang montiert.

Richard Hoffmann, »Weinlese«, Wandgemälde im Rathaus Ludwigsburg. (Ludwigsburger Kreiszeitung, 9. Dezember 1954)

Richard Hoffmann, »Mädchen mit Ball«, Grundschule Oßweil. (Foto: Günther Bergan)

Der Kommentator der LKZ schwärmte am 9. Dezember 1954 von den beiden Gemälden. Besucher, die durch das Treppenhaus hochstiegen, konnten jetzt aus den an diesem Ort meist recht prosaischen Gedankengängen herausgerissen und in poetischere Gefilde entführt werden.

Im Februar 1969, anlässlich einer Renovierung des Rathauses, bot Richard Hoffmann dem Hochbauamt an, die beiden Bilder zu reinigen und zu restaurieren. Gleichzeitig wies er aber auch darauf hin, dass er 1953/54 so viele Einflüsse – zum Teil auch vom Gemeinderat – über sich habe ergehen lassen müssen und dass er anders gehandelt haben müsse, als er eigentlich gewollt habe, weshalb er am liebsten die ganzen Gemälde ändern würde. Daraufhin riet Kulturamtsleiter Schiller im Schul- und Kulturausschuss zu Geduld, »denn dies sei sicher noch nicht das letzte Wort von Herrn Hoffman«. Wann die Bilder entfernt wurden, ist nicht bekannt.

Neubau Volksschule Oßweil 1954 [15]

Im Juli fiel im Technischen Ausschuss die grundsätzliche Entscheidung, den Neubau der Oßweiler Volksschule künstlerisch auszuschmücken. Alfred Ade, Wilhelm Blutbacher und Richard Hoffmann reichten ihre Entwürfe zur Gestaltung der nördlichen Außenwand sowie der Treppenhallen ein. Richard Hoffmann erhielt mit seinen Entwürfen den Zuschlag. Im Dezember 1954 folgte der endgültige Auftrag für die Ausführung eines großflächigen Sgraffitos[16] »Säen und Ernten« an der nördlichen Außenwand, ebenso für zwei farbige Keramikarbeiten im Unter- bzw. im Erdgeschoss, »Junger Pegasos« und »Mädchen mit Ball«.

Bei der Konturenmalerei »Mädchenreigen« in der Treppenhalle im 1. Obergeschoss umtanzten Mädchen eine große Wanduhr, während ein Junge im Vordergrund das Rad schlug. Bei der Erweiterung und Sanierung der Schule 2020 konnten das »Mädchen mit Ball« sowie der »Mädchenreigen« nicht erhalten werden. Das Sgraffito an der Außenwand verschwand unter dem Anbau bzw. unter der Wärmedämmung.

Ehrenmal für die Gefallenen des Krieges 1939/45 auf dem Alten Friedhof 1954[17]

Am 7. Oktober 1954 beschloss der Gemeinderat, einen Wettbewerb unter Ludwigsburger Künstlern für die Umgestaltung der Kapelle auf dem Alten Friedhof zu einem Ehrenmal für die Gefallenen des Krieges 1939/45 auszuschreiben. Ende Februar 1955 veröffentlichte die Stadt die Wettbewerbsbedingungen. Eine Jury aus Fach- und Laienpreisrichtern wurde einberufen. Das Preisgericht sah sich Anfang Juli jedoch nicht in der Lage, unter den elf eingereichten Arbeiten einen ersten Preis zu vergeben, da unter den Entwürfen eine »Arbeit mit dem überragenden Niveau und mit der zur Durchführung erforderlichen Reife«[18] fehlte. Somit ging ein zweiter Preis an den »Gewinner« Richard Hoffmann. Er öffnete in seinem Entwurf drei Wände der Kapelle zur Schorndorfer Straße hin und brachte an den verbleibenden Innenwänden Flachreliefs an. Eberhard Unkauf wurde der dritte Preis für eine sitzende Pieta zuerkannt. Die Arbeiten von Erich Breyer und Erwin Scheerer wurden angekauft.

Zum Eklat kam es, als der Technische Ausschuss vorschlug, mangels eines eindeutigen Siegers einen namhaften Künstler der Region mit der Ausarbeitung eines Entwurfs zu beauftragen. Die Wahl fiel auf den renommierten Stuttgarter Bildhauer Fritz von Graevenitz, was eindeutig gegen die in der Ausschreibung festgelegte Regel verstieß, einen der Wettbewerbsteilnehmer mit der Ausführung des Ehrenmals zu beauftragen. Richard Hoffmann setzte sich als Hauptbetroffener in vielen Briefen, Eingaben und Gesprächen für die Ludwigsburger Künstler und die Freiheit der Kunst

Richard Hoffmann, »Säen und Ernten«, Sgrafitto, Grundschule Oßweil. (Foto: Fachbereich Hochbau und Gebäudewirtschaft der Stadt Ludwigsburg)

ein. Letztlich wurde von Graevenitz der Auftrag aus rechtlichen Bedenken wieder entzogen. Richard Hoffmann aber erhielt nach längeren internen Diskussionen den Auftrag nicht, zum Zug kam Eberhard Unkauf.

Die Akte »Ehrenmal« ist so umfangreich wie keine andere im Zusammenhang mit Richard Hoffmann. Die darin enthaltenen Eingaben, Stellungnahmen und Briefe geben einen tiefen Einblick in die von hohen Idealen getragene, manchmal nicht leicht nachvollziehbare Gedankenwelt Hoffmanns. Die Akte zeigt aber auch einen teilweise erschreckenden Mangel an Sensibilität im Umgang mit Künstlern und ein fehlendes Verständnis für deren Handlungs- und Denkweisen.

Kasteneck-Schule Heutingsheim, 1957, Freiberg am Neckar

Das Sgraffito mit einer darüber montierten Drahtplastik an einer Außenwand der Schule nach einem Auftrag von Architekt Lutz ist eine Gemeinschaftsarbeit von Richard Hoffmann und Hans Teitge. Der Abbruch der Schule ist allerdings seit 2023 beschlossen.

Carl-Schaefer-Schule, Brunnenanlage im Innenhof 1958 [19]

Kunst sollte auch den Neubau der Carl-Schaefer-Schule verschönern und beleben. Richard Hoffmann und Erwin Dauner wurden deshalb vom Hochbauamt aufgefordert, entsprechende Entwürfe zur Gestaltung des Innenhofs mit einem Brunnen einzureichen. Dauner schlug ein Bodenbecken in der oberen Hoffläche vor, in das Wasser aus Schalen floss, die auf unterschiedlich hohen Säulen angeordnet waren. Richard Hoffmann entschied sich für eine gestaffelte Brunnenanlage aus drei Becken, als Verbindung der oberen mit der unteren Hoffläche. Als Besonderheit sollte dabei das Wasser aus dem frei rotierenden Kopf einer Schlange in das oberste Becken sprudeln. Hoffmann sah in dieser einfachen Form eine Erinnerung daran, dass die Schlange einst als Zeichen der Weisheit galt. Gleichzeitig enthält sie die Mahnung, die Klugheit nicht falsch anzuwenden.

Richard Hoffmann erhielt den Auftrag, aber ohne die aus einem Kupferrohr gearbeitete, rotierende Schlange. Sie wäre zu teuer gewesen. Die drei Becken befinden sich heute noch im Innenhof der Schule, allerdings gut versteckt. Sie sind von Gebüsch teilweise überwuchert. Wasser fließt schon lange keines mehr, Gras und Unkraut wuchern stattdessen in den Becken.

Aussegnungshalle »Posaunen des Jüngsten Gerichts« 1960/62 [20]

Für die künstlerische Ausgestaltung der neuen Aussegnungshalle waren u. a. auch Entwürfe für die Vor- oder Eingangshalle gefragt. Neben Richard Hoffmann bewarben sich im Mai 1960 noch Eberhard Unkauf und Walter Sack um den Auftrag. Hoffmann entwarf zwei leicht versetzt angeordnete Engel mit den Posaunen des Jüngsten Gerichts, passend zum Ort, dessen Tür sie mahnend bewachten. Die klaren, einfachen Linien des Entwurfs ermöglichten die Realisierung als Intarsienarbeit mit weißem Marmor in schwarzen Schieferplatten.

Eberhard Unkauf stellte einen Entwurf mit dem Titel »Der unsichtbare Mahner« vor. Walter Sack nannte seinen Entwurf »In meines Vaters Haus sind viele Wohnungen«. Welche gestalterischen Ideen sich hinter diesen Titeln verbargen, ist nicht bekannt.

Richard Hoffmann erhielt im Juni 1960 den Zuschlag. Nachdem bereits Mitte Juli die beiden Ludwigsburger Dekane aus kirchlicher Sicht gegen die Gestaltung der Engel keine Einwände erhoben hatten, konnten im August die Arbeiten beginnen. Am Totensonntag, 25. Dezember 1962, wurde der neue Friedhofsbereich den Ludwigsburgern übergeben. Als eine der wenigen erhaltenen

Kasteneckschule Freiberg am Neckar. (Foto: Günther Bergan)

Brunnenanlage in der Carl-Schaefer-Schule Ludwigburg. (Foto: Günther Bergan)

Arbeiten von Richard Hoffmann empfangen die Posaunenengel auch heute noch die Trauergesellschaften vor dem Eingang der Aussegnungshalle.

Aussegnungshalle »Christus und Petrus auf dem Meer« 1962/65 [21]

Noch vor Einweihung der Aussegnungshalle hatte Richard Hoffmann dem Hochbauamt mehrere Entwürfe seiner Plastik »Christus und Petrus auf dem Meer« zugesandt, mit dem Vorschlag, die Plastik vor der Westseite der Aussegnungshalle aufzustellen. Ende September 1962 erhielt er die Entwürfe mit der Begründung zurück, der Etat für »Kunst am Bau« in Höhe von 40.000 Deutsche Mark (DM) wäre ausgeschöpft, weshalb eine Realisierung des Projekts mit städtischen Mitteln nicht möglich wäre.

Darauf wollte Hoffmann die Skulptur mit Hilfe eines Sponsors realisieren. Anfang März 1963 schilderte er in einem Brief an Hans Klenk, bekannt als großherziger Förderer von Ludwigsburg, zunächst die unsichere finanzielle Lage seiner Familie, bevor er dann auf seine Plastik für die Aussegnungshalle zu sprechen kam. Für die Verwirklichung seiner Idee fehlten ihm die Geldmittel, geschätzte Kosten ca. 30.000 DM. Klenk signalisierte zunächst Unterstützungsbereitschaft. Daraufhin fertigte Hoffmann ein großes Modell zur Demonstration vor Ort an. Vertreter des Hochbauamts, der planende Architekt Rohrberg und ein Sachverständigenrat waren nach einer Ortsbesichtigung mit der Plastik und dem Aufstellungsort unter der Pergola an der Westseite als eine Bereicherung und Abrundung des architektonischen Bildes einverstanden.

Im Februar 1964 wandte sich Richard Hoffmann nochmals direkt an Hans Klenk. Ohne einen Beitrag von Klenks Seite wäre die Realisierung der Skulptur nach wie vor nicht realisierbar. In einem Brief an Oberbürgermeister Dr. Saur wirkte Hans Klenk daraufhin »genervt«: Hat Hoffmann überhaupt einen Auftrag von der Stadt oder wurde ihm nur eine Unterstützung in Aussicht gestellt, sobald entsprechende Geldmittel vorhanden seien? Er bitte Dr. Saur um Aufklärung und eine Unterhaltung, »sofern es sich um ein Kunstwerk handelt, wie es von Herrn Hoff-

»Posaunenengel« in der Aussegnungshalle auf dem Neuen Friedhof in Ludwigsburg. (Foto: Günther Bergan)

mann bezeichnet wird«. Falls Hoffmann Not leide, wie es scheint, müsste sich das Sozialamt um ihn kümmern. Er wollte zu der Sache nichts mehr beitragen, sondern seine Spenden in erster Linie für das Altenheim am Salonwald verwenden.[22]

Damit war das Projekt endgültig gestorben. Die biblische Aussage der Skulptur, dass der Verzweifelte, wenn er nur glaubt, von einer helfenden Hand vor dem Versinken gerettet werden könnte, hat sich in diesem Fall nicht bewahrheitet.

Neues Rathaus Heutingsheim 1963, Freiberg am Neckar

An einer Außenwand des zum Rathaus umgebauten ehemaligen Schulhauses in der Holderstraße brachte Richard Hoffmann

Richard Hoffmann, Neuer Friedhof Ludwigsburg, Modellfoto »Christus und Petrus«. (StadtALB L65 Bü 126/3)

ein grau-schwarzes Keramik-Relief an. Man könnte das Bild dahingehen interpretieren, dass es sich hierbei um eine Übergabe einer Urkunde an einen jungen Bürger des Ortes handelt. Außerdem gestaltete er zusammen mit seinem Künstlerkollegen Hans Teitge an einer Wand der Eingangshalle ein Sgraffito, das die Verbindung von Stadt und Land symbolisiert.

Klinikum Ludwigsburg, Innenhof Harteneckstr. 34 »Krankenschwester« 1964

Eine langgezogene, in eine dunkle Eichenplatte eingearbeitete Reliefdarstellung einer Krankenschwester, unten rechts monogrammiert, schmückt bis heute eine Wand des Hofes hinter der Schwesternschule.

Elly-Heuss-Knapp-Realschule 1965, Ludwigsburg[23]

Zur möglichen künstlerischen Ausgestaltung der Schule ist lediglich ein Brief von Richard Hoffmann an das Hochbauamt von Anfang September 1965 erhalten. Darin unterbreitete er einen verbindlichen Kostenvoranschlag für die künstlerische Ausgestaltung der großen Eingangshalle. Als Kontrast zu der sachlich funktionellen Architektur schlug Hoffmann einen Langflor-Bildteppich oder als billigere Alternative gespachtelte Holzplatten vor. Für die anderen Stockwerke empfahl er ähnliche Arbeiten, jedoch in kleineren Formaten. Interessant und aufschlussreich ist eine handschriftliche Notiz auf dem Brief: »Wer hat Angebot veranlasst? – Evtl. v. Kulturamt H. Schiller! – Hat keine Unterlagen v. H[ochbau] A[mt] bekommen.«[24] Das Projekt wurde nicht realisiert.

Gottlieb-Daimler-Realschule 1971/77, Ludwigsburg

Die Bemühungen um eine künstlerische Ausgestaltung der Eingangshalle der Gottlieb-Daimler-Realschule stehen am Ende der Zusammenarbeit der Stadtverwaltung mit Richard Hoffmann. Sie sind bedauerlicherweise kein Beispiel für ein gutes Miteinander von Kunstschaffenden, Schulleitung und Stadtverwaltung. Auf nähere Einzel-

Richard Hoffmann, »Christus und Petrus«, Pastell. (Vorlage: Familie Hoffmann)

Einstmaliges »neues Rathaus« Heutingsheim, Freiberg am Neckar. (Foto: Günther Bergan)

heiten soll hier nicht eingegangen werden. Die entsprechenden Akten befinden sich im Stadtarchiv unter der Signatur L65 Bü 129.

Nur so viel sei dazu vermerkt: den Kernpunkt der von Missverständnissen, Unterstellungen, persönlichen Animositäten und fehlender Kompromissbereitschaft geprägten Auseinandersetzungen bildete eine Rechnung von Richard Hoffmann über seine seit 1971 geleisteten Entwurfsarbeiten in Höhe von 21.000 DM, die von der Stadt unmissverständlich als unbegründet zurückgewiesen wurde, da Hoffmann für die ausgeführten Arbeiten und Vorschläge keinen offiziellen Auftrag hatte. Letztendlich blieb die gute Sache auf der Strecke. – Die Gottlieb-Daimler-Realschule wird aktuell abgerissen und mit ihr auch die Eingangshalle, die übrigens nie künstlerisch ausgestaltet wurde.

Freie Kunstwerke von Richard Hoffmann

Seine erste Ausstellung hatte Richard Hoffmann bereits 1948 in der Galerie Swiridoff in der Myliusstraße. Die Stuttgarter Zeitung berichtete am 22. Mai 1948 kurz, aber treffend über das Ereignis und bemerkte zu Hoffmanns Malstil des lyrischen Expressionismus: »Die großen Bilder nehmen das Thema aus der Allegorie und aus dem Idyll und haben teils renaissanceartigen Charakter.«

Bei den Ludwigsburger Kunstausstellungen in den Jahren 1952, 1954 und 1957 stellte auch Richard Hoffmann einige seiner Arbeiten aus. 1952 war er mit einer Tempera-Arbeit »Anlagensee« vertreten, die eine Frauengruppe unter Bäumen am »Schüsselessee« im Ostgarten des Schlosses darstellt. 1957 zeigte er zwei Arbeiten, von denen allerdings nur der Mosaik-Entwurf mit zwei sich begrüßenden Frauen, bei denen es sich um die Heilige Maria und Heilige Elisabeth handeln könnte, im Katalog abgebildet wurde. Zur Ausstellung 1954 erschien kein Katalog. In der LKZ

Richard Hoffmann, Klinikum Ludwigsburg, »Krankenschwester«. (Foto: Dieter Sukowski)

vom 6. Juli 1954 ist jedoch zu lesen, dass es immer wieder erfreulich sei, »den ungemein subtilen, stark dekorativ betonten Werken Richard Hoffmanns zu begegnen. Besonders eine in zartesten Farben flirrende ›Serenade‹ und ein eindrucksvoller Wandbildentwurf bleiben im Gedächtnis haften.«

Richard Hoffmann, »Hoheneck«, Radierung. (StadtALB S15/4 Nr. 42)

Die Zahl der heute – zumindest in Ludwigsburg – bekannten Kunstwerke, die Richard Hoffmann ohne öffentlichen Auftrag geschaffen hat, ist, wie schon erwähnt, überschaubar. Im Stadtarchiv befinden sich zwei Radierungen. Die eine zeigt den Blick von der ehemaligen Flamingowiese im unteren Schlossgarten hinauf zum Alten Corps de Logis, die andere eine Partie am Neckar bei Hoheneck mit der Kirche und der Burgruine im Hintergrund.

Beide Radierungen sind vermutlich für das Hauptamt zur Verwendung als Gastgeschenke angefertigt worden. In der Kunstsammlung des Landkreises ist ein Aquarell aus dem Jahr 1952 verzeichnet, das blühende Obstbäume auf den Neckarwiesen unterhalb der Burgruine Hoheneck darstellt.

Weitere Arbeiten von Richard Hoffmann befinden sich im Familienbesitz. Besonders interessant ist das Plakat »Ludwigsburger Schloss Beleuchtung«.

Nach 1977 verschwindet der Künstler Richard Hoffmann aus der Ludwigsburger Tagespresse und aus den Akten des Stadtarchivs. Nach eigener Aussage war er seit Anfang der 1970er Jahre an der Gottlieb-Daimler-Realschule als Kunsterzieher tätig, was auch durch Zeitzeugen bestätigt wurde. Wie lange diese Beschäftigung dauerte, ist nicht bekannt, genauso ist es unbekannt, wie lange er als Restaurator in dem Ludwigsburger Fachgeschäft arbeitete. Ob Hoffmann, außer in Heutingsheim, auch noch in anderen Kreisgemeinden künstlerisch gearbeitet hat, bleibt aktuell ebenfalls offen.

Richard Hoffmann, »Hoheneck«, Gouache. (Kreiskunstsammlung, KrA LB Inv. Nr. 304)

Richard Hoffmann, »Ludwigsburger Schlossbeleuchtung«, Plakat.
(Vorlage: Familie Hoffmann)

Die Künstlerinnen und Künstler im Kreis Ludwigsburg 1945–1957

Die sieben zwischen 1929 und 1957 in Ludwigsburg veranstalteten und in der örtlichen Presse sowie in den Katalogen von 1952 und 1957 kommentierten und dokumentierten Kunstausstellungen liefern einen Überblick über die im Kreis tätigen Künstler. Über den Kreis hinaus bekannte Namen stehen in der Tabelle neben weniger bekannten, oft nur im Kreis geläufigen Namen. Manche Künstler sind heute vergessen, ihre Biografien nur noch schwer zu ermitteln. Aus diesem Grund müssen trotz intensiver Recherche die Lebensdaten einiger Künstlerinnen und Künstler offenbleiben. Die meisten ihrer Werke sind in Privatbesitz oder in Magazinen verschwunden und damit der Öffentlichkeit nicht ohne weiteres zugänglich.

Künstler	Wohnort	Mitglied / Erwähnung	Ausstellungen	* / †	Bemerkungen
Ade, Alfred	Ludwigsburg	Künstlerbund Ludwigsburg	Ratskeller-Saal 1936 Stadthalle 1952 Schloss Juni 1954 Schloss Juli 1954	1912–1977	
Baumgärtner, Heiner	Ludwigsburg	Gruppe Ludwigsburger Künstler	1. Kunstaustellung 1929 2. Kunstaustellung 1930 Ratskeller-Saal 1936	1891–1944	
Blutbacher, Wilhelm	Ludwigsburg	Gruppe Ludwigsburger Künstler Künstlerbund Ludwigsburg Kreiskunstsammlung im Kreisarchiv Ludwigsburg Ludwigsburg Museum	1. Kunstausstellung 1929 2. Kunstausstellung 1930 Ratskeller-Saal 1936 Stadthalle 1952 Schloss Juni 1954 Schloss Juli 1954 Schloss Juni 1957	1888–1959	Mitglied der Stuttgarter Sezession
Breyer, Erich	Ludwigsburg	Kreiskunstsammlung	Stadthalle 1952	1921–2011	Kunst- und Musikstudium
Bundschuh, Günther	Ludwigsburg		Stadthalle 1952 Schloss Juli 1954	1916–1970	
Bundschuh-Duschek, Susanne			Schloss September 1954	1924–1983	Tochter von Richard Duschek
Dauner, Erwin	Ludwigsburg	Gruppe Ludwigsburger Künstler Ludwigsburg Museum	1. Kunstausstellung 1929 2. Kunstausstellung 1930 Ratskeller-Saal 1936 Stadthalle 1952 Schloss Juni 1957	1894–1980	Bildhauer
Diemer, Bruno	Bönnigheim		Stadthalle 1952	1924–1962	Studium an der Staatlichen Akademie der Bildenden Künste Stuttgart
Dieterle, Otto	Walheim	Künstlerbund Ludwigsburg Kreiskunstsammlung	Stadthalle 1952 Schloss Juli 1954 Schloss Juni 1957	1891–1958	
Duschek, Richard	Besigheim	Künstlerbund Ludwigsburg Kreiskunstsammlung	Stadthalle 1952 Schloss September 1954 Schloss Juni 1957	1884–1959	* Böhmen

Gaß, Franz	Ludwigsburg	Künstlerbund Ludwigsburg Kreiskunstsammlung	Stadthalle 1952 Schloss Juni 1954 Schloss Juli 1954 Schloss Juni 1957	1905–1995	
Geßmann, Erich	Ludwigsburg		Stadthalle 1952	1909–2008	
Gutbrot, Walter	Ludwigsburg	Kreiskunstsammlung Ludwigsburg Museum		1908–1998	Mitglied der Stuttgarter Sezession Kunsterzieher in Ludwigsburg
Haiß, Hans	Ludwigsburg		Stadthalle 1952	1918–1996	
Höck, Wilhelm			Ratskeller-Saal 1936	?	
Hoffmann, Richard	Ludwigsburg	Künstlerbund Ludwigsburg Kreiskunstsammlung	Stadthalle 1952 Schloss Juni 1954 Schloss Juli 1954 Schloss Juni 1957	1912–1999	* Eichwalde Mitglied im Verband Bildender Künstler Württemberg (VBKW)
Hohly, Richard	Bietigheim	Künstlerbund Ludwigsburg Kreiskunstsammlung	Stadthalle 1952 Schloss Juni 1957	1902–1995	»Entarteter Künstler« Mitglied der Stuttgarter Neuen Sezession und »Der Roter Reiter«
Imkamp, Wilhelm	(Asperg), Stuttgart		Stadthalle 1952	1906–1990	Bauhaus-Schüler
Kaelble, Louise	Besigheim		Stadthalle 1952 Schloss Juli 1954	1928–2015	
Ketz, Fritz	Neckarweihingen	Ludwigsburg Museum	Ratskeller-Saal 1936	1903–1983	
Krieger, Max	Bietigheim	Städtische Galerie Bietigheim-Bissingen Stadtarchiv Bietigheim-Bissingen	Stadthalle 1952 Schloss Juli 1954	1874–1955	
Lörcher, Alfred	Billensbach		Stadthalle 1952	1875–1962	Bildhauer Prof. an der Kunstgewerbeschule Stuttgart Mitglied der Stuttgarter Sezession
Mayer, Robert	Ludwigsburg	Künstlerbund Ludwigsburg Kreiskunstsammlung Ludwigsburg Museum	Stadthalle 1952 Schloss Juni 1954 Schloss Juli 1954 Schloss Juni 1957	1899–1975	Mitglied der Stuttgarter Sezession Kunsterzieher Schiller-Gymnasium
Mehl, Arnold-Fernand	Ludwigsburg		Stadthalle 1952	1904–?	* Königsberg Mitglied »Der Roter Reiter«
Meid, Hans	Ludwigsburg		Stadthalle 1952 Schloss Juni 1954	1883–1957	Prof. an der Akademie der Bildenden Künste Stuttgart
Mönch, Edith	Kornwestheim		Stadthalle 1952	?	* Ostpreußen Mitglied »Der Roter Reiter«

Mondry, Axel	Asperg	Künstlerbund Ludwigsburg Kreiskunstsammlung Ludwigsburg Museum	Stadthalle 1952 Schloss Juni 1954 Schloss Juli 1954 Schloss September 1954 Schloss Juni 1957	1924–1993	* Görlitz Lehrtätigkeit, Kunsterzieher
Obst, Ludwig	Ludwigsburg	Kreiskunstsammlung Ludwigsburg Museum	Stadthalle 1952	1899–1978	
Pfäfflin, Eugen	Ludwigsburg	Gruppe Ludwigsburger Künstler Künstlerbund Ludwigsburg	1. Kunstausstellung 1929 2. Kunstausstellung 1930 Stadthalle 1952 Schloss Juni 1954 Schloss Juni 1957	1888–1960	* Balingen verzogen nach Bayern
Pfennig, Eduard	Ludwigsburg	Gruppe Ludwigsburger Künstler	1. Kunstausstellung 1929 2. Kunstausstellung 1930	1878–1952	Verzogen nach Degerloch
Regner, Werner	Ludwigsburg – Poppenweiler	Künstlerbund Ludwigsburg Kreiskunstsammlung Ludwigsburg Museum	Schloss Juni 1954 Schloss Juli 1954 Schloss Juni 1957	1920–2008	* Schlesien
Reichle, Paul	Bietigheim	Künstlerbund Ludwigsburg Kreiskunstsammlung	Schloss Juni 1957	1900–1981	Bauhaus-Schüler
Reiniger, Friedrich			Ratskeller-Saal 1936	1862–1955	
Rombach, Hermann	Bietigheim	Gruppe Ludwigsburger Künstler Künstlerbund Ludwigsburg Kreiskunstsammlung Ludwigsburg Museum	2. Kunstausstellung 1930 Stadthalle 1952 Schloss Juli 1954 Schloss Juni 1957	1890–1970	Mitglied der Stuttgarter Sezession
Sack, Walter	Ludwigsburg		Schloss Juni 1957	1920–1998	Bildhauer
Schapfl, Vinzenz		Gruppe Ludwigsburger Künstler	1. Kunstausstellung 1929 2. Kunstausstellung 1930	1898–1976	Bildhauer
Scheerer, Erwin	Ludwigsburg	Gruppe Ludwigsburger Künstler Künstlerbund Ludwigsburg Kreiskunstsammlung	1. Kunstausstellung 1929 2. Kunstausstellung 1930 Ratskeller-Saal 1936 Stadthalle 1952 Schloss Juni 1957	1905–1984	Bildhauer Mitglied der Stuttgarter Sezession
Schneider, Herbert	Kornwestheim		Stadthalle 1952	1924–1983	Mitglied »Der Roter Reiter«
Schober, Peter Jakob	Billensbach	Kreiskunstsammlung	Stadthalle 1952	1897–1983	Prof. an der Akademie der Bildenden Künste Stuttgart Vorsitz Stuttgarter Sezession
Schwab, Veronika	Ludwigsburg		Stadthalle 1952	?	Pseudonym „Honka“
Stelzig, Fred	Besigheim	Künstlerbund Ludwigsburg Kreiskunstsammlung	Stadthalle 1952 Schloss Juli 1954 Schloss Juni 1957	1923–2006	* Hundorf, Tschechoslowakei

Stockmayer, Elsbeth	Ludwigsburg		Schloss Juni 1954 Schloss Juli 1954 Schloss Juni 1957	1885–1975	
Strich-Chapell, Walter	Sersheim	Kreiskunstsammlung	Stadthalle 1952	1877–1960	Teilnehmer der Großen Deutschen Kunstausstellung München
Tauschinsky, Gustav	Ludwigsburg	Ludwigsburg Museum	Stadthalle 1952 Schloss Juni 1957	1888–1978	* Mähren
Teitge, Hans	Ludwigsburg	Künstlerbund Ludwigsburg Kreiskunstsammlung Ludwigsburg Museum	Stadthalle 1952 Schloss Juni 1954 Schloss Juni 1957	1920–1993	* Altmark Mitglied im VBKW
Tomschik, Erich	Markgröningen			1920–1986	* Mähren
Unger, Friedrich			Schloss Juli 1954	?	
Unkauf, Eberhard	Remseck		Schloss Juni 1957	1933–1999	Bildhauer
Wolf, Hermann	Ludwigsburg-Oßweil	Künstlerbund Ludwigsburg Ludwigsburg Museum	Stadthalle 1952 Schloss Juni 1957	1890–1966	Schulrektor in Ludwigsburg-Oßweil
Zeltmann, Willy			Ratskeller-Saal 1936	?	
Zimmermann, Ruth	Ludwigsburg		Stadthalle 1952 Schloss Juli 1954	1911–?	* Königsberg

Anmerkungen

1 Quellen zur Ludwigsburger Kunstszene, deren Anfang und Neuanfang nach 1945, siehe: Stadtarchiv Ludwigsburg L3 Bü 3634, L41 Bü 1.1.002, Bü 1.9.002, Bü 3.007.

2 Ludwigsburger Zeitung vom 23. Mai 1936.

3 Ludwigsburger Zeitung vom 23. Mai 1936.

4 Ludwigsburger Zeitung vom 4. Juni 1936.

5 Robert Mayer: Begegnung mit Kunst und Künstlern, in: Kunstausstellung, Kunst im Kreis Ludwigsburg 1952, Ludwigsburg 1952, S. 6–7.

6 L41 Bü 1.1.002, L3 Bü 3634.

7 Die Galerie Paul Swiridoff war von 1945 bis 1950 in der Myliusstraße 15 in Ludwigsburg ansässig.

8 Presseartikel zu den einzelnen Ausstellungen nach 1945:
Ludwigsburger Kreiszeitung: 4. Dezember 1948, 5. September 1951, 8. April 1952, 16. April 1952, 6. Juli 1954, 19. August 1954, 21. September 1954, 18. Juni 1957, 19. Juni 1957, 11. Juli 1963, 16. Juli 1963.
Stuttgarter Zeitung: 29. Juni 1954, 6. Juli 1954, 19. Juli 1954, 18. August 1954, 20. September 1954.
Stuttgarter Nachrichten: 28. Juni 1954, 18. August 1954, 19. August 1954.

9 Hermann Ebner: Ein Wort zuvor, in: Kunstausstellung, Kunst im Kreis Ludwigsburg 1952, Ludwigsburg 1952, S. 4–5.

10 Biografische Angaben nach Auskunft der Familie und auch nach StadtALB L32-EMA (Meldekarte).
11 Pferdemarkt-Plakat: StadtALB L3 Bü 3864 / L89 Bü 241 / S3/1 Nr. 41 / S31 ST3.1.
12 Oststadtschule am Berliner Platz: StadtALB L3 Bü 4422 / L65 Bü 92/4 / L65 Bü 129 / L150 Bd. 173.
13 StadtALB L65 Bü 129.
14 Treppenaufgang Rathaus: StadtALB L65 Bü 104/1/I / L150 Bde. 175, 176, 198.
15 Volksschule Oßweil: StadtALB L3 Bü 3527 / L65 Bü 110/2 / L150 Bd. 176.
16 Sgraffito, abgeleitet vom italienischen Verb sgraffiare oder graffiare, deutsch kratzen, ist eine spezielle Technik zur künstlerischen Gestaltung von Wänden durch Auskratzen und Einfärben von Konturen.
17 Ehrenmal 1939/1945: StadtALB L3 Bü 3438 / L3 Bü 3561 / L65 Bü 19/1 / L150 Bde. 176–178.
18 Ebd.
19 Carl-Schaefer-Schule: StadtALB L65 Bü 92/4 / L150 Bd. 180. Die beiden Installationen an den Außenwänden in der Hohenzollernstraße stammen von Walter Sack.
20 »Posaunenengel« Aussegnungshalle Neuer Friedhof: StadtALB L65 Bü 126/2 / L67 Bü 17/3 / L150 Bd. 182.
21 Skulptur »Christus und Petrus auf dem Meer«: StadtALB L3 Bü 3634 / L65 Bü 126/3 / L67 Bü 17/3 / L150 Bde. 186, 187. Die Skulptur bezieht sich auf eine Bibelstelle des Neuen Testaments (Matthäus 14, 22–33), in der beschrieben wird, wie der zweifelnde Petrus im Wasser zu versinken drohte und wie er durch die ausgestreckte Hand von Christus gerettet wurde.
22 StadtALB L65 Bü 126/3.
23 Elly-Heuss-Knapp-Realschule: StadtALB L65 Bü 120/5.
24 StadtALB L65 Bü 120/5.

Quellen und Literatur

Stadtarchiv Ludwigsburg
L3 (Akten 20. Jh.) Bü 3438, 3527, 3562, 3634, 3864, 4422, 4655
L32-EMA (Meldekarten)
L41 (Kulturamt) Bü 1.1.002, 1.9.002, 3.007
L65 (Hochbauamt) Bü 92/4, 103/4, 104/1/I, 110/2, 126/2, 126/3, 129
L67 (Garten- und Friedhofsamt) Bü 17/3, 19/1
L89 (Stadtmarketing) Bü 241
L150 (Gemeinderatsprotokolle) Bde. 172–178, 180, 182, 186, 187, 198
S3/1 (Materialsammlung) Nr. 41
S31 (Zeitgeschichtliche Sammlung) ST 3.1
SP 2.2.2.2 »50 Jahre Oststadtschule II«, Festschrift, Ludwigsburg 2001
SQ 5.2.2 »Kunstausstellung im Kreis Ludwigsburg«, Katalog der Kulturabteilung des Landratsamtes, Ludwigsburg 1952

Ludwigsburger Zeitung (LZ), Ludwigsburger Kreiszeitung (LKZ), Stuttgarter Zeitung (StZ), Stuttgarter Nachrichten (StN).
Alle für den Aufsatz verwendeten Unterlagen sind im Stadtarchiv Ludwigsburg in einer detaillierten Materialsammlung unter der Signatur S3/6 Nr. 009 zusammengefasst.

»Kunst in drei Kreisen« Katalog der Landratsämter Ludwigsburg, Leonberg, Vaihingen, Ludwigsburg 1957.
Heinz Erich Walter: »1000 Jahre Heutingsheim«, Ludwigsburg 1972.
Gert Nagel: »Schwäbisches Künstlerlexikon«, Stuttgart 1975.
»Kunstsammlung des Landkreises Ludwigsburg«, Katalog mit Abb. und Künstler-Biografien, Ludwigsburg 2003.
Bergan, Hoffmann, Rehmenklau: »Ludwigsburger Kunstführer«, Ludwigsburg 2009.

Der Autor dankt der Familie Hoffmann für die vielfältigen Auskünfte zum Leben und Werk ihres Vaters. Wer weitere Informationen zu Werken von Richard Hoffmann und zu deren Verbleib besitzt, möchte sich bitte mit dem Autor im Stadtarchiv Ludwigsburg in Verbindung setzen.

Kleinbottwar und Höpfigheim –

Ein halbes Jahrhundert bei Steinheim

von Helga Becker,
Steinheim; seit 2015 Heimatpflegerin und seit 2020 Archivarin in Steinheim an der Murr.

Im Jahr 1968, in Zeiten eines heftigen gesellschaftlichen Umbruchs, hatte der Landtag von Baden-Württemberg das Gesetz zur Stärkung der Verwaltungskraft verabschiedet. Dies war der Anstoß zu einer groß angelegten Verwaltungsreform. Die Landesregierung von Baden-Württemberg legte dem Präsidenten des Landtages, Camill Wurz, am 30. September 1970 schließlich die Konzeption für eine Verwaltungsreform vor, die am 23. Juli 1971 beschlossen wurde. Dieses Konzept sah sowohl eine Kreisreform als auch eine Gemeindereform vor. Zur Stärkung der Leistungsfähigkeit und Verwaltungskraft sollten größere Einheiten gebildet werden.

Als Organisationsform kam vor allem für schwächer besiedelte Räume eine Verwaltungsgemeinschaft mehrerer Gemeinden in Frage. In stark verdichteten Räumen, bei starken baulichen Verflechtungen oder bei lockeren Siedlungsformen mit nur einem leistungsfähigen Mittelpunkt wurde der Zusammenschluss kleiner Gemeinden zu einer größeren Einheitsgemeinde vorgesehen. Diese freiwillige Fusion wurde gemäß § 34a des Finanzausgleichs auf die Dauer von neun Jahren finanziell gut honoriert, zumal sich der Pro-Kopf-Anteil für jeden Einwohner mit der Gemeindegröße erhöhte. Als Mindestgröße für eine zukunftsfähige Verwaltung wurde eine Gemeindegröße mit 8.000 Einwohnern angesehen, im ländlichen und dünn besiedelten Raum mit 5.000 Einwohnern. Fast ein Drittel der Gemeinden in Baden-Württemberg hatten 1969 jedoch weniger als 500 Einwohner.

Die bis dahin selbständigen Gemeinden Kleinbottwar und Höpfigheim rückten daher in den Fokus der kleinen Stadt Steinheim. Im Jahr 1970 nahm der Steinheimer Bürgermeister Alfred Ulrich deshalb Gespräche sowohl mit der Kleinbottwarer Verwaltung als auch mit der in Höpfigheim auf, um einen möglichen Zusammenschluss zu sondieren. Während sich Höpfigheim sehr verhalten zeigte, war Kleinbottwar den Reformplänen gegenüber aufgeschlossen.

Kleinbottwar

In einer Aufklärungsschrift wurden die Kleinbottwarer Bürger über die Verwaltungsreform und das Prozedere einer Eingliederung informiert. In Bezug auf die möglichen finanziellen Zuwendungen heißt

Luftbild von Kleinbottwar im Jahr 2019 mit Blick in Richtung Osten zum Forsthof und dem Hardtwald. (Foto: Stadtarchiv Steinheim)

es darin: »Die Frage ist daher berechtigt, ob die Gemeindereform in der Zeit der Freiwilligkeit mit finanziellen Sonderzuweisungen durch Entscheidung der Gemeinde vorgenommen werden oder ob abgewartet werden soll, bis der Gesetzgeber bei einer Überprüfung, ob der Freiwilligkeitsgrundsatz Erfolg hatte, zum Ergebnis kommt, dass nun gesetzlicher Zwang geboten ist. Die Gemeinde Kleinbottwar hätte dann kaum eine Chance, selbständig bleiben zu können.«[1]

Ob im Falle einer erzwungenen Eingliederung finanzielle Zuwendungen geflossen wären, war also fraglich. Da andererseits der Investitionsspielraum für Kleinbottwar, ohne Hilfe von außen, künftig immer kleiner zu werden drohte, war man entschlossen zu handeln und nahm sowohl mit Steinheim als auch mit Großbottwar Verbindung auf.

Bereits im Jahr 1938 wurde im Kleinbottwarer Gemeinderat die Eingemeindung nach Steinheim erörtert. Man konnte sich noch nicht zu diesem Schritt entschließen, stimmte jedoch dem Vorschlag des Kreisleiters Trefz zu, mit der Nachbargemeinde Steinheim eine gemeinsame Bürgermeisterei einzugehen. Eine entsprechende Vereinbarung zwischen Steinheim und Kleinbottwar wurde am 15. Juli 1938 getroffen.[2] Fritz Bauer, der seit 1928 bereits Bürgermeister in Steinheim war, wurde 1938 zum gemeinsamen Bürgermeister gewählt und hatte das Amt bis 1945 inne. Nachdem er von der amerikanischen Militärbehörde abgesetzt worden war, wurden die Ämter wieder getrennt und für beide Gemeinden eigene Bürgermeister gewählt. Doch offensichtlich hatte sich die Strategie des »Doppelbürgermeisters« bewährt, denn von 1948 bis 1955 stand Bürgermeister August Scholl wieder beiden Gemeinden vor.

Nach seiner Wiederwahl in Steinheim am 13. Februar 1955 verlangte der Steinheimer Gemeinderat auf Grund der schnellen Entwicklung Steinheims und der Erhebung zur Stadt, ebenfalls im Jahr 1955, dass Scholl sich nun ausschließlich um Steinheim kümmern sollte. Ein entsprechender Beschluss des Steinheimer Gemeinderates vom 15. April 1955 wurde in der Kleinbottwarer Gemeinderatssitzung vom 19. Mai 1955 zur Kenntnis genommen.[3] Seine bisherige Sekretärin Gertrud Weiler bewarb sich daraufhin gegen einen männlichen Kandidaten für das Bürgermeisteramt in Kleinbottwar und wurde 1955 mit 67 % der Stimmen gewählt. Bei ihrer Wiederwahl 1963 erhielt sie sogar 96 % der Stimmen. Während ihrer Amtszeit bis 1971 prosperierte der kleine Ort. Die Einwohnerzahl erhöhte sich um ein Drittel von 890 auf 1.275 Personen.

Ende der 1960er Jahre war der Landes- und Gebietsentwicklungsplan für den mittleren Neckarraum davon ausgegangen, dass ein Verflechtungsraum von Steinheim mit den Nachbargemeinden Höpfigheim, Kleinbottwar und Murr aufzubauen ist. Abweichend davon sah der Regionalentwurf der Regionalen Planungsgemeinschaft Württemberg [RPW] einen Verflechtungsbereich mit einem Kernbereich von Marbach mit Erdmannhausen, Steinheim und Murr vor. Als Ergänzungsbereich wurden Benningen und Affalterbach vorgesehen, als Teilbereich Kleinbottwar, Großbottwar, Höpfigheim, Winzerhausen, Hof und Lembach und Oberstenfeld.

Dieser Idealvorstellung stellte der Steinheimer Bürgermeister Alfred Ulrich jedoch die Tatsache gegenüber, dass zur damaligen Zeit keine Gemeinde auf ihre kommunale Selbständigkeit verzichten wollte. Er schlug Arbeitsgemeinschaften bzw. Nachbarschaftsausschüsse vor, von denen die zwischengemeindliche Zusammenarbeit übernommen werden sollte. Der Steinheimer Gemeinderat wies darauf hin, dass der Verflechtungsbereich Steinheim-Höpfigheim-Kleinbottwar-Murr bereits 1970 mehr als 10.000 Einwohner umfassen und damit eine Größe darstellen würde, die verwaltungsmäßig eine auch für die Zukunft erstrebenswerte Verwaltungskraft[4] besitzt. Eine Verschmelzung zu einem Doppelzentrum mit Marbach als »Mittelzentrum« und Steinheim als

Das Rathaus in Kleinbottwar in den 1970er Jahren mit Blick in Richtung St.-Georgskirche. (Foto: Stadtarchiv Steinheim)

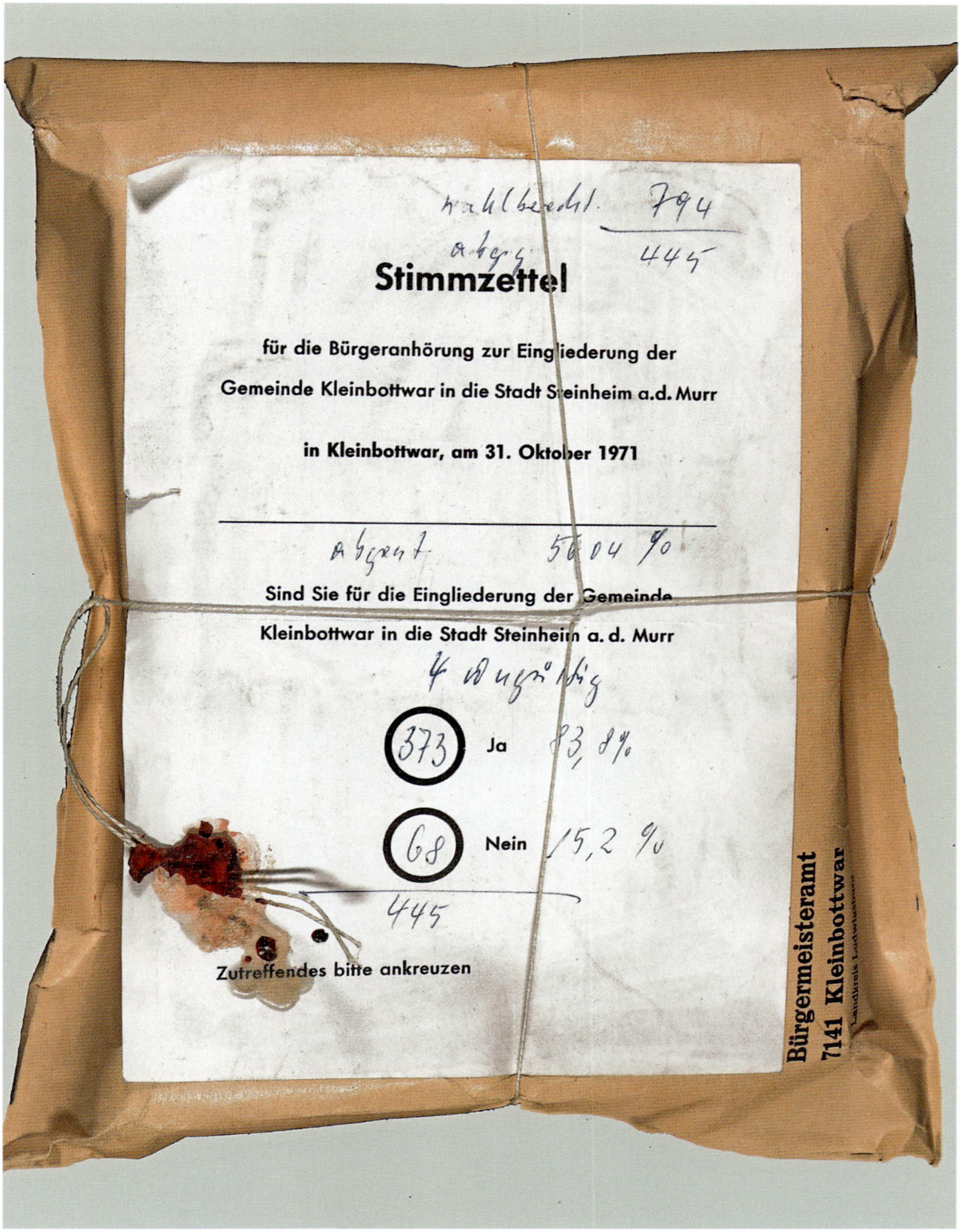

Versiegeltes Paket mit den Stimmzetteln für die Bürgeranhörung in Kleinbottwar am 31. Oktober 1971. (Foto: Stadtarchiv Steinheim)

»Mittelpunktsgemeinde« würde dem gegenüber keine Vorteile bringen. Diese Variante war für Steinheim damit vom Tisch.

Im Februar 1970 erklärte man sich im Steinheimer Gemeinderat bereit, mit den drei anderen Gemeinden hinsichtlich einer

Aufgabenteilung oder gemeinsamen Erfüllung von Aufgaben, zum Beispiel hinsichtlich des Schulentwicklungs- oder Flächennutzungsplans, in Verhandlungen einzutreten.[5] Mit Murr wurde bereits im April 1970 ein Nachbarschaftsausschuss gebildet. Während Murr und Höpfigheim aber weiterhin um ihre Selbständigkeit und gegen eine Eingliederung nach Steinheim kämpften, signalisierte Kleinbottwar seine Bereitschaft zu Verhandlungen.

Bei einer öffentlichen Sitzung des Kleinbottwarer Gemeinderats am 17. Mai 1971, bei dem der zuständige Vertreter des Gemeindetages, Herr Amtmann Sixt, das Thema Eingliederung mit einem Referat vorstellte, wurde für Steinheim die Möglichkeit erörtert, mit den Städten Klein- und Großbottwar Kontakt aufzunehmen.[6]

Mit Schreiben vom 12. Mai 1971 schlug das Bürgermeisteramt Steinheim vor, die Gemeinde Kleinbottwar einzugliedern und dafür die erheblichen finanziellen Sonderleistungen des Landes mit ca. 2,8 Millionen (Mio.) Deutsche Mark (DM), abzüglich der Umlagen 0,9 Mio. DM für Investitionsaufgaben, ausschließlich in der Gemeinde Kleinbottwar in Anspruch zu nehmen. Auch Großbottwar erklärte sich dazu bereit, jedoch wären hier die finanziellen Zuwendungen erheblich geringer ausgefallen. In mehreren Sitzungen des Kleinbottwarer Gemeinderats kam man daher zu dem Entschluss, die Eingliederung nach Steinheim voranzutreiben. Bereits im August 1971 hatte die Verwaltung in Steinheim dann einen Entwurf über die Eingliederung Kleinbottwars ausgearbeitet. Nach der Sommerpause beriet sich der Kleinbottwarer Gemeinderat darüber und erarbeitete verschiedene Änderungsvorschläge für den Entwurf.[7]

Vertragsunterzeichnung am 8. November 1971 in der Paul-Aldinger-Schule in Kleinbottwar durch die Kleinbottwarer Bürgermeisterin Gertrud Weiler (links) und den Steinheimer Bürgermeister Alfred Ulrich (rechts). (Foto: Stadtarchiv Steinheim)

Aktuelle Ansicht des Rathauses in Kleinbottwar mit Arkaden im Erdgeschoss und Blick in Richtung St.-Georgskirche. (Foto: Stadtarchiv Steinheim)

In einem nur drei Monate dauernden Prozess wurde die Eingliederung schließlich vollzogen. Der Vertrag trat zum 1. Dezember 1971 in Kraft. Die Einwohnerzahl Steinheims erhöhte sich dadurch von 4.950 auf 6.226 Personen, die Markungsfläche von 1.189 ha auf 1.674 ha. Die Stadt Steinheim rückte damit unter 49 Städten und Gemeinden im Landkreis Ludwigsburg auf Platz zwölf vor. Am 6. Mai 1972 wurde die Eingliederung mit einer festlichen Veranstaltung begangen, bei der Gertrud Weiler in der Öffentlichkeit als Bürgermeisterin verabschiedet wurde, nachdem sie bereits im Januar in den einstweiligen Ruhestand versetzt worden war.

Landrat Dr. Hartmann bemerkte bei der Eingliederungsfeier in seiner Rede, dass im Kreis Ludwigsburg keine durch Fusionsprämien ausgelösten, unsinnigen Zusammenschlüsse zustande gekommen seien. Vielmehr war der Zusammenschluss Steinheim-Kleinbottwar eine Vernunftehe, die sich an sachlichen Gesichtspunkten ausrichtete. Er lobte die konstruktive Vorarbeit, die Getrud Weiler und der Kleinbottwarer Gemeinderat geleistet hatte und hob Maßnahmen hervor, die während der Amtszeit Weilers bereits durchgeführt worden waren: Die Erschließung von Baugebieten, die Verdohlung des Wehrbachs, Kanalisation und Straßenbau, der Beitritt zum Gruppenklärwerk Häldenmühle, der Bau von Wasserleitungen und des Hochbehälters, die Friedhofserweiterung mit Errichtung einer Leichenhalle, zwei Weinbergumlegungen und der Bau eines Kindergartens.[8]

Wie Bürgermeister Ulrich bereits bei der Vertragsunterzeichnung am 8. November 1971 bemerkt hatte, spreche für den Zusammenschluss mit Steinheim ein starkes Wachstum der Stadt, eine starke Industrie und überdurchschnittliche Einkaufsmöglichkeiten, Versorgungseinrichtungen im ärztlichen und pflegerischen Bereich und die großen Waldflächen vor den Toren Kleinbottwars, die von Steinheim bewirtschaftet werden und die für die Bevölkerung einen immer größer werdenden Freizeit- und Erholungswert darstellen.

Dass sich die Eingliederung für beide Seiten tatsächlich vorteilhaft entwickelt hat, zeigen die Worte des Kleinbottwarer Ortschaftsratsvorsitzenden Erwin Bauer bei einer Gemeinderatssitzung im Oktober 1972, ein knappes Jahr nach der Vertragsunterzeichnung: »Wir sind nicht das fünfte Rad am Wagen geworden, wie manche Unkenrufe es vorher wissen wollten, sondern ein Bestandteil der Stadt schlechthin.«[9] Steinheim habe seine Zusagen voll erfüllt und bereits schon fast zwei Millionen Mark in den neuen Stadtteil investiert.

Auch 1976, fünf Jahre nach Vertragsunterzeichnung, hat Kleinbottwar den Anschluss an Steinheim nicht bereut. Ortschaftsrat Stahl, CDU, ursprünglich gegen die Eingliederung, war nun der Meinung: »Die Eingliederung war richtig. Die Eigenleistungen der Stadt Steinheim waren höher als die finanziellen Vorteile durch die Eingliederung.«[10]

Die Stadtpflege und die Verwaltungsstelle Kleinbottwar hatten eine aufgeschlüsselte Vorlage erarbeitet. Aus ihr ging hervor, dass fünf Jahre nach der Eingliederung der überwiegende Teil der Verpflichtungen abgestrichen werden konnte. Von 27 Projekten waren 22 bereits abgeschlossen, zwei davon noch nicht abgerechnet. Noch in Arbeit waren die Rebflurbereinigungen Forstberg, Benning und Alte Berge, das Rückhaltebecken II und die Erschließung des Baugebiets südlich der Heinrich-Meißner-Straße.

Die zusätzlichen Finanzzuweisungen des Landes, die in die Stadtkasse flossen, betrugen in fünf Jahren 1.960.000 DM. Nach der Absetzung der Kreisumlage und Finanzausgleichsumlage mit zusammen 733.120 DM blieben als echte Zuweisungen 1.226.880 DM. Diese reichten jedoch zur Deckung der städtischen Kostenanteile nicht aus, wie der Kleinbottwarer Ortsvorsteher Gerhard Ziegler feststellte. Die Lücke konnte jedoch aus Mitteln der Stadt und durch Kostenbeteiligung Dritter geschlossen werden.

Zehn Jahre nach der Eingliederung äußerte sich Ortsvorsteher Hermann Stahl ebenfalls sehr positiv über die Verbindung zwischen Steinheim und Kleinbottwar. Nicht umsonst habe Bürgermeister Ulrich den Slogan »Kleinbottwar – Perle des Bottwartals« geprägt, schließlich hatten Landschaftspflege und Dorfverschönerungsmaßnahmen dazu geführt, dass Kleinbottwar beim Wettbewerb »Unser Dorf soll schöner werden« dreimal zum schönsten Dorf im Kreis Ludwigsburg gewählt wurde. Zweimal hatte Kleinbottwar die Bronzemedaille erreicht.

Darüber hinaus konnten weitere Projekte umgesetzt werden. So der Neubau des Kindergartens, die Kanalisation für den Forsthof oder der Anschluss an die Landeswasserversorgungsleitung.

Inzwischen waren 15 Mio. DM für Investitionsvorhaben aufgewendet worden. Aus dem Eingliederungsvertrag hatte eine

Aktuelles Luftbild von Höpfigheim mit Blick in Richtung Osten Industriegebiet Seewiesen und Ortsausgang Richtung Steinheim. (Foto: Stadtarchiv Steinheim)

Verpflichtung von 9,5 Mio. DM bestanden, die restlichen 5,5 Mio. DM hatte die Stadt zusätzlich aufgebracht. Das »Hochzeitsgeschenk« des Landes von 1,7 Mio. DM inbegriffen. Als zukünftige Projekte nannte Ortsvorsteher Stahl neben der Hochwassersicherung an der Bottwar auch die Gestaltung des Dorfplatzes und den Bau einer neuen Mehrzweckhalle als Ersatz für die überalterte GSV-Halle.

In wohnbaulicher Hinsicht wurde angeführt, dass laut rechtsverbindlichem Flächennutzungsplan das Baugebiet »Hinter dem Schlossgarten« bis 1990 die letzte Wohngebietsausweisung darstellt. Weitere Erschließungsmaßnahmen, wie das Gewann »Scheibenäcker«, könnten frühestens im Rahmen einer Fortschreibung des Flächennutzungsplanes berücksichtigt werden. An die Ausweisung von Gewerbeflächen ist 1981, zehn Jahre nach der Eingliederung, nicht gedacht.

1996 war aus der Vernunftehe bereits eine Liebesbeziehung geworden, so der damalige Steinheimer Bürgermeister, Joachim Scholz, bei seinem Festvortrag zum 25. Jubiläum des Eingliederungsvertrags in der Pfarrscheuer in Kleinbottwar. Aus heutiger Sicht könne man sagen, dass Eingliederungsvereinbarungen wie beispielsweise der Erhalt der Grundschule, die Schülerbeförderung zur Hauptschule, der eigene Bestattungsbezirk, die Freiwillige Feuerwehr und die Belange der Landwirtschaft in vollem Umfange respektiert, geachtet und eingehalten wurden.

Höpfigheim

Im heutigen Stadtteil Höpfigheim tat man sich mit der Eingliederung nach Steinheim deutlich schwerer. Zwar zeigte sich Höpfigheim in einer Stellungnahme vom 23. Februar 1970 aufgeschlossen für die

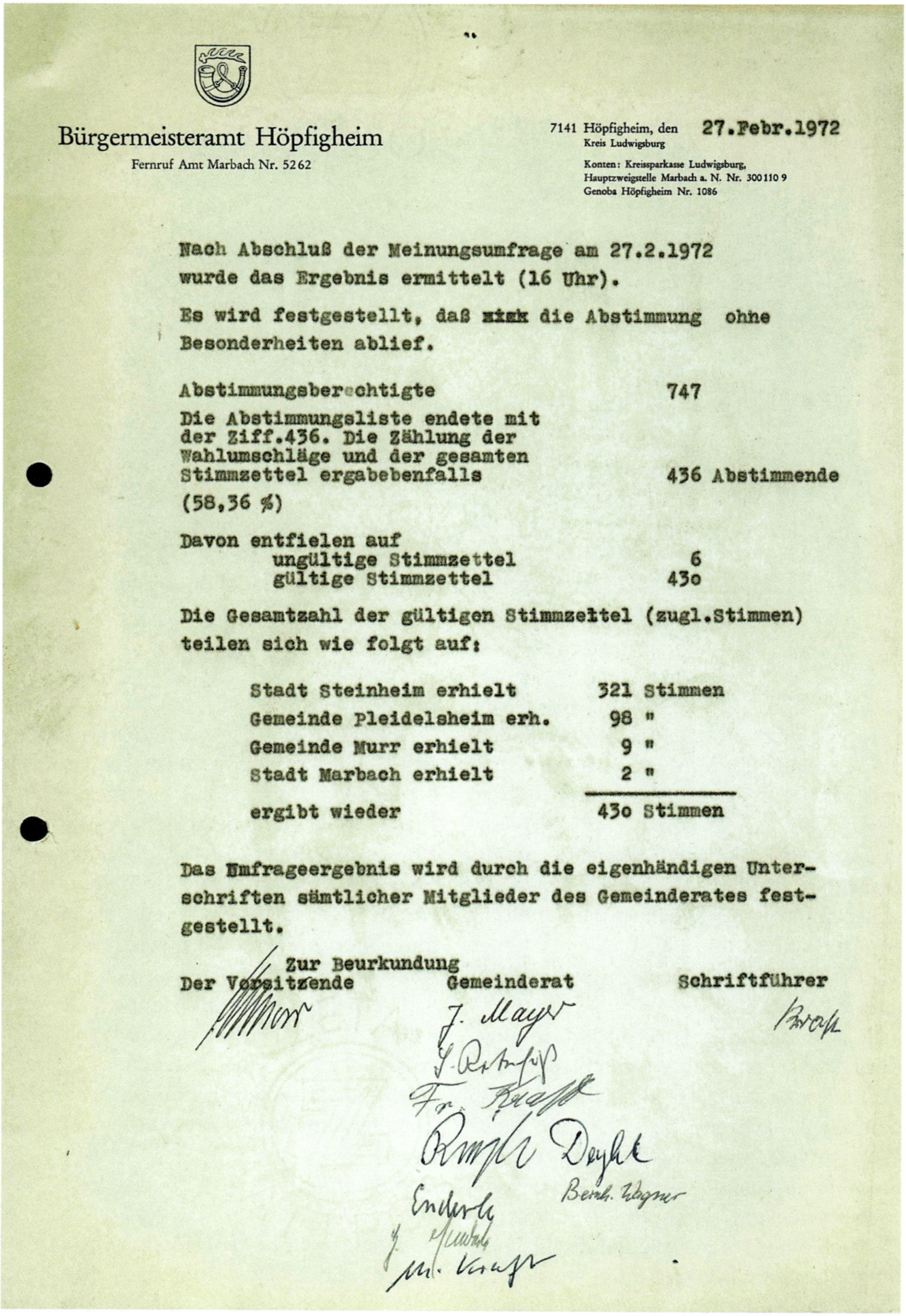

Bürgermeisteramt Höpfigheim

Fernruf Amt Marbach Nr. 5262

7141 Höpfigheim, den 27.Febr.1972
Kreis Ludwigsburg

Konten: Kreissparkasse Ludwigsburg,
Hauptzweigstelle Marbach a. N. Nr. 300110 9
Genoba Höpfigheim Nr. 1086

Nach Abschluß der Meinungsumfrage am 27.2.1972 wurde das Ergebnis ermittelt (16 Uhr).

Es wird festgestellt, daß ~~mimk~~ die Abstimmung ohne Besonderheiten ablief.

Abstimmungsberechtigte	747
Die Abstimmungsliste endete mit der Ziff.436. Die Zählung der Wahlumschläge und der gesamten Stimmzettel ergabebenfalls	436 Abstimmende
(58,36 %)	

Davon entfielen auf	
ungültige Stimmzettel	6
gültige Stimmzettel	43o

Die Gesamtzahl der gültigen Stimmzettel (zugl.Stimmen) teilen sich wie folgt auf:

Stadt Steinheim erhielt	321 Stimmen
Gemeinde Pleidelsheim erh.	98 "
Gemeinde Murr erhielt	9 "
Stadt Marbach erhielt	2 "
ergibt wieder	43o Stimmen

Das Umfrageergebnis wird durch die eigenhändigen Unterschriften sämtlicher Mitglieder des Gemeinderates festgestellt.

Zur Beurkundung

Der Vorsitzende	Gemeinderat	Schriftführer
[Unterschrift]	J. Mayer, Rothfuß, Fr. Kraft, Rampf, Deyle, Bernh. Wagner, Enderle, J. [illegible], M. Kraft	[Unterschrift]

Ergebnis der Meinungsumfrage in Höpfigheim vom 27. Februar 1972. (Foto: Stadtarchiv Steinheim)

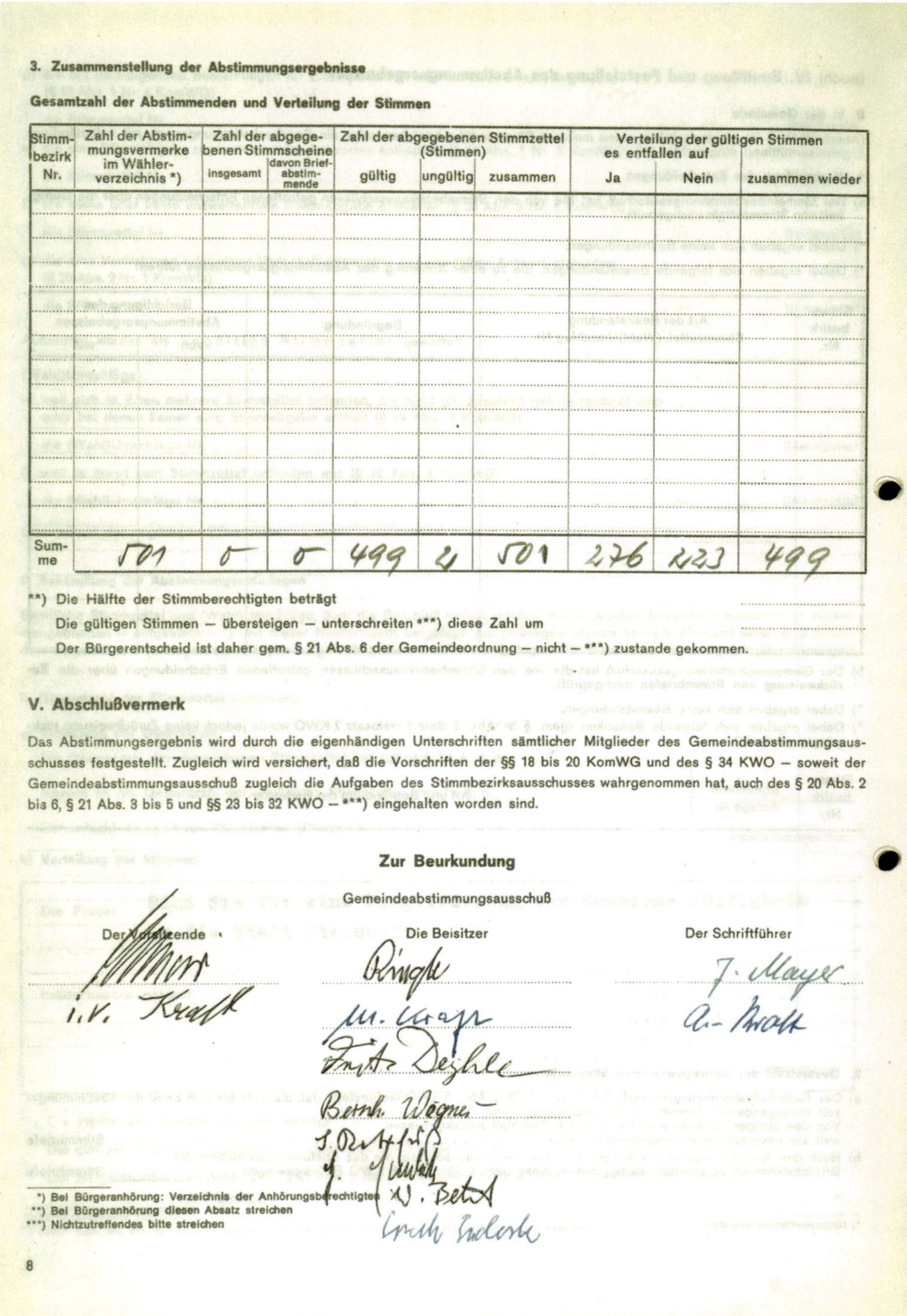

3. Zusammenstellung der Abstimmungsergebnisse

Gesamtzahl der Abstimmenden und Verteilung der Stimmen

Stimmbezirk Nr.	Zahl der Abstimmungsvermerke im Wählerverzeichnis *)	Zahl der abgegebenen Stimmscheine		Zahl der abgegebenen Stimmzettel (Stimmen)			Verteilung der gültigen Stimmen es entfallen auf		
		insgesamt	davon Briefabstimmende	gültig	ungültig	zusammen	Ja	Nein	zusammen wieder
Summe	501	0	0	499	2	501	276	223	499

**) Die Hälfte der Stimmberechtigten beträgt

Die gültigen Stimmen – übersteigen – unterschreiten ***) diese Zahl um

Der Bürgerentscheid ist daher gem. § 21 Abs. 6 der Gemeindeordnung – nicht – ***) zustande gekommen.

V. Abschlußvermerk

Das Abstimmungsergebnis wird durch die eigenhändigen Unterschriften sämtlicher Mitglieder des Gemeindeabstimmungsausschusses festgestellt. Zugleich wird versichert, daß die Vorschriften der §§ 18 bis 20 KomWG und des § 34 KWO – soweit der Gemeindeabstimmungsausschuß zugleich die Aufgaben des Stimmbezirksausschusses wahrgenommen hat, auch des § 20 Abs. 2 bis 6, § 21 Abs. 3 bis 5 und §§ 23 bis 32 KWO – ***) eingehalten worden sind.

Zur Beurkundung

Gemeindeabstimmungsausschuß

Der Vorsitzende · Die Beisitzer · Der Schriftführer

*) Bei Bürgeranhörung: Verzeichnis der Anhörungsberechtigten
**) Bei Bürgeranhörung diesen Absatz streichen
***) Nichtzutreffendes bitte streichen

8

Abstimmungsergebnis für die Eingliederung Höpfigheims nach Steinheim oder den Erhalt der Selbständigkeit am 26. März 1972. (Foto: Stadtarchiv Steinheim)

Zusammenarbeit mit anderen Gemeinden. Man bemerkte jedoch gleichzeitig, dass eindeutige Beziehungen zu einer der größeren Nachbargemeinden nicht bestehen, was auch auf die geografische Lage des Ortes zurückzuführen sei. Für Höpfigheim wären die Versorgungsbeziehungen zu Nachbargemeinden ohne größeren Aufwand nicht zu lösen, zudem würden die Verkehrsmittel nicht genügen, um dem Bürger ausreichend Gelegenheit zum Besuch der ortsfernen Verwaltung zu geben. Man gab auch zu bedenken, dass der Zusammenschluss unter eindeutiger Vorherrschaft einer oder mehrerer Gemeinden, im Vergleich zu gleich starken Gemeinden, kaum eine Verbesserung für die übrigen (kleineren) Gemeinden bringt. Zudem sollte die Freiwilligkeit eines Zusammenschlusses unbedingt gewährleistet sein. In der Stellungnahme wird festgehalten, dass die Gemeinde Höpfigheim als selbständige Gemeinde mit einer eigenen Verwaltung die Interessen ihrer Einwohner derzeit noch am wirksamsten vertreten und

Unterzeichnung des Eingliederungsvertrags am 20. Oktober 1972 durch den Steinheimer Bürgermeister Alfred Ulrich (links) und den Höpfigheimer Bürgermeister Richard Lieberherr (rechts) (Foto: Stadtarchiv Steinheim).

Lebensbedingungen schaffen kann, die mit denen größerer Gemeinden gleichwertig sind. »Solange dies noch der Fall ist, kann sich die Gemeinde Höpfigheim zu keinem politischen Zusammenschluss mit einer Nachbargemeinde entschließen.«[11]

In einer weiteren Stellungnahme der Gemeinde Höpfigheim vom 12. März 1970 wurde der Wunsch des Gemeinderats zum Ausdruck gebracht, dass Höpfigheim in ein »Mittelzentrum« einbezogen wird, das auf Vorschlag der Stadt Marbach und der Gemeinde Murr ins Spiel gebracht wurde.[12] Im Steinheimer Gemeinderat verfolgte man jedoch andere Pläne. Man wollte mit Marbach kein Doppelzentrum bilden, bei dem Steinheim eine untergeordnete Rolle spielen würde, zumal der Zusammenschluss von Steinheim mit Kleinbottwar, Höpfigheim und Murr bereits mehr als 10.000 Einwohner umfassen würde. Nachdem mit Murr lediglich ein Nachbarschaftsausschuss gebildet wurde, konzentrierten sich die Planungen ab März 1970 schließlich auf den Zusammenschluss von Steinheim, Höpfigheim und Kleinbottwar.

Während die Eingliederung Kleinbottwars zügig über die Bühne gebracht werden konnte, sperrte man sich in Höpfigheim weiterhin. Weil aber vom Land eine drastische Kürzung der Sonderzuweisungen für freiwillige Zusammenschlüsse angedroht worden war, sah man sich in Höpfigheim schließlich auch unter Zugzwang. Deshalb wurde am 19. Oktober 1971 vom Gemeinderat einstimmig beschlossen, von Steinheim und Murr weitere Informationen im Zusammenhang mit der Gemeindereform einzuholen.[13] Allerdings sah man Pleidelsheim noch als weiteren Verhandlungspartner, deshalb wurde am 22. November 1971 vom Gemeinderat beschlossen, auch mit dieser Nachbargemeinde in Kontakt zu treten. Am 9. Dezember 1971 unterbreitete der Murrer Bürgermeister Schlagenhauf Vorschläge, unter welchen Bedingungen

Das Höpfigheimer »Schlössle« um 2019 vom Schlosshof aus in südliche Richtung fotografiert. (Foto: Stadtarchiv Steinheim).

ein Zusammenschluss möglich wäre.[14] Im Februar 1972 wurden die Höpfigheimer Bürger in einem Rundschreiben über die inzwischen eingegangenen Angebote aus Steinheim, Murr und Pleidelsheim informiert. Bei einer sehr turbulenten Bürgerversammlung am 25. Februar 1972 beklagte man die schlechte und vor allem späte Information der Bürger, denn bereits zwei Tage später, am 27. Februar sollte bei einer Meinungsumfrage abgeklärt werden, mit welchen umliegenden Gemeinden sich Höpfigheim zusammenschließen sollte. In der heftigen Diskussion zeigte sich bereits eine Tendenz für den Zusammenschluss mit Steinheim. Von 747 Stimmberechtigten gaben 436 Personen ihre Stimmen ab, davon äußerten sich 321 für Steinheim. Bei der gesetzlich vorgeschriebenen Bürgeranhörung am 26. März 1972 fiel dann die Entscheidung, ob Höpfigheim nach Steinheim eingegliedert werden oder selbständig bleiben sollte. Jetzt gaben 501 von 753 Stimmberechtigten ihre Stimme ab (66,53 %). 276 Bürger sprachen sich für die Eingliederung nach Steinheim aus, 223 dagegen, zwei Stimmzettel waren ungültig.[15]

Am 31. Juli 1972 entschied sich schließlich auch der Höpfigheimer Gemeinderat für den Zusammenschluss mit Steinheim, bei acht Ja-Stimmen, einer Gegenstimme und zwei Enthaltungen. Man erklärte, man wolle mit diesem Votum das Ergebnis der Bürgeranhörung respektieren, bei dem sich 55 % für und 45 % gegen Steinheim geäußert hatten.[16]

Am 20. Oktober 1972 wurde die Eingliederungsvereinbarung vom damaligen Höpfigheimer Bürgermeister Richard Lieberherr und Steinheims Bürgermeister Alfred Ulrich unterzeichnet.[17] In einer Sondersitzung des Gemeinderates am 19. Dezember 1972 wurde Lieberherr, auf dessen Antrag hin, von Landrat Dr. Hartmann die Urkunde über die Versetzung in den einstweiligen Ruhestand auf 1. Januar 1973 übergeben und seine Verabschiedung vorgenommen.

In der letzten Sitzung des bisherigen Höpfigheimer Gemeinderates am 29. Dezember 1972 verabschiedete Lieberherr die bisherigen Gemeinderäte und Gemeindebediensteten. In einer letzten Amtshandlung wählte der Gemeinderat schließlich die Vertreter des künftigen Stadtteils Höpfigheim im Gemeinderat der Stadt Steinheim. Hermann Ringle wurde zum Ortsvorsteher gewählt. Er hatte das Amt bis 1994 inne.

Der Eingliederungsvertrag trat zum 1. Januar 1973 in Kraft. Mit einem festlichen Programm wurde am 21. Juli 1973 die Eingliederung in der neu errichteten Halle der Firma Jenner in Höpfigheim gefeiert.

Zum 10-jährigen Jubiläum der Eingliederung, das am 28. Januar 1983 mit einer Festveranstaltung begangen wurde, bilanzierte Ortsvorsteher Hermann Ringle die im Eingliederungsvertrag festgelegten Maßnahmen, zu denen sich die Stadt Steinheim verpflichtet hatte und stellte fest: »Bis auf wenige, geringe Maßnahmen sind alle festgelegten Verpflichtungen erfüllt.« So verwies er auf den Bau des Kindergartens und der Melchior-Jäger-Halle und auf die Erschließung von Neubaugebieten. Auch der neue Sportplatz im Kälblingswald konnte eingeweiht und Räume für die öffentliche Verwaltungsstelle im »Schlössle« geschaffen werden. Ringle bemerkte ebenfalls: »Außer der Bestätigung an die Stadt Steinheim, dass alle Verpflichtungen eingelöst wurden, kann zusätzlich die Versicherung abgegeben werden, dass darüber hinaus weit mehr an Investitionen erbracht wurden.“ Er gab seiner Überzeugung Ausdruck, „dass diese Investitionen, diese umfangreichen Bauvorhaben, die Gemeinde Höpfigheim finanziell in diesem Zeitraum nicht hätte bewältigen können.“[18]

Zum 25-jährigen Jubiläum veröffentlichte der 1994 gewählte Ortsvorsteher, Dr. Adolf Thumm, einen Beitrag zur Heimatkunde, in dem er die bis dahin in Höpfigheim durchgeführten Maßnahmen schilderte.[19] Darunter die Erschließung der Wohngebiete in der Au/Vogelherd sowie Schafäcker II und III. Der Kindergarten wurde erweitert, die Ausbaumaßnahmen für die Höpfigheimer Eigenwasserversorgung fertiggestellt. Am östlichen Ortsrand entstand das Gewerbegebiet Hagwiesen und im Westen eine Kompostieranlage.

Dr. Thumm bemerkt, dass »[…] sich in diesem Vierteljahrhundert in Höpfigheim viel getan hat. Wir sind nicht als ›Stiefkind‹ behandelt worden, wie manche befürchtet haben und manche bisweilen auch noch meinen. […] Die in den 25 Jahren im Stadtteil Höpfigheim getätigten Investitionen können sich sehen lassen. Wir sollten dies anerkennen. Es ist ganz natürlich, dass gewisse Vorhaben nicht in den Stadtteilen, sondern in der Zentralgemeinde erfolgen. Aber solche wie das ›Wellarium‹ oder auch die im Bau befindliche Realschule kommen den Höpfigheimern genauso zugute wie den Bewohnern der Kernstadt.«

Bereits 1998 wurde das Baugebiet in der Au/Vogelherd realisiert, 1999 auch das Gebiet Schafäcker III. Im gleichen Jahr wurde am westlichen Ortsrand ein kleines Basketballfeld eingerichtet, um der Höpfigheimer Jugend auch in Ortsnähe sportliche Aktivitäten zu ermöglichen. Aktuell wird das neue Baugebiet Seewiesen-Erweiterung bebaut, das sich ebenfalls an den westlichen Ortsrand Richtung Autobahn anschließt.

50 Jahre später

In den Jahren 2021 und 2023 konnte in den Teilgemeinden Kleinbottwar und Höpfigheim die fünfzigjährige Zugehörigkeit zur Kernstadt Steinheim gefeiert werden. Es hat sich gezeigt, dass in diesem halben Jahrhundert nicht nur die verwaltungstechnische, sondern auch die emotionale Verschmelzung weiter fortgeschritten ist, die mit dem Inkrafttreten des Eingliederungsvertrages ihren Anfang genommen hat. Die Ortsteile Kleinbottwar und Höpfigheim haben ihren eigenen Charakter bewahrt, das Vereinsleben ist intakt und mit der Erschließung neuer Baugebiete werden zahlreiche neue Bürger die Ortsteile beleben. Sie werden im dörflichen Umfeld leben und gleichzeitig die Infrastruktur der Stadt Steinheim genießen: Schulen, Sport- und Freizeiteinrichtungen, Arbeitsplätze, Naherholungsgebiete, Kunst und Kultur.

Anmerkungen

1 »Informationen aus erster Hand«, Informationsdienst der Pressestelle des Staatsministeriums Baden-Württemberg, Ausgabe Nr. 8/71 vom Oktober 1971.
2 Gemeinderatsprotokoll Kleinbottwar vom 10. März 1938 und Vereinbarung im Archivbestand A 60.
3 Gemeinderatsprotokoll Kleinbottwar vom 19. Mai 1955.
4 Gesetz zur Stärkung der Verwaltungskraft kleinerer Gemeinden in: Gesetzblatt für Baden-Württemberg, Nr. 8, Stuttgart 29. März 1968, S. 114–117.
5 Gemeinderatsprotokoll Steinheim vom 27. Februar 1970, § 7.
6 Gemeinderatsprotokoll Kleinbottwar vom 17. Mai 1971.
7 Gemeinderatsprotokoll Kleinbottwar vom 27. September 1971.
8 Ludwigsburger Kreiszeitung vom 22. Januar 1972.
9 Ludwigsburger Kreiszeitung vom 18. Oktober 1972.
10 Marbacher Zeitung vom 7. Dezember 1976.
11 Stellungnahme der Gemeinde Höpfigheim gegenüber dem Landratsamt Ludwigsburg vom 23. Februar 1970.
12 Stellungnahme der Gemeinde Höpfigheim gegenüber dem Landratsamt Ludwigsburg vom 12. März 1970.
13 Gemeinderatsprotokoll Höpfigheim vom 19. Oktober 1971.
14 Schreiben der Gemeinde Murr vom 9. Dezember 1971.
15 Abstimmungsniederschrift Gemeinde Höpfigheim vom 26. März 1972.
16 Gemeinderatsprotokoll Höpfigheim vom 31. Juli 1972.
17 Gemeinderatsprotokoll Höpfigheim vom 20. Oktober 1972.
18 Rede des Höpfigheimer Ortsvorstehers Ringle zum zehnjährigen Jubiläum der Eingliederung am 28. Januar 1983.
19 Gustav-Adolf Thumm: Höpfigheim – 25 Jahre Stadtteil von Steinheim an der Murr, in: Beiträge zur Heimatkunde, Nr. 49, Steinheim 1998.

Quellen und Literatur

Stadtarchiv Steinheim an der Murr
Gemeinderatsprotokolle Steinheim, 1970 bis 1972
Gemeinderatsprotokolle Kleinbottwar,1938, 1955 und 1971
Gemeinderatsprotokolle Höpfigheim, 1971 bis 1972

Helga Becker: Höpfigheim – Ein halbes Jahrhundert bei Steinheim, Steinheim 2022.
Helga Becker: Kleinbottwar – Ein halbes Jahrhundert bei Steinheim, Steinheim 2021.
Stadt Steinheim (Hg.): Jahresberichte der Stadt Steinheim 1971 bis 1973.
Steinheimer Nachrichten, Jahrgänge 1971 und 1973.

Grenzsteinforschung in Großbottwar

Wie man historische Zeugen zum Sprechen bringt

von Markus Pantle,
Dipl.-Ing. (FH), Großbottwar;
Freier Architekt und ehrenamtlicher Beauftragter für archäologische Denkmalpflege in Großbottwar und Oberstenfeld

und von Elias Pantle,
Großbottwar; Vermessungsingenieur, ehrenamtlicher Heimatforscher, Schwerpunkt: Grenzsteinforschung.

Historische Grenzsteine sind unbeachtete, stumme Zeugen, die heute meist nur noch in bewaldetem Gebiet zu finden sind. Doch selbst hier sind sie in Gefahr, durch moderne Holzerntemaschinen zerstört zu werden. Deshalb ist es wichtig, den verbliebenen Steinen Aufmerksamkeit zu schenken, sie mit historischen Quellen zu vergleichen und sie somit zum Sprechen zu bringen. Am Beispiel der Gemarkung Großbottwar im Landkreis Ludwigsburg sollen Werkzeuge für die Dokumentationsweise in herkömmlicher Art sowie digital mit dem Programm Quantum GIS beschrieben werden.

Wenn man aufmerksam durch die Gegend streift, kann man alte Grenzsteine vor allem in Wäldern noch entdecken. Oft sind sie von Gestrüpp überwuchert oder unscheinbare, mit Moos überwachsene Erhöhungen, die man leicht mit einem Baumstumpf verwechselt. Doch bei näherer Betrachtung fällt auf, dass sie sich in einem beklagenswerten Zustand befinden. Etliche sind bis zur Unkenntlichkeit verwittert, manche abgebrochen, andere zersplittert oder komplett herausgerissen.

Stark verwitterter und schräg stehender Grenzstein Nr. 58 im Kälblingswald mit massiven Abplatzungen im Sockelbereich. (Foto: Markus Pantle)

Abgebrochener Grenzstein im Häldenwald im Walddistrikt »Bergreisach«. (Foto: Markus Pantle)

Herausgerissener Grenzstein Nr. 280 aus dem Jahr 1712 im Häldenwald. (Foto: Markus Pantle)

Doch wenn man sich mit ihnen beschäftigt und die eingemeißelten Zeichen entschlüsselt, geht eine starke Anziehungskraft von diesen stummen Zeugen aus. Zahlreiche Fragen drängen sich gewissermaßen auf: Wie lange stehen die Grenzsteine schon an der jeweiligen Stelle? Wer hat sie einst setzen lassen? Welchen Zwecken dienten sie noch, außer zwei Landbereiche voneinander abzutrennen?

Gemarkung Großbottwar

Die Stadt Großbottwar mit ihrer rund 25 km² großen Gesamtgemarkung liegt 25 km nördlich der Landeshauptstadt Stuttgart im Nordosten des Landkreises Ludwigsburg. Sie grenzt im Osten an die waldreichen Keuperhöhen der Löwensteiner Berge. Der Kernraum der Gemarkung, der bereits zum Neckarbecken zählt, liegt jedoch im Tal der Bottwar und ihrer Nebenflüsse.

Die flach gewellte Tallandschaft kennzeichnen fruchtbare Lössböden, sie wird daher noch heute hauptsächlich ackerbaulich genutzt. An den Hängen der Keuperberge, zu dem auch der 394 m hohe Wunnenstein gehört, gedeiht an den sonnigen Südlagen vortrefflicher Wein. Seit dem 1. Dezember 1971 sind die beiden zuvor selbstständigen Gemeinden Winzerhausen sowie Hof und Lembach nach Großbottwar eingemeindet worden. Die in diesem Aufsatz vorgestellte Dokumentation bezieht sich nur auf die Gemarkung des Hauptortes, die eine Größe von etwa 18 km² und einen Umfang von 24 km besitzt. Die angrenzenden Gemarkungen, beginnend im Süden und im Uhrzeigersinn folgend, sind Kleinbottwar, Höpfigheim, Mundelsheim, Winzerhausen, Oberstenfeld, Hof und Lembach, Kleinaspach und Murr.

Blick auf die Stadt Großbottwar und ihr Gemarkungsgebiet zwischen den Weinbergen des Bennings im Vordergrund und dem Wunnenstein im Hintergrund. (Foto: Markus Pantle)

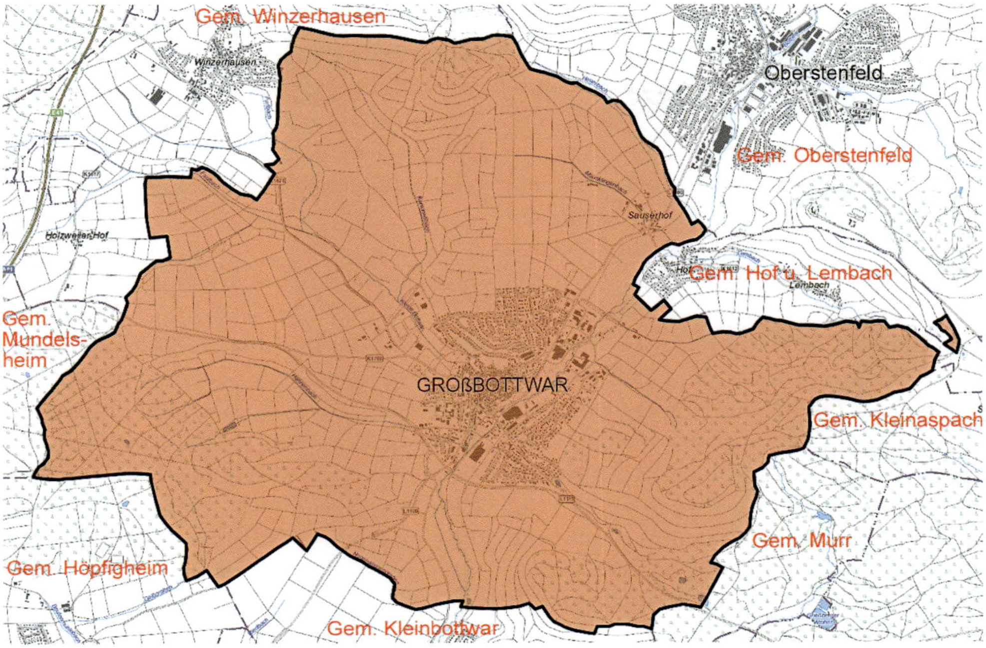

Die Gemarkung Großbottwar mit Darstellung der angrenzenden Gemarkungen. (Kartengrundlage: LUBW, https://udo.lubw.baden-wuerttemberg.de, Stand 25. Juli 2024)

Gemarkungsgrenzsteine

Sicherlich schon in der Vorgeschichte orientierte man sich bei der Unterscheidung von Einflussgebieten und Territorien an natürlichen Landschaftsformen wie Bergen, Höhenzügen, Geländeabbrüchen, Tälern oder Gewässerläufen. Spätestens seit römischer Zeit ist belegt, dass Landmarken wie Felsen, Seen, Dolinen oder Ruinen von Gutshöfen als Grenzzeichen benannt wurden. Erst seit dem späten Mittelalter, als die zunehmende Besiedlungsdichte eindeutige Zeichen forderte, wurden Herrschaftsgebiete mit Grenzsteinen abgemarkt. Zumeist bestehen sie aus dem Steinmaterial, das sich in nächster Nähe befand, im Raum Großbottwar folglich entweder Schilfsandstein oder Kieselsandstein. Die Grenzsteine wurden mit ihrem grob behauenen Sockel fest in der Erde verankert. Die vier Sichtseiten sind fein behauen und auf den sich gegenüberliegenden Frontseiten befinden sich meist die jeweiligen Gemeindewappen. Aber auch Herrschaftszeichen, zum Beispiel der Herzöge von Württemberg, sind zu finden, wenn ihr Waldbesitz an Gemeindegrenzen stößt. An den Seitenflächen sind oftmals die laufenden Grenzsteinnummern oder aber auch Jahreszahlen der Steinsetzung eingemeißelt. Die Kopffläche dient dazu, die Richtung des Grenzverlaufs anzuzeigen, indem dort eine Kerbe eingehauen wurde. Im Flyer des Landesamtes für Denkmalpflege Baden-Württemberg »Grenzsteine – erhaltenswerte Zeugnisse der Geschichte« wird darauf hingewiesen, dass Grenzsteine gefährdete Kulturdenkmale sind und aufgrund ihrer versteckten Lage oft übersehen und deshalb zerstört werden. Weiter heißt es dort: »Grenzsteine markieren heute noch gültige und historisch bedeutsame Grenzen. Nur am originalen Standort behält ein Grenzstein seine rechtshistorische Aussage. Selbst wenn eine Grenze heute über Geo-Informations-Systeme bestimmt ist – in der Landschaft dokumentieren nur die Grenzsteine geschichtliche Informationen. Deshalb sind Grenzsteine nicht nur durch das Landesvermessungsgesetz an ihrem Standort geschützt, sondern können auch als Denkmale unter Schutz stehen. Aufgrund ihrer kulturhistorischen, rechts- und vermessungsgeschichtlichen sowie ihrer heimatgeschichtlichen Bedeutung sind Grenzsteine Kulturdenkmale, an deren Erhalt aufgrund ihres dokumentarischen Wertes ein öffentliches Interesse besteht (§ 2 Denkmalschutzgesetz Baden-Württemberg).« So ist es besonders schmerzhaft, dass auf rebflurneugeordneten Hängen sowie auf ackerbaulich genutzten Flächen so gut wie alle historischen Grenzsteine unwiederbringlich verschwunden sind. Zumeist in Wäldern, zum Teil auch auf Streuobstwiesen und entlang von Rainen kann man heute noch historische Grenzsteine finden. Diese Flächen wurden aufgrund minderer Bodenqualität und bewegter Topografie bis jetzt noch nicht durch schwere landwirtschaftliche Maschinen unter den Pflug genommen.

Figurierte Grenzbeschreibung

Aufgrund der fruchtbaren Zusammenarbeit mit dem Stadtarchiv Großbottwar war den Verfassern bekannt, dass für die Gemarkung Großbottwar eine figurierte Grenzbeschreibung aus den Jahr 1731 vorliegt, die für dieses Projekt von Stadtarchivarin Brigitte Popper zur Verfügung gestellt wurde. Hierbei handelt sich um ein in Leder eingebundenes Buch mit folgendem Titel: »Gros Bottwar Figurierte Graenz Beschreibung Über dasig ganze Gemarkung, Wie

Titelblatt der figurierten Grenzbeschreibung für die Gemarkung Großbottwar von Georg Christoph Rieker im Jahr 1731 angefertigt. (Stadtarchiv Großbottwar)

solche nach Geometrischem Grund Verfertigt- und in dieses instrumentirte Libell redigirt worden. Georg Christoph Rieckhern Kaiserlichen Notarium und Renovatorem. Anno 1731.«

Georg Christoph Rieker war kaiserlicher Notar in Heilbronn und erhielt dort ein Patent zur Erlaubnis, figurierte Grenzbeschreibungen für die Kommunen im Württembergischen in den Jahren 1730–1735 ausfertigen zu dürfen. Im Vorwort wird der regierende Kaiser Karl VI. mit samt seinen vollständigen Titulaturen erwähnt, der von 1711 bis 1740 römisch-deutscher Kaiser war. Riecker beschrieb ferner, dass als Grund dieser Grenzbeschreibung die »Verhühtung künftiger Strittigkeiten sehr nütz- und dienliches Werckh angesehen« werden kann. Es folgen eine farbige zeichnerische Darstellung des Grenzverlaufes als gelbes Band mit Einzeichnung der nummerierten Grenzsteine sowie die Maße der dazwischenliegenden Entfernungen in Ruten und Schuh.

Die angrenzenden Fluren sind nach ihrer Bewirtschaftungsweise bildlich dargestellt, entweder als Äcker, Wiesen, Wälder oder Weinberge. Als letzter Abschnitt folgt eine tabellarische Grenzsteinbeschreibung, in der die Steinform sowie die darauf abgebildeten Darstellungen Erwähnung finden. Ferner wird die Gradzahl der aus- oder eingehenden Winkel aufgelistet sowie die Entfernung zum nächsten Stein.

Als Beispiel soll hier Stein Nr. 263 aufgeführt werden, der damals die Grenze zwischen dem Bottwarer Häldenwald und dem Württembergischen Herrschaftswald markierte: »263: Ein hoher dicker oben rundgehauener Stein, mit einem Storcken und

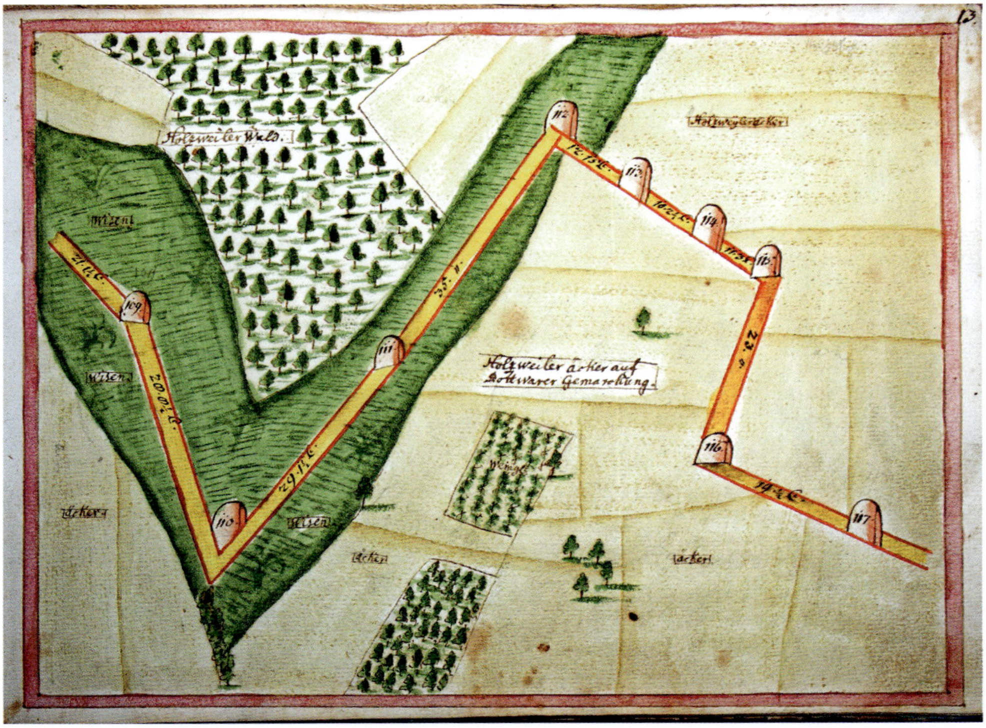

Blatt 13 der figurierten Grenzbeschreibung von 1731 mit zeichnerischer Darstellung des Grenzverlaufes sowie der Grenzsteine Nr. 109 bis 117 mit Wald, Wiesen, Äcker und Weinberge. (Stadtarchiv Großbottwar)

Figurierte Grenzbeschreibung von 1731. Beschreibung der Grenzsteine Nr. 258 bis 265 mit Winkel- und Längenangabe. (Stadtarchiv Großbottwar)

Nr. 28 einer- anderseits einem Hirschhorn, ziht in eingehendem Winckel von 174 Grad mit 12 R[uten]. 4 S[chuh]. zu…«. Ganz am Schluss des Werks folgen die Siegel und Unterschriften vom Verfasser sowie den Vertretern der angrenzenden Gemeinden.

Grenzsteindokumentation in der Natur

Durch die digitale Technik sind die Grenzverläufe heute eindeutig nachvollziehbar, sodass Grenzsteine nur noch als Orientierungshilfe vor Ort von Bedeutung sind. Eine Abmarkungspflicht gibt es heute nicht mehr, deshalb ist es umso wichtiger, dass historische Grenzsteine aus heimatgeschichtlichem Interesse erhalten bleiben und dauerhaft geschützt werden. Deswegen haben es sich die Autoren zur Aufgabe gemacht, die noch verbliebenen Grenzsteine der Gemarkung Großbottwar aufzuspüren und zu dokumentieren. Zugute kamen ihnen hierbei ihre beruflichen Fähigkeiten als Architekt und Vermessungsingenieur, Unterstützung erhielten sie von Jakob Gommel aus Großbottwar. Um Grenzsteine in Wald und Flur zu finden, sind die Wintermonate am besten geeignet, da Bäume und Gehölze dann laubfrei sind. Zur Orientierung bewähren sich Vorlagen historischer und aktueller Flurkarten, wie sie beispielsweise auf öffentlichen Portalen wie Leo-BW (www.leobw.de) oder dem Geoportal Baden-Württemberg (www.geoportalbw.de) frei zugänglich sind. So können die Entfernungen zwischen den einzelnen Grenzsteinen besser abgeschätzt werden, was zu einem schnelleren Auffinden der Steine führt. Da jede Gemarkung ihre Grenzsteine mit fortlaufenden Nummern versehen hat, wurde analog zur figurierten Grenzbeschreibung mit dem Gemarkungsgrenzstein 1 begonnen, der früher an der Straße nach Kleinbottwar stand. Nur zu Beginn der Dokumentation wurden die Grenzsteine mit Fluchtstäben abgesteckt, die Winkel mittels Peilkompass gemessen sowie eine Längenmessung durchgeführt, um die Daten später mit den Angaben Riekers vergleichen zu können. Es hat sich jedoch gezeigt, dass dieser Aufwand nicht notwendig ist, denn im Laufe der Zeit bekommt man Erfahrung und ein immer besseres Gespür, versteckte Grenzsteine im Gelände aufzufinden, sowie einen geschulten Blick für im Boden verborgene, wie zum Beispiel umgedrückte oder zerstörte Steine.

Jedes neue Auffinden eines Steins geht mit einem Motivationsschub einher und regt zum beharrlichen Weitersuchen an. Die Steinreinigung fand durch vorsichtiges Abreiben von Moos und Flechten mit einer Wurzelbürste statt, danach erfolgte die Vermessung. Die Aufnahme umfasste die Breiten- und Tiefenmaße am Boden und an der Spitze sowie die Steinhöhe. Es folgte das Anfertigen einer Skizze von allen vier Seiten mit den eingehauenen Zeichen, Wappen und Zahlen sowie eine Fotodokumentation von allen Ansichten. Um Fehler zu vermeiden, hat es sich als Vorteil erwiesen, dass bei jedem Stein nach einheitlicher Weise vorgegangen wird. Das Verfahren bei der zeichnerischen und fotografischen Steinaufnahme war wie folgt: Als Vorderansicht wurde die Frontseite bestimmt, die sich der zu bearbeitenden Gemarkung Großbottwar zugehörig zeigt. Die Dokumentation der übrigen Schauseiten erfolgte im Uhrzeigersinn als linke Seitenansicht, Rückseite zur Nachbargemarkung und die rechte Seitenansicht zum nächsten Grenzstein mit der aufsteigenden Nummer. Als hilfreiche

Auffinden des durch Holzerntemaschinen umgedrückten und abgebrochenen Grenzsteins Nr. 281 (in der figurierten Grenzbeschreibung als Nr. 261 geführt) unter einem Haufen von Fichtenzweigen im Häldenwald, links Jakob Gommel, rechts Elias Pantle. (Foto: Markus Pantle)

Zeichnung des Grenzsteins Nr. 283 (in der figurierten Grenzbeschreibung als Nr. 263 geführt) mit folgender dortiger Beschreibung: »Ein hoher dicker oben rundgehauener Stein, mit einem Storcken und Nr. 28 einer- anderseits einem Hirschhorn«. (Zeichnung: Markus Pantle)

Werkzeuge, neben der Wurzelbürste zur Reinigung, haben sich eine kleine Handhacke, eine Kelle sowie eine Rebschere erwiesen, um den Grenzstein am Boden etwas freizustellen bzw. von Bewuchs zu befreien. Ferner gehörten zur Ausrüstung ein 30 m langes Maßband, ein Meterstab sowie ein Peilkompass. Ein Feldbrett mit den Formularblättern zur Grenzsteinaufnahme von der Gesellschaft zur Erhaltung und Erforschung der Kleindenkmale in Baden-Württemberg e.V. sowie die oben erwähnten Flurkarten komplettierten die Ausstattung. In den Winterhalbjahren von 2020 bis 2021 sowie von 2021 bis 2022 wurden an 25 verschiedenen Tagen 192 der ursprünglich insgesamt 370 Grenzsteine der Gemarkung Großbottwar aufgenommen und kartiert.

Zeichnerische Grenzsteindokumentation

Nach der Aufnahme im Feld fand die weitere Dokumentation im Büro statt. Zunächst wurden die Formblätter der Reihenfolge nach sortiert und abgeheftet. Daraufhin erfolgten für besonders aussagekräftige Steine das maßstäbliche Aufzeichnen der Steinumrisse mittels CAD-Software (Computer Aided Design), die Entzerrung der Fotos mit Adobe Photoshop und schließlich das Einpassen der Steinansichtsfotos in den Steinumriss. Anhand dieser Vorlage wird das Zeichnen der Steine von Hand mit dem klassischen Tuschefüller auf Transparentpapier vorgenommen. Die Handzeichnung birgt erhebliche Vorteile in der Darstellungsweise, da Schattierung und Tiefenwirkung besser dargestellt werden können. Insgesamt konnten 83 Steine im Maßstab 1:5 von allen vier Seiten abgebildet werden.

Digitale Grenzsteindokumentation mit QGIS

Eine Gemarkungsgrenze hat einen festen Bezug zur Erdoberfläche, aber dieser fehlt bei einer Grenzsteinbeschreibung und Fotodokumentation. Deshalb ist eine Karte mit der Abbildung des Grenzverlaufes eine unverzichtbare Darstellungsweise. Da eine analoge Karte unveränderlich ist, kann ein Geoinformationssystem (GIS) beträchtliche Vorteile aufweisen. Die Open Source Software Quantum GIS (QGIS) ist ein geeignetes Programm für Geoinformationsdatenverarbeitung und -visualisierung, die es ermöglicht, räumliche Daten mit Sachdaten zu verknüpfen und diese auf einer Vielzahl von Hintergrundkarten darzustellen. Konkret zur Anwendung kommt in diesem Projekt, dass die aufgenommenen und absolut eingemessenen Grenzsteine punktgenau kartiert und zugehörigen Attributen in Form von Tabellen verknüpft werden. Solche Attribute können unter anderem sein: Grenzstein noch vorhanden (ja/nein), derselbe Stein wie 1731 in der figurierten Grenzbeschreibung Riekers beschrieben (ja/nein), aber auch Größe, Form oder Gesteinsart. Auf dieser Grundlage ist die weiterführende Analyse und Präsentation der historischen Gemarkungsgrenzen um Großbottwar möglich. So sind in einer Karte diejenigen Grenzsteine rot markiert, die in der figurierten Grenzbeschreibung Riekers beschrieben und im Gelände aufgefunden wurden. Grün dargestellt sind die aufgefundenen, aber dort nicht beschriebenen Steine, und die nicht mehr vorhandenen Steine mit einem Stern dargestellt. Grenzsteine, die nicht mehr an ihrem ursprünglichen Ort stehen, sind mit einem gelben Pfeil markiert. Anhand dieser übersichtlichen Darstellungsweise lässt sich leicht erfassen, an welchen Stellen historische Grenzsteine noch stehen, und wo sie bereits verschwunden sind.

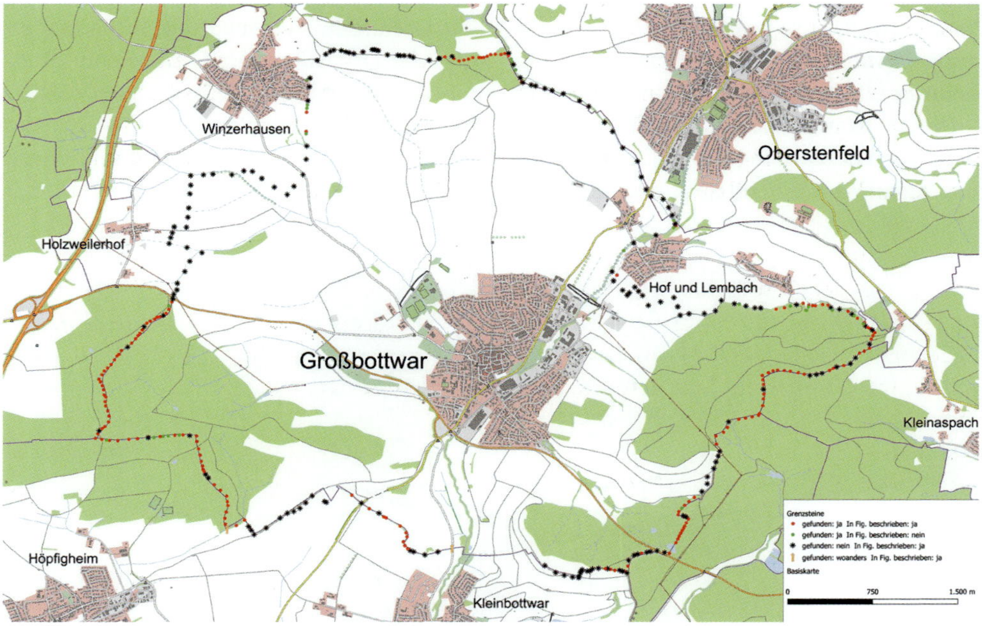

Darstellung aller Grenzsteine der Gemarkung Großbottwar erstellt mit der Software QGIS. Rote Punkte: In der figurierten Grenzbeschreibung beschriebene und auch im Gelände aufgefundene Steine. Grüne Punkte: Im Gelände vorhandene Steine, jedoch nicht in der figurierten Grenzbeschreibung erwähnte Steine, da sie nach 1731 neu gesetzt wurden. Stern: Nicht mehr vorhandene Steine. Gelber Pfeil: Grenzsteine, die nicht mehr am ursprünglichen Ort stehen. (Vorlage: Elias Pantle)

Bedeutsam war das GIS zudem bei der Aufnahme der Grenzsteine. Denn bei der Kartierung auf Basis der Maßangaben aus der figurierten Grenzbeschreibung von Rieker zeigte sich, dass die Winkelmessung darin zu ungenau und teilweise auch fehlerhaft ist. Eine gute Kartierung war erst durch den Vergleich dieser Maßangaben mit den mittels Strecken- und Winkelmesstool abgegriffenen Maßen von der als Hintergrundkarte eingebundenen Urflurkarte aus der Zeit der Landesvermessung möglich. Somit konnten die historischen Steine eindeutig einem Grenzsteinsymbol der Karte zugeordnet werden. Außerdem ist es mit diesem Prinzip auch erheblich einfacher, die Standorte der verschwundenen Grenzsteine und damit den exakten Verlauf der damaligen Gemarkungsgrenze zu rekonstruieren. Durch die Einbindung der Urflurkarte und der heutigen Liegenschaftskarte kann der Grenzverlauf zwischen figurierter Grenzbeschreibung (1731), Urflurkarte (circa 1832) und heute verglichen werden.

Daraus ist abzulesen, dass sich die Großbottwarer Gemarkungsgrenze im Wald nur unwesentlich verändert hat, während auf den Feldfluren die Grenze oft anders verläuft. Es hat sich gezeigt, dass eine digitale Grenzsteinbeschreibung in einem GIS sehr viel bessere Möglichkeiten zur Datenerhebung und -analyse bietet, als herkömmlichen Vorgehensweisen mittels schriftlicher Dokumentation und manueller Eintragung auf Kartengrundlagen. So ist die Darstellung der aufgenommenen Grenzsteine durch unterschiedliche Hintergrundkarten flexibel veränderbar und ermöglicht eine Vielzahl weiterführender Analysen, deren Ergebnisse sich unmittelbar visuell darstellen und in Form quasi dynamischer Karten betrachten lassen.

Symbolgehalt der Großbottwarer Grenzsteine

Wenn man sich mit den Darstellungen auf den Grenzsteinen beschäftigt, fallen zuallererst die Ortswappen auf. Die Stadt Großbottwar wurde um 1250 von den Herren von Lichtenberg gegründet. In der Helmzier dieses Rittergeschlechts war ein Schwan abgebildet. Im Laufe der Jahrhunderte hat

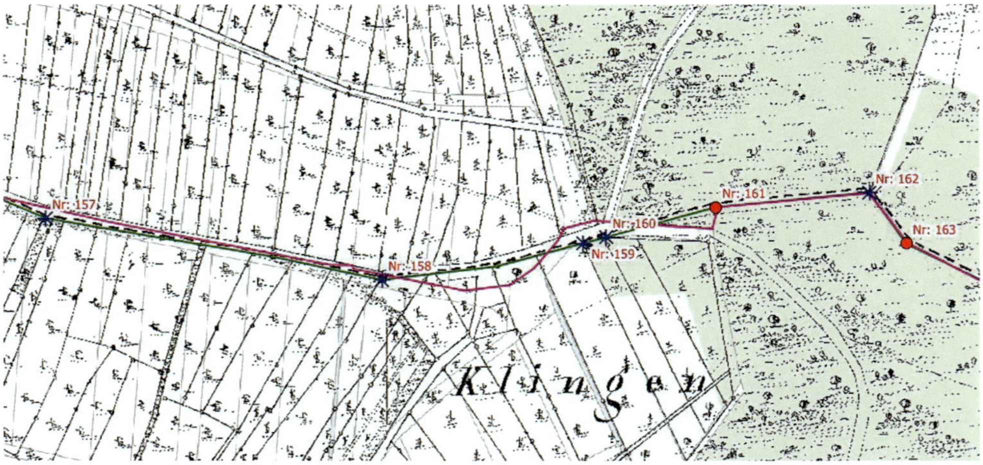

Vergleich der Grenzverläufe zwischen figurierter Grenzbeschreibung (rote Punkte sowie blaue Sterne), der Urflurkarte (schwarz gestrichelte Linie) sowie heutigem Zustand (violette Linie). (Staatsarchiv Ludwigsburg, StAL EL 68 VI Nr 4304)

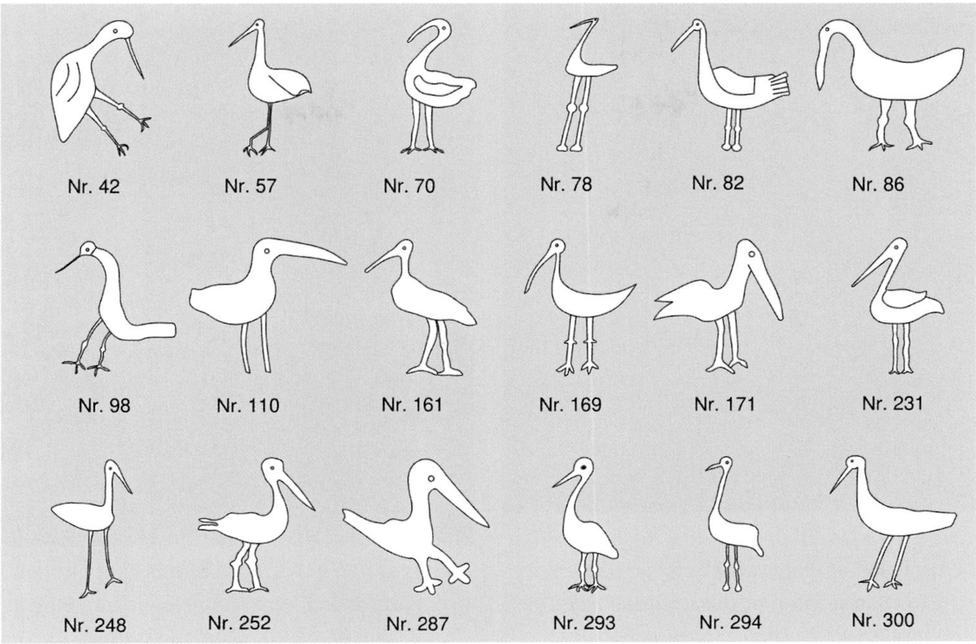

Darstellungsarten von Störchen, dem Großbottwarer Wappentier auf den historischen Grenzsteinen der Gemarkung. (Zeichnung: Markus Pantle)

sich dieser durch Umzeichnungen in einen Storch verwandelt. Auf den Grenzsteinen ist das Großbottwarer Wappentier in allen erdenklichen Variationen abgebildet: von naturgetreu bis symbolisch, bei oberflächlicher Betrachtung eher als Huhn, Gans oder Flamingo anmutend.

Bei den angrenzenden Gemarkungswappen erstaunen auf den ersten Blick die zum Teil verschiedenen Darstellungen. Auf den zur Kleinbottwarer Gemarkung angrenzenden Steinen sind zum einen das Kleinbottwarer Rad mit der horizontalen Speiche abgebildet sowie auf einem anderen ein »Rosskopf«, wie es die figurierte Grenzbeschreibung Riekers erwähnt. Der Pferdekopf stellt das Wappen der Herren von Plieningen dar, die von 1480 bis 1645 die Herrschaft in Kleinbottwar innehatten.

Auf Grenzsteinen der Gemarkung Höpfigheim finden sich wiederum zwei verschiedene Wappendarstellungen. Das sind zum einen die drei Wolfseisen der Herren von Speth, die bis 1587 das Lehen Höpfigheim innehatten, und zum andern das Jagdhorn der Herren Jäger von Gärtringen, die von 1587 bis 1678 dort Lehnsherren waren.

Aus letzterem ist das Gemeindewappen hervorgegangen. Von beiden Geschlechtern stehen in der Georgskirche sehenswerte Epitaphe mit Darstellungen der Familienwappen.

Mundelsheim, die an Höpfigheim anschließende Gemarkung, hat als Gemeindewappen eine erhobene rechte Hand. Es wurde 1595 nach dem Übergang von Baden an Württemberg eingeführt und zeigt eine zum Untertaneneid erhobene Schwurhand.

Nur noch auf ganz wenigen Steinen ist das badische Wappen mit dem Schrägbalken vorhanden.

Die Wappendarstellungen auf Winzerhäuser Gemarkung zeigen drei Abbildungen. Erstens Frauenbrüste, die Riecker in

Grenzstein Nr. 10 in der Flur »Hochbergfeld«. Auf der Kleinbottwarer Seite ist Nummer 16 sowie das Rad mit horizontaler Speiche eingehauen. (Foto: Markus Pantle)

Grenzstein Nr. 37 im Kälblingswald mit den drei Wolffseisen, das Wappen der Herren von Speth. (Foto: Markus Pantle)

Grenzstein mit Pferdekopf, dem Wappen der Herren von Plieningen (Umrisse mit schwarzem Strich nachgezeichnet). Dieser Stein stand in den Weinbergen des Bennings und wurde wohl aufgrund der Rebflurneuordnung auf einer Mauer des Schlosses Schaubeck aufgestellt. Auf der Rückseite befinden sich die Umrisse eines Storchs. (Foto: Markus Pantle)

Grenzstein Nr. 48 im Kälblingswald mit dem Jagdhorn, das Wappen der Herren Jäger von Gärtringen. (Foto: Markus Pantle)

Epitaph in der Georgskirche von Höpfigheim. Links ist Eberhard von Speth (gest. 1535) mit Morgenstern und Schwert dargestellt sowie rechts seine Frau Johanna von Talheim (gest. 1539) mit einem Rosenkranz in der Hand. Links oben das Wappen der Herren von Speth, wie es auch auf den Grenzsteinen zu finden ist. (Foto: Markus Pantle)

Epitaph der Eheleute Melchior Jäger von Gärtringen und Anna von Berlichingen im Chor der Georgskirche von Höpfigheim. Das aus Marmor und Alabaster gefertigte Werk wurde nach dem Tod Annas 1594 errichtet. Ganz oben links oben das Wappen der Herren von Jäger, wie es auch auf den Grenzsteinen zu finden ist. (Foto: Markus Pantle)

Grenzstein Nr. 110 im Kälblingswald, mit Storchenwappen auf Großbottwarer Seite sowie dem Badischen Wappen auf Mundelsheimer Seite. Der Grenzstein dürfte noch aus dem 16. Jahrhundert stammen. (Zeichnung: Markus Pantle)

Grenzstein Nr. 79 im Kälblingswald mit dem Mundelsheimer Wappen, der Schwurhand. (Foto: Markus Pantle)

Grenzstein mit Frauenbrüsten in der Waldabteilung »Dornhau« an der Gemarkungsgrenze zwischen Winzerhausen und Neckarwestheim. Da an der Gemarkungsgrenze zwischen Großbottwar und Winzerhausen nur noch ein einziger, jedoch fast bis zur Unkenntlichkeit verwitterter Stein mit Frauenbrüsten steht, soll dieser hier aufgeführt werden. (Foto: Markus Pantle)

der figurierten Grenzbeschreibung »Dutten« nennt. Zweitens die Kesselrinke und drittens das Hufeisen. Die Frauenbrüste stammen laut Hermann Neuffer (1913–1987), aus dem Wappen der Herren von Lichtenberg, welche drei Halbkugeln im Schild führten.

Die Herren von Lichtenberg waren die Gründer des späteren adeligen Fräuleinstifts in Oberstenfeld, welches durch Zuwendungen über einen ansehnlichen Grundbesitz verfügte. Dieser wurde vom Stift als Grundherrschaft selbstständig verwaltet, Vögte waren die Herren von Lichtenberg. Sie verliehen dem Stift als Herrschaftszeichen ein »gemindertes Wappen«, bestehend aus den beiden oberen Halbkugeln. Es bezeugt gleichermaßen Selbständigkeit und Bindung an den Verleiher. Die Lichtenberger Halbkugeln sind auf Winzerhausen übertragen worden, nachdem das Dorf seit dem 13. Jahrhundert allmählich in das Eigentum des Stifts übergangen war.

Die Kesselrinke, oder auch -ring, ist der halbkreisförmige Griff eines Kessels, der an beiden Enden offene Ösen besitzt. Als Fleckenzeichen ist diese Darstellung weit verbreitet. Im Kreis Ludwigsburg besitzt Korntal-Münchingen als Wappensymbol diese Darstellung, ebenso im Kreis Böblingen Nufringen und im Enzkreis Wimsheim. Nachdem Winzerhausen ab 1610 nicht mehr zum Stift Oberstenfeld gehörte und an Württemberg überging, kann angenommen werden, dass sich das Dorf als neues Fleckenzeichen die Kesselrinke zulegte. Es

Grenzstein Nr. 163 in der Waldabteilung »Heiligenwald« mit dem Winzerhäuser Fleckenzeichen, der Kesselrinke unten, sowie der Jahreszahl 1716, der Winzerhäuser Grenzsteinnummer 65 in der Mitte und dem »L« der Forstverwaltung Liebenstein ganz oben. (Foto: Markus Pantle)

Grenzstein Nr. 142 mit einem Hufeisen in der Flur »Bächfeld« an der K 1676, der Straße nach Winzerhausen. Der Stein wurde in den 1980er Jahren umgefahren und dann in einem privaten Garten aufgestellt. (Foto: Markus Pantle)

Grabplatte der Sophia von Schelklingen in der Säulenkrypta der Stiftskirche in Oberstenfeld. Der Stein von 1308 zeigt oben das Lichtenberger Wappen ihres Mannes mit den drei Halbkugeln. (Foto: Markus Pantle)

ist ein gebräuchliches Symbol aus der bäuerlichen Lebens- und Arbeitswelt. Es fällt auf, dass auf den ältesten Gemarkungssteinen von Winzerhausen stets eine Kesselrinke abgebildet ist, erst später taucht das Hufeisen auf.

Zu Beginn des 20. Jahrhunderts und insbesondere in nationalsozialistischer Zeit wurde propagiert, dass sich auf dem Wunnenstein, am Platz der Michaelskirche, ein ehemaliges germanisches Bergheiligtum befunden haben soll. Dieser Zusammenhang habe dazu geführt, den Namen Wunnenstein in germanischem Sinne als Wotanstein auszudeuten. Als Beweis dafür könne man hernehmen, dass Winzerhausen am Fuß des alten heiligen Berges ein Hufeisen als Zeichen Wotans im Wappen führe. Diese Interpretation ist sehr weit hergeholt und entbehrt jeder wissenschaftlichen Grundlage. Vielmehr scheint es plausibel, dass die Form der Kesselrinke mit der Zeit als Hufeisen interpretiert und umgedeutet wurde.

Ferner entdeckt man auf Grenzsteinen im Wunnensteinwald, die an die Gemarkung Winzerhausen stoßen ein eingehauenes »L«. Dieser Großbuchstabe zeigt an, dass diese Fläche zur Hofkammer, also zum königlichen Privatbesitz gehörte, der vom Forstamt Liebenstein (L) aus verwaltet wurde. Im Jahr 1821 ließ König Wilhelm I. von Württemberg eine eigene Verwaltung für den Waldbesitz der königlichen Familie mit sechs Hofkammerforstämtern errichten. Der Besitz im Pfahlhofwald und am Wunnenstein, der zum Revier Liebenstein gehörte, wurde von Freudental aus verwaltet, wobei der Förster seinen Sitz in Liebenstein hatte. Seit 1893 betreute der Hofkammerförster in Freudental auch das Revier Liebenstein. Anfang des 20. Jahrhunderts wurde schließlich das Forstamt Liebenstein aufgegeben und dem Forstamt Freudental eingegliedert. Nachdem das Hofkameralamt Freudental mit dem Forstamt bereits 1929 nach Bietigheim verlegt worden war, benannte man das Hofkammerforstamt Freudental 1957 in »Hofkammerforstamt Bietigheim« um. Das Revier hieß nun nicht mehr »Liebenstein«, sondern »Pfahlhof«, da der Sitz in diesen Ort verlegt wurde und noch heute besteht.

Die Grenzsteine an der Oberstenfelder Gemarkung sind meist mit den Großbuchstaben »OF« oder »OBF« für Oberstenfeld versehen. An manchen Steinen, wie z.B. zwischen den Markungen Oberstenfeld und Hof und Lembach ist das Wort »CONV« eingehauen (lat. conventus: »Zusammenkunft«), was sich auf die Besitzungen des Adeligen Fräuleinstift in Oberstenfeld bezieht.

Grenzstein an der Gemarkungsgrenze zwischen Hof und Lembach und Oberstenfeld in der Flur »Stötzlesberg«, auf welchem auf der Oberstenfelder Seite N 328, CONV, OBF, 1810 eingehauen ist. (Foto: Markus Pantle)

Die Hape ist seit Jahrhunderten ein universelles Weingärtnerwerkzeug. (Foto: Markus Pantle)

Auf dem Grenzstein Nr. 250 in der Flur »Hinter dem Weiler« ist auf der Hof und Lembacher Seite eine Hape sowie die Jahreszahl 1760 zu sehen. (Foto: Markus Pantle)

Die nun anschließende Gemarkung Hof und Lembach hat auf den Grenzsteinen eine Hape abgebildet, was ihr Fleckenzeichen ist. Hierbei handelt es sich um ein Rebmesser mit geschwungener Klinge und Holzgriff, das als Universalwerkzeug im Weinberg eingesetzt wurde.

Die Hape stellt ein typisches Fleckenzeichen einer Weinbaugemeinde dar, jedoch ist dieses Werkzeug heute komplett verschwunden, denn sie wurde durch die Rebschere ersetzt.

Im Anschluss grenzt heute erneut die Oberstenfelder Gemarkung an das Großbottwarer Gebiet. Doch das war nicht immer so, denn früher hatte die Burg Lichtenberg, auf der ab Ende des 15. Jahrhunderts die Herren von Weiler residierten, eine eigene Gemarkung, die sich laut Urflurkarte von 1832 auf der Hochfläche ersteckte und das Dorf Völkleshofen mit-

Grenzstein Nr. 262 im Gewann »Waldwiesen« an der heutigen Gemarkungsgrenze zu Oberstenfeld. Die Fläche um den Lichtenberg war früher im Besitz der Herren von Weiler, weshalb die Grenzsteine hier deren Wappen mit dem Schrägbalken tragen. (Foto: Markus Pantle)

einschloss. Auf den Grenzsteinen ist das Weiler´sche Wappen eingehauen, der Schrägbalken im Schild.

Albrecht Hummel von Lichtenberg verkaufte einst 1357 Herrschaft und Burg an Graf Eberhard den Greiner aus dem aufstrebenden Haus Württemberg. 1483 belehnt Graf Eberhard im Bart den württembergischen Landhofmeister Dietrich von Weiler vom nahegelegenen Schloss Weiler mit der Burg. Danach sollte die Burg, bis zum Tod von Burkhard Dietrich Ludwig August Friedrich von Weiler im Jahr 2022, für 539 Jahre im Besitz dieses alten schwäbischen Adelsgeschlechtes sein.

Die Gemarkung Großbottwar grenzt im Osten an die Kleinaspacher Gemarkung. Dieser Grenzabschnitt ist sogleich Kreisgrenze zwischen dem Landkreis Ludwigsburg und dem Rems-Murr-Kreis. Das Waldgebiet »Bergreisach« auf Kleinaspacher Seite ist heute noch Staatsforst, also Landeseigentum. Schon Riecker hat in der Figurierten Grenzbeschreibung 1731 vermerkt, dass es sich hierbei um »Württemberger Herrschaftswald« handelt. Im Gegensatz zum kommunalen »Bottwarer Häldenwald« war dieser Forst damals Eigentum des Herzogtums Württemberg. Mitte des letzten Jahrhunderts ging der Wald an das neu gegründete Land Baden-Württemberg über. Die Grenzsteine, die 1712 gesetzt wurden, sind allesamt groß von Statur und von besonderer künstlerischer Qualität. Insbesondere die naturgetreuen Darstellungen der Störche beeindrucken sehr. Auf Kleinaspacher Seite ist deshalb eine große stehende Hirschstange, das Symbol der Herren von Württemberg, eingemeißelt.

Am Harzberg und im Hardtwald schließen sich Waldflächen der Gemarkung Murr an, obwohl der Ort 6 km entfernt liegt und durch die Gemarkungen Steinheim und Kleinbottwar getrennt liegt. Der Hintergrund, weshalb im Hardtwald viele waldarme Gemeinden Waldbesitz haben, soll der Sage nach bis ins Mittelalter zurückreichen. Elisabeth vom Blankenstein, die Grundherrin von Steinheim soll die Waldnutzungsrechte an die Gemeinden Steinheim, Erdmannhausen, Murr, Marbach, Benningen, Beihingen und Pleidelsheim übertragen haben. Gemeindemitglieder hatten in Notlagen den Anspruch darauf, Gemeindegüter zu nutzen, zu denen auch der Hardtwald zählte. Das sogenannte Hardtgericht stimmte über Nutzungsfragen ab und entschied in Streitfällen. Auf den Grenzsteinen ist meist ein »H« für Hardtwald eingehauen sowie eine Pflugschar. Dieses Fleckenzeichen ist ein bäuerliches Symbol und weist auf bürgerlichen Besitz hin.

Grenzstein Nr. 326 im Hardtwald. Auf der Murrer Seite ist die Jahreszahle 1717, eine Pflugschar sowie ein »H« für Hardtwald eingehauen. (Foto: Markus Pantle)

Abschließend sei noch auf das Alter der Grenzsteine eingegangen. Auf manchen Steinen sind Jahreszahlen eingemeißelt, die das Jahr der Steinsetzung angeben. So zum Beispiel 1706 auf Stein Nr. 324, 1709 auf Stein Nr. 8 oder 1712 auf Steinen der Grenzsteinreihe im Häldenwald. Aber auch indirekt bezeugen Steine mit eingehauenem Herrschaftswappen, wie zum Beispiel das der Herren von Speth aus Höpfigheim, die 1587 das Lehen abgeben mussten, dass der Stein vorher gesetzt worden sein muss.

Anhand obiger Ausführungen kann ermessen werden, welch anschaulicher Geschichts- und Heimatkundeunterricht man durch alte Grenzsteine genießen kann. Man muss sich nur mit ihnen auseinandersetzen, Fragen stellen, beharrlich forschen, dann beginnen diese stummen Zeugen zu sprechen.

Ausblick

Es ist unschwer auszumachen, dass im Laufe der Jahrhunderte ein Großteil der Großbottwarer Gemarkungsgrenzsteine insbesondere auf Feldflur und Weinbergen für immer verschwunden sind. Da diese Kleindenkmale einen großen Schatz darstellen und viel zu erzählen wissen, ist es elementar, die noch vorhandenen zu schützen. Jedoch gilt es auch diejenigen Steine, die während der Flurbereinigungen in privaten Gärten gelandet sind oder an Brunnen oder in Mauern verbaut worden sind, aufzuspüren und ebenfalls zu dokumentieren. Denn anhand der eingehauenen Nummern kann der frühere Standort genau rekonstruiert werden. So können diese Grenzsteine per GIS wieder virtuell in ihren ursprünglichen Lagekontext gebracht werden und als Informationsquelle umfassender verstanden werden.

Besonders in den Wäldern, wo die meisten Steine noch stehen, droht Gefahr. Große Holzerntemaschinen führen heutzutage den Holzeinschlag durch und so kommt es immer wieder vor, dass Grenzsteine beschädigt oder umgedrückt werden. Ein besonderes Negativbeispiel konnte bei der Aufnahme der historischen Grenzsteinlinie im Hammelwald beobachtet werden. Die Steine der ehemaligen Grenze zwischen Winzerhausen und Ilsfeld zählen zu den ältesten, denn sie stammen teilweise noch von 1599. Ferner ist die Grenzlinie als Kulturdenkmal »Alte Steinlinie« eingetragen. Und gerade hier wurden vor nicht allzu langer Zeit durch Holzerntemaschinen vier aufeinanderfolgende historische Grenzsteine umgedrückt und zum Teil bis zur Unkenntlichkeit ins feuchte Erdreich gepresst. Nur mühsam konnten sie wieder ausfindig gemacht werden. Wenn die Vegetation einsetzt und Humus die Steine bedeckt, sind sie nicht mehr erkennbar, geraten in Vergessenheit und sind verloren. Aber auch durch herabfallende, mächtige Äste oder Windwurf werden Grenzsteine im Wald zerstört oder beschädigt. Liegen herausgerissene oder umgefahrene Grenzsteine in der Nähe eines Wirtschaftsweges, ist es ein Leichtes sie in ein Fahrzeug einzuladen und mitzunehmen. So geschehen ist es im Kälblingswald, als der abgebrochene Stein Nr. 70 Anfang 2022 plötzlich verschwunden war. Nur aufgrund dessen, dass der Stein durch Fotos und Zeichnung dokumentiert war sowie die Sache an die Öffentlichkeit kam, wurde der Stein wieder zurückgebracht. Da heute aufgrund der Geo-Informations-Systeme eine Grenze stets bestimmbar ist, werden fehlende Grenzeine nicht mehr ersetzt. Weil es keine Abmarkungspflicht mehr gibt, liegen heute diese Kleindenkmale nutzlos im Wald herum und gehen nach und nach verloren.

Dankenswerterweise hat sich das Kreisarchiv Ludwigsburg dieser Sache angenommen und ist in regem Austausch mit dem Vermessungsamt getreten. An einem Vororttermin im Frühjahr 2024 konnten sich die Mitarbeiter des Kreisarchivs Ludwigsburg persönlich ein Bild vom schlechten Zustand der Grenzsteine im Kälblingswald machen. Jetzt bleibt zu hoffen, dass gemeinsam Lösungen erarbeitet werden, wie es zur Rettung und Wiederaufstellung von historischen Grenzsteinen kommen könnte. Sollte sich jedoch herausstellen, dass der Status quo erhalten bleibt, so könnte vielleicht eine Möglichkeit sein, die herausgerissenen oder nicht mehr zuordenbare Grenzsteine sicherzustellen und zentral zu lagern. Dies könnte auch eine Anlaufstelle für Grenzsteine in Privatgärten sein, denn durch den zunehmenden Verkauf oder Vererbung von Grundstücken ist es häufig so, dass neue Besitzer mit den Grenzsteinen, die sie miterworben haben, nichts anfangen können. Da sie keinen Bezug zu ihnen haben, werden sie achtlos entsorgt.

Wenn man die Kommune gewinnen und einen Grenzsteinpfad anlegen könne, wie in Zaberfeld geschehen, dann könnten dort die sichergestellten Grenzsteine aufgestellt und der Öffentlichkeit wieder zugänglich gemacht werden. Dies wäre eine einmalige Chance, die bereits verstummten Zeugen wieder zum Sprechen zu bringen.

Grenzstein Nr. 70 im Kälblingswald mit flamingoartigem Storch sowie dem Wappen der Herren von Jäger auf Höpfigheimer Seite. (Zeichnung: Markus Pantle)

Der Grenzsteinpfad bei Zaberfeld ist ein nachahmenswertes Beispiel, wie Grenzsteine, die nicht mehr am originalen Standort stehen, durch Aufstellung in einem Lapidarium wieder entsprechend zur Geltung kommen. (Foto: Markus Pantle)

Quellen und Literatur

Staatsarchiv Ludwigsburg

EL 68 VI (Historische Flurkarten) Nr 3957–3961, 4044–4049, 4125, 4130, 4132–4138, 4217–4222, 4302–4304, 4386 und 4387

Stadtarchiv Großbottwar

o. S. »Grosen Bottwar figurirte Graenz Beschreibung Anno 1731« gefertigt von Georg Christoph Rieker, 1731

Kreisarchiv Ludwigsburg

Dokumentation Kleindenkmale im Landkreis Ludwigsburg, Ordner 15/01 Großbottwar, gesamt (2005)

Dokumentation Kleindenkmale im Landkreis Ludwigsburg, Ordner 15/02 Großbottwar, Grenzsteinaufnahmen Großbottwar, figurierte Grenzbeschreibung, Zeichnungen, erstellt von E. u. M. Pantle, J. Gommel (2021)

Landesamt für Denkmalpflege in Baden-Württemberg (Hg).: Grenzsteine – erhaltenswerte Zeugennisse der Geschichte, Esslingen, 2018, URL: https://www.denkmalpflege-bw.de/fileadmin/media/denkmalpflege-bw/publikationen_und_service/01_publikationen/06_infobroschueren/01_landesweite_informationen/Grenzsteine-Erhaltenswerte_Zeugnisse/Flyer_Grenzsteine.pdf [zuletzt aufgerufen am 25. Juli 2024].

200 Jahre Forstbetrieb Herzog von Württemberg 1821–2021, hg. v. d. Hofkammer des Hauses Württemberg, URL: https://www.hofkammer.de/Web/forstwirtschaft/pdf/Festschrift-200-Jahre-Forstbetrieb-Herzog-von-Wuerttemberg.pdf [zuletzt aufgerufen am 25. Juli 2024].

Müller, Willi: Von den alten Marksteinen unseres Kreises, in: Hie gut Württemberg, 1. Jg., Nr. 11 (1950), S. 82–83.

Müller, Willi: Das Hufeisen von Winzerhausen, in: Hie gut Württemberg, 2. Jg., Nr. 5 (1951), S. 39.

Neuffer, Hermann: Großbottwar – Beiträge zur Stadtgeschichte, Horb am Neckar 2003.

Schedler, Ernst: Stiftskirche St. Johannes d. T. Oberstenfeld, Oberstenfeld 2017.

Wolf, Reinhard: Von Ort zu Ort. Kleindenkmale im Kreis Ludwigsburg, Ludwigsburg 2014.

Veranstaltungen 2023/2024

Vortragsreihe im Winterhalbjahr 2023/2024 im Staatsarchiv Ludwigsburg

Donnerstag, 12. Oktober 2023: Vortrag von Patricia Peschel über 802 Tage – das Wirken der Catharina Pavlona (1787–1819) als Königin von Württemberg (1816–1819).

In der ersten Veranstaltung im neuen Zyklus sprach die Kunsthistorikerin Dr. Patricia Peschel über die württembergische Königin Katharina und die von ihr in kürzester Zeit – innerhalb von drei Jahren – gegründeten und bis heute bestehenden Einrichtungen.

Katharina Pawlowna [alternativ: Catharina Pavlovna], eine Tochter des Zaren Paul, war in erster Ehe mit Herzog Georg von Oldenburg verheiratet, der wenige Jahre später an einer Typhuserkrankung starb. In zweiter Ehe heiratete sie ihren Cousin Wilhelm von Württemberg und wurde damit erst zur Kronprinzessin, dann zur Königin Katharina von Württemberg. Katharina Pawlowna brachte großes politisches Wissen, Durchsetzungsfähigkeit und ein beträchtliches Vermögen in die Ehe mit. Württemberg hatte eine lange Zeit des Niedergangs durch Kriege und Missernten erlebt, was zu einer extremen Verelendung der Bevölkerung führte. Die neu gegründeten Einrichtungen sollten Wege aus der Notlage aufzeigen. Dazu gründete Katharina Pawlowna den »Wohltätigkeitsverein«, der die Tätigkeit aller privaten Vereine bündelte. Ein Berichtswesen erfasste die Bedürftigen im ganzen Land und erleichterte eine erste Linderung der Not, vor allem von Kinder- und Altersarmut. Die Rolle von Katharina beschränkte sich nicht auf die einer »charity lady«, vielmehr ging der gesamte Schriftverkehr über ihren Schreibtisch. Sie betrachtete die Bekämpfung der Not als Staatsaufgabe und sorgte für die Errichtung einer Staatlichen Armenkommission.

Zu den Gründungen gehörte die »Württembergische Landessparkasse«, die heutige LBBW-Bank, damit die ärmere Bevölkerung Rücklagen für Krisenzeiten bilden konnte.

Das Katharinenstift widmete sich der höheren Bildung von Mädchen und ging im Schulwesen über die übliche Vorbereitung auf Erwerbstätigkeit hinaus. Die Landwirtschaftliche Versuchsanstalt in Hohenheim sollte durch verbesserten Anbau und Ausbildung landwirtschaftlicher Kräfte dabei helfen, die Hungersnöte zu überwinden. Dem gleichen Ziel diente der »Verein zur Belebung und Verbreitung der landwirtschaftlichen Industrie« (Landwirtschaftlicher Verein) und das Landwirtschaftliche Hauptfest, aus dem sich das Cannstatter Volksfest entwickelte. Das Katharinenhospital, das erste allgemeine Krankenhaus der Stadt Stuttgart, wurde dagegen erst nach dem Tod von Katharina gegründet. Diese Gründungen funktionierten auch nach ihrem Tod, da sie untereinander vernetzt und nicht allein auf ihre Person bezogen waren. Die zahlreichen Neugründungen führten zu Erfolgen bei der Entwicklung des Landes sowie bei der nachhaltigen Bekämpfung der Armut. Daher herrschte allgemeine Trauer in der Bevölkerung nach Katharinas frühem Tod. Der König setzte ihr mit der Grabkapelle auf dem Rotenberg ein Denkmal.

Dr. Erich Viehöfer

Donnerstag, 9. November 2023: Vortrag von Dr. Petra Schad über Die Anfänge der staatlichen Lehrerinnenbildung. Vom Buhl´schen Seminar in Ludwigsburg nach Markgröningen.

Dieser Vortrag ist im Heft 77/2023 der Ludwigsburger Geschichtsblätter abgedruckt.

Donnerstag, 14. Dezember 2023: Vortrag von Albrecht Gühring über Die Inflation 1923 in Marbach und Umgebung.

Dieser Vortrag ist im Heft 77/2023 der Ludwigsburger Geschichtsblätter abgedruckt.

Donnerstag, 11. Januar 2024: Vortrag von Dr. Elke Koch über Elisabeth Kranz (1887–1972), Schulleiterin der Höheren Mädchenschule (heute Goethe-Gymnasium).

Dr. Elke Koch, Archivarin im Staatsarchiv Ludwigsburg (stellvertretende Archivleiterin), befasst sich seit fast 20 Jahren mit dem Leben einer außergewöhnlichen Frau.

Obwohl unter anderem eine Straße in Ludwigsburg nach ihr benannt wurde, ist Elisabeth Kranz – im Gegensatz zu ihrer berühmten Freundin Jenny Heymann – weitgehend vergessen. Dabei war Elisabeth Kranz die erste akademisch ausgebildete Frau, die in Württemberg eine höhere Schule leitete. Sie wurde 1887 in Nordhausen geboren, einer Stadt im Raum Erfurt. In Berlin besuchte sie die berühmten Gymnasialkurse von Helene Lange und legte 1906 die Reifeprüfung ab. Während ihres Studiums der Fächer Neuere Philologie und Geschichte wechselte sie von Berlin nach Tübingen, da Württemberg damals bessere Aufstiegsmöglichkeiten für Frauen bot. Ab 1912 war Elisabeth Kranz Lehrerin an der Höheren Mädchenschule in Ludwigsburg, dem heutigen Goethe-Gymnasium. 1928 wurde sie Leiterin dieser Schule. Während des Nationalsozialismus wurde sie mehrfach von Lehrerkollegen als politisch unzuverlässig denunziert und 1936 in den vorzeitigen Ruhestand versetzt. Sie war eine mutige Frau, die aktiv jüdische Freunde und Verwandte unterstützte. Nach 1945 übernahm sie für einige Jahre nochmals die Leitung der Goethe-Oberschule für Mädchen in Ludwigsburg. Elisabeth Kranz starb 1972 in Stuttgart. Sie war eine moralische Instanz, die wir nicht vergessen sollten.

Dr. Erich Viehöfer

Donnerstag, 01. Februar 2024: Vortrag von Dr. Dorothee Brenner über Die Talkaserne und das Jägerhaus – archäologische Einblicke in die Gründungszeit des barocken Ludwigsburg.

Der letzte Vortrag im Zyklus 2023/2024 konnte wegen einer Erkrankung der Referentin, Dr. Dorothee Brenner, Gebietsreferentin beim Landesamt für Denkmalpflege, nicht persönlich, sondern in ihrer Vertretung von Stadtarchivar Dr. Simon Karzel gehalten werden.

Die Talkaserne ist eines der jüngsten Kulturdenkmäler, die in Baden-Württemberg zur Ausgrabung gekommen sind. Sie rückte in den Fokus der archäologischen Denkmalpflege, als der bisherige Parkplatz durch ein Parkdeck und eine Grünanlage ersetzt werden sollte. Eine Rettungsgrabung musste durchgeführt werden, bevor die Bauarbeiten begonnen werden konnten. Vor der Talkaserne stand an dieser Stelle ein Jägereigebäude, das nach dem Brand des Erlachhofes in Zusammenhang mit dem Schlossbau und der Leidenschaft des Herzogs für die Jagd entstand. Über dessen Aussehen gab es vor der Ausgrabung keinerlei Erkenntnisse. Auch die Baugeschichte der früheren Talkaserne war weitgehend unbekannt. Gezielte Sondagen brachten nun Erkenntnisse zur älteren Baugeschichte der Kaserne sowie zum Vorgängerbau. Das Jägereihaus zeigte sich als groß angelegtes Gebäude, dessen Inneneinteilung ganz unterschiedliche Bereiche aufweist, wie die ausgegrabenen Fliesenböden vermuten lassen. Die Talkaserne war keine bloße Umnutzung des Jägereigebäudes, sondern dieses Vorgängergebäude wurde bis auf die Fundamente und die Bodenbeläge abgebrochen. Wahrscheinlich war es für den militärischen Zweck als nicht ausreichend stabil erachtet und deshalb ein fast völliger Neubau, aber auf altem Grundriss, erstellt worden. Ein archäologisches Fenster im Innenhof des Parkdecks Walckerpark ermöglicht einen Blick in die Baugeschichte seit dem frühen 18. Jahrhundert.

Dr. Erich Viehöfer

Ausfahrten

Donnerstag, 27. Juni 2024 – Halbtagesexkursion: Naturkundemuseum Stuttgart – Führung durch das Magazin der zoologischen Sammlung unter der Leitung von Carsten Leidenroth, Naturkundemuseum Stuttgart.

Der Präparator Carsten Leidenroth führte die Mitglieder des Historischen Vereins durch das Magazin der zoologischen Sammlung des Naturkundemuseums Stuttgart.

Ursprünglich gehen die Sammlungen des Naturkundemuseums auf das Kunst- und Naturalienkabinett der württembergischen Herzöge zurück. Bereits 1791 wurde aus dem Naturalienkabinett eine selbststän-

Der Präparator Carsten Leidenroth präsentierte ausgewählte Beispiele aus der Sammlung des Naturkundemuseum Stuttgart, unter anderem vom Zoll sichergestellte Hehlerware in Form von Elfenbeinschnitzereien. (Foto: Sophie Froehlich, Kreisarchiv Ludwigsburg)

dige Institution, die heute als Staatliches Museum für Naturkunde Stuttgart (SMNS) bekannt ist. Das Museum besteht aus zwei Museen mit unterschiedlichen Schwerpunkten: Während sich das Museum am Löwentor der Paläontologie und Geologie widmet, steht im Museum Schloss Rosenstein die Biologie im Vordergrund. Seit 2016 gehören die Sammlungen des Naturkundemuseums zum nationalen Kulturgut Deutschlands.

Die zoologischen Sammlungen des Museums Schloss Rosenstein umfassen über 1,3 Millionen Objekte und Präparate aus der ganzen Welt, die sowohl historisch als auch international von Bedeutung sind. Für Forschungszwecke und Ausstellungen verleiht die zoologische Abteilung regelmäßig Sammlungspräparate.

Teile der umfangreichen Säugetiersammlung stammen noch aus dem 19. Jahrhundert, was der bereits 1837 angelegte und bis heute weitergeführte Sammlungskatalog eindrücklich dokumentiert. Unter den Sammlungsobjekten befinden sich beispielsweise eine weltweit einzigartige Sammlung von Delfinen bzw. Delfinköpfen oder auch eine aus einem Naturforschernachlass stammende Fledermaussammlung, die mehrere tausend Fledermausarten umfasst.

Ein besonderes Highlight der Säugetiersammlung ist für alle Geschichtsinteressierten der letzte Wolf Württembergs, der 1847 im Zabergäu bei Cleebronn oder Bönnigheim erlegt wurde. Zusammen mit seinem 2015 bei Merklingen überfahrenen und ebenfalls zur Sammlung gehörenden Artgenossen – dem ersten Wolf im württembergischen Raum seit über 160 Jahren – bilden beide präparierten Tiere ein Stück Landesgeschichte ab.

Sophie Froehlich

Samstag, 20. Juli 2024 – Halbtagesexkursion: Museum Ludwigsburg im MIK – Führung durch die Ausstellung »Kaffee-Reklame Markenwelt Franck« von Margrit Röder unter der Leitung von Dr. Alke Hollwedel, Ludwigsburg Museum.

Die Kuratorin der Ausstellung »Kaffee-Reklame. Markenwelt Franck«, Margrit Röder, führte die Mitglieder des Historischen Vereins durch die aktuelle Ausstellung im Ludwigsburg Museum und in die Werbegeschichte der Firma Heinrich Franck Söhne ein.

Dass Kaffee nicht zum Alltag gehört, ist für uns heute kaum noch vorstellbar. Zu Beginn des 19. Jahrhunderts war das Modegetränk aber für die Mehrheit ein unerschwinglicher Luxus. Heinrich Franck traf deshalb den Nerv der Zeit, als er 1828 anfing, in seinem Vaihinger Lebensmittelladen Ersatzkaffee aus gerösteten Zichorienwurzeln herzustellen.

Der Betrieb expandierte und zog 1868 nach Ludwigsburg um, wo gegenüber vom Bahnhof eine große Fabrikanlage entstand. Von hier aus erschloss sich das Unternehmen einen internationalen Markt mit zahlreichen Produktionsstandorten beispielsweise in Mailand, Basel, Bukarest und New York.

Den rasanten Aufstieg zum weltweit agierenden Großunternehmen verdankten die Francks nicht nur einer Marktlücke, sondern auch konsequenter Markenentwicklung, künstlerisch hochwertiger Werbung und einfallsreichen Strategien zur Kundenbindung.

Seit der Werksschließung 2019 befindet sich das Archiv des Unternehmens in der Obhut des Wirtschaftsarchivs Baden-Württemberg. Nun kommen Großplakate, Reklameaufsteller, Sammelbilder und Werbegeschenke als Leihgaben zurück nach Ludwigsburg. Sie zeigen, dass Markenkommunikation immer auch ein Stück Zeitgeschichte ist.

Dr. Alke Hollwedel

Samstag, 21. September 2024 – Halbtagesexkursion: Unbekanntes Unterriexingen und die Herren Leutrum von Ertingen unter der Leitung von Albrecht Gühring.

Wolfgang Weber, Stadtführer von Markgröningen und Unterriexingen, gab sein profundes Fachwissen über die Evangelische Kirche Unterriexingen an die Mitglieder des Historischen Vereins bei der Führung weiter. So war zu erfahren, dass die Saalkirche 1628/29 anstelle einer spätgotischen Kapelle erbaut wurde. Sie besteht aus einem Langhaus und einem Chorturm im Osten, dessen mit einem geschweiften Pyramidendach abschließendes oberstes Geschoss die Turmuhr und den Glockenstuhl mit drei Kirchenglocken enthält. Der von Dachgauben erhellte Dachboden diente zur Vorratshaltung in Notzeiten. Der Innenraum des Langhauses mit im Jahr 1685 eingebauten Emporen ist von einer Kassettendecke überspannt. Die Decke des Chors besteht aus einem Netzgewölbe. Die Kirchenausstattung hat 1906 Bruno Taut (1880–1938),

Dr. Petra Schad führte durch die Frauenkirche in Oberriexingen und erläuterte dabei unter anderem auch die Geschichte des romanischen Kruzifixus. (Foto: Susanne Opfermann)

Architekt und Stadtplaner, neu arrangiert. Als Vertreter des »Neuen Bauens« gab er der Kirche einen neuen, sachlichen Impuls. Die Spuren dieser vor allem optischen Neuausrichtung der Kirche sind nach einer Instandsetzung Ende des 20. Jahrhunderts nur noch an einzelnen Details ersichtlich. Weitere Besonderheiten, wie beispielsweise eine gussstählerne Glocke des Herstellers »Bochumer Verein für Bergbau und Gußstahlfabrikation (BVG)« aus dem Jahr 1922 oder der historische Grafenstuhl, wurden durch Wolfgang Weber den Teilnehmerinnen und Teilnehmern nähergebracht.

Die südwestlich und oberhalb des Dorfes inmitten des Friedhofs gelegene Frauenkirche war der zweite Programmpunkt dieser Exkursion. Dort führte Dr. Petra Schad, langjährige Stadtarchivarin von Markgröningen, die Gruppe. Die Frauenkirche wurde im 13. Jahrhundert als Wallfahrtskapelle erbaut und im 14. Jahrhundert von den Herren von Riexingen erweitert. Bis zum Ausbau der Kapelle im Dorf um das Jahr 1628 diente sie als Pfarrkirche. Danach fand sie in erster Linie als Grablege der ortsansässigen Adelsgeschlechter Verwendung. Durch kriegsbedingte Einflüsse sowie einem Brand durch einen Blitzeinschlag Anfang des 18. Jahrhunderts verfiel die Kirche im 19. Jahrhundert zur Ruine. Die Instandsetzung begann ab 1874 durch den Freiherrn Gerhard Leutrum von Ertingen. Bis dahin war die Kirchenruine ein beliebter Inspirationsort für Romantiker aus der Region. Zum Schluss der Wiederaufbauarbeiten wurde 1891 ein wertvoller romanischer Kruzifixus aus dem 12. Jahrhundert vom Stammsitz der Familie Leutrum in Ertingen nach Unterriexingen transloziert und in der Frauenkirche aufgehängt.

Die erneute, behutsame Restaurierung in den Jahren 1999 bis 2003 durch Karl Magnus Graf Leutrum von Ertingen wurde im Jahr 2004 mit dem Denkmalschutzpreis Baden-Württemberg ausgezeichnet. Bis heute dient die Kirche auch als Ort für Beerdigungsgottesdienste der Gemeinde.

Weitergehende Informationen können dem Aufsatz von Dr. Petra Schad über »Die Frauenkirche in Unterriexingen. Pfarrkirche, Wallfahrtskirche, Friedhofskirche.« auf den Seiten 17 bis 38 im Band 59 der Ludwigsburger Geschichtsblätter aus dem Jahr 2005 entnommen werden.

Wolfram Berner

Berichte und Mitteilungen

Museum im Steinhaus Bönnigheim:
30 Jahre Schwäbisches Schnapsmuseum

Die drohende Verschrottung der Schnapsbrennerei Krebs im Jahre 1977 war der Anlass zur Gründung der Historischen Gesellschaft Bönnigheim e.V., welche Kurt Sartorius seither leitet. Die Schnapsbrennerei wurde ausgebaut und sollte als Beispiel eines örtlichen Gewerbes in ein Heimatmuseum integriert werden. Auf Empfehlung der Landesstelle für Museumsbetreuung wurde seit 1985 ein Spezialmuseum zum Thema Alkohol aufgebaut. 1993 zeigte der Verein im Landespavillon Baden-Württemberg in Stuttgart die Ausstellung »geistreich«. Im gleichen Jahr wurde im provisorisch gerichteten Steinhaus von 1296 das Schwäbische Schnapsmuseum eröffnet. Seither renovieren Mitglieder das Gebäude Stockwerk für Stockwerk. Heute stehen über 500 qm Ausstellungsfläche zur Verfügung. Mit über 100 überwachungspflichtigen Brenngeräten und vielen anderen

Zum 30-jährigen Jubiläum am 28. September 2023 gratulierten (v.l.n.r.) Bürgermeister Albrecht Dautel, Shahab Sangestan, Chef der Landesstelle für Museen, Sabine Mücke, Präsidentin des Museumsverbandes Baden-Württemberg und die Destillatkönigin Lea Klatt dem Museumsleiter Kurt Sartorius. (Schwäbisches Schnapsmuseum Bönnigheim)

Exponaten besitzt das Museum die größte alkoholgeschichtliche Museumssammlung Deutschlands. In Abteilungen wie Destillationsgeschichte, Abstinenzlerkammer, Heilbronner Hammer-Brennerei, Schwarzbrennerei oder Industrie und Alkohol wird die Geschichte umfangreich, qualitätsvoll und lebendig dargestellt. Anziehungspunkt sind auch die legendären humorvollen Schnaps- und Likörverkostungen von Kurt Sartorius. Das Museum wird rein ehrenamtlich betrieben und ohne große Zuschüsse finanziert. Das Gebäude gehört der Stadt Bönnigheim und darf kostenlos genutzt werden. Der Förderverein »Museum im Steinhaus« hat schon über 600.000 Euro in die Museumsarbeit investiert. Bis zum Jubiläum im Jahr 2023 haben sich bereits mehr als 136.000 Besucher über die Alkoholgeschichte informiert. In vielen Beiträgen, in Büchern und Fachzeitschriften werden Forschungsergebnisse zur Stadtgeschichte, Alkoholgeschichte und Nachgeburtsbestattung veröffentlicht.

Der zweite einmalige Museumsschwerpunkt ist die Nachgeburtsbestattung. 1984 fanden Mitglieder im Keller eines Abbruchhauses vergrabene Töpfe und brachten diese mit der Nachgeburtsbestattung in Verbindung. Ein vergleichbarer Fund war in Deutschland nicht bekannt. Eine chemische Analyse wies Östrogen und damit die Nachgeburt als Topfinhalt nach. Bis heute haben Mitglieder in 39 Kellern solche Töpfe ausgegraben, welche zwischenzeitlich in ganz Deutschland gefunden werden. In der Abteilung »Kindesglück – magische Bräuche um Liebe und Geburt« des Museums im Steinhaus wird dieser Brauch in andere Bräuche eingebunden.

Mitglieder des Vereins betreuen ehrenamtlich in vielen tausend Stunden das Museum im Steinhaus und das Museum Arzney-Küche, in welchem das Thema »Alkohol in der Pharmazie« dargestellt ist. Der Arbeitskreis Museum baut die Sammlung auf und bereitet die Sonderausstellungen vor. Der Verein gibt die Ganerbenblätter mit Beiträgen zur Geschichte Bönnigheims heraus. Auch viele Beiträge in Büchern und Fachzeitschriften informieren über die Alkoholgeschichte und machen die Vereinsarbeit bekannt.

Das Museum im Steinhaus – Schwäbisches Schnapsmuseum – im Meiereihof 5+7 in 74325 Bönnigheim ist sonntags von 14 bis 17 Uhr und nach Absprache für Gruppen geöffnet. Weitere Informationen erhalten Sie unter der Telefonnummer 07143-22563 oder unter der E-Mail-Adresse schnamus@web.de sowie über die Internetseite www.schwaebisches-schnapsmuseum.de.

Kurt Sartorius, Schwäbisches Schnapsmuseum Bönnigheim

Stadtarchiv Ludwigsburg: Zwischen Erinnern und Feiern – Veranstaltungen im Stadtarchiv

Im Stadtarchiv Ludwigsburg fanden in den letzten Monaten wieder unterschiedliche Veranstaltungen statt. Im Rahmen einer Kooperation mit dem Ludwigsburg Museum wurden unter dem Titel »Die Stadt im Blick« Fotografien aus der Sammlung Aigner gezeigt. Diese Fotografien, die von der ehemaligen Verlagsanstalt und Buchhandlung Aigner in Auftrag gegeben worden waren, ließen das Ludwigsburg der Kaiserzeit aufleben. Die Ausstellung ermöglichte darüber hinaus auch das Erstellen eigener, neuer Fotografien, die die historischen Fotos um aktuelle Fotografien ergänzen. Ein Abendvortrag des Stadtarchivs im Museum zur Sammlung Aigner unterstrich die gute Zusammenarbeit zwischen den beiden Gedächtnisinstitutionen.

Gemeinsam mit der Friedrich-Naumann-Stiftung/Reinhold Maier-Stiftung erinnerte das Stadtarchiv an die Widerstandskämpferin Sophie Scholl, die als Kind anderthalb Jahre in Ludwigsburg gelebt hatte. Anlässlich ihres Geburtstags am 9. Mai führte die Journalistin Hilke Lorenz durch einen Abend, der sich mit der deutschen Erinnerungskultur auseinandersetzte.

Erneut war die Kinderuni zu Gast im Stadtarchiv. Die Grundschulkinder waren auf historischer Spurensuche im Stadtarchiv unterwegs und erhielten alle eine Kinderbroschüre zur Stadtgeschichte. Ebenfalls an Kinder (und andere Junggebliebene) richtet sich das neue historische Malbuch von Nicole Neu, das als eigenständiges Projekt ihres Freiwilligen Sozialen Jahres Kultur im Stadtarchiv entstanden ist. Inzwischen bietet das Stadtarchiv zum achten Mal ein FSJ-Kultur an, das dankenswerterweise großzügig durch die Wüstenrot Stiftung gefördert wird. Auch die feierliche Zertifikatsverleihung für alle Freiwilligen im Kulturbereich in Ludwigsburg wurde dieses Jahr im Stadtarchiv ausgerichtet. Es war eine erfrischende Veranstaltung, bei der der Lesesaal angesichts der vielen Teilnehmenden rasch an seine Grenzen stieß.

Der aktuelle Freiwillige Fin Mundel verhalf der berühmten Postkartensammlung Armin Weckert zu mehr Aufmerksamkeit. Nach umfangreichen Erschließungsarbeiten wurde sie im Rahmen der Social Media-Angebote des Stadtarchivs immer wieder neu der Öffentlichkeit präsentiert. Ausgewählte Postkarten sind seitdem auch in den Bürgerbüros der Stadt und im Stadtarchiv zu sehen, selbstredend auch in digitaler Form.

Im Herbst beteiligte sich das Stadtarchiv am Literaturfestival »WORT WELTEN«. In diesem Zusammenhang waren die Stadtschreiberinnen Regina Boger und Doris Gräter zu Besuch. Die von ihnen gesammelten Ludwigsburger Lebensgeschichten wurden vom SWR-Moderator Rudolf

Ansichtskarte von 1929 mit einem Linienbus der Ludwigsburger Verkehrslinien, welcher ab 1926 zwischen Ludwigsburg und Hoheneck verkehrte. (Stadtarchiv Ludwigsburg)

Guckelsberger sehr einfühlsam vorgestellt. Musikalisch umrahmten Susanne Godel und Hans-Jörg Eberle die Lesung mit Dudelsack, Flöte, Gitarre und Harfe. Diese »Ludwigsbürger!nnen« genannte Veranstaltung war bereits zum dritten Mal im Stadtarchiv zu Gast.

Auch beim Jubiläum der 900. Ersterwähnung Poppenweilers leistete das Stadtarchiv Beiträge. Zum einen, indem das Ausstellungsdatum der Urkunde, auf der das Jubiläum basiert, um ein Jahr nach hinten korrigiert wurde. Bisher hatte man die Urkunde auf das Jahr 1122 datiert. Der Austausch mit den Diplomatiksachverständigen der Monumenta Germaniae Historica in München ergab, dass die Urkunde erst 1123 ausgefertigt wurde. Zum anderen wurden während der Jubiläumsfeierlichkeiten Bilder des Fotografen Wilhelm Röckle in der Poppenweiler Zehntscheuer gezeigt. Röckle hatte Poppenweiler in den 1960er und 1970er Jahren fotografiert. Ebenfalls Fotografien von Wilhelm Röckle waren außerdem in einer kleinen Ausstellung des Stadtarchivs in Neckarweihingen zu sehen. Anlässlich der Eingemeindung von Neckarweihingen 1974 zeigte die Ausstellung »Neckarweihingen vor und nach der Eingemeindung« den großen Wandel, der sich in den letzten 50 Jahren im Stadtteil an der Neckarschleife vollzogen hat.

Der Tag der Archive 2024 fand im Stadtarchiv erstmals seit der Corona-Pandemie wieder statt. Das diesjährige Thema »Essen und Trinken« wurde durch Gastgeschenke, Verordnungen und Fotografien aus Ludwigsburg konkretisiert.

Die Rolle der Frau in der Ludwigsburger Geschichte war Thema eines Kurzvortrags im Luna-Kino, bevor der Internationale Frauentag mit einem Filmporträt über fünf sehr unterschiedliche Frauen begangen wurde.

Eine Gedenkfeier in der Stadtkirche für den Ludwigsburger Ehrenbürger Dr. Albert Sting am 7. Mai 2024 erinnerte an den auch im Historischen Verein zu Lebzeiten sehr engagierten Theologen und Historiker. Unter anderem würdigten Oberbürgermeister Dr. Matthias Knecht, Dekan Michael Werner und Stadtarchivar Dr. Simon Karzel die zahlreichen Verdienste Stings. Sehr anrührend waren die Erinnerungen von Familienmitgliedern Alberts Stings. Neben seinen Kindern berichtete sein Bruder Reinhold von einem reichen und erfüllten Leben.

Albert Sting im Alter von zwei Jahren mit seinen beiden, auf tragische Weise umgekommenen, älteren Brüdern, 1925. Am 8. Juli 1929 starben beim Brand des Gebäudes Marktplatz 4 der neunjährige Erhard Sting und der achtjährige Wilhelm Sting. (Stadtarchiv Ludwigsburg)

Dr. Simon Karzel, Stadtarchiv Ludwigsburg

Geschichtsverein Bietigheim-Bissingen: 40 Jahre – der Verein feiert in diesem Jahr einen runden Geburtstag.

Der Geschichtsverein Bietigheim-Bissingen e.V. wurde im Jahr 1984 gegründet. Das Gründungsprotokoll vom 19. März 1984 zählte 23 Mitglieder. Heute hat der Verein circa 350 Mitglieder.

Der Geschichtsverein entstand aus einem vom Stadtarchiv Bietigheim-Bissingen initiierten offenen Arbeitskreis für Stadtgeschichte. Der neu gegründete Verein hatte sich zum Ziel gesetzt, die Geschichte der Stadt und des Umlandes von Bietigheim-Bissingen zu erforschen und das Geschichtsbewusstsein der Bürgerinnen und Bürger zu stärken. Das zentrale Anliegen des Vereins ist es, die Kenntnisse über die Stadtgeschichte von Bietigheim-Bissingen und auch die überregionale Geschichte durch Vorträge, Publikationen, Führungen und Exkursionen einer breiten Öffentlichkeit näher zu bringen. Der Geschichtsverein wendet sich daher an alle Bürgerinnen und Bürger, die sich für Orts- und Landesgeschichte interessieren, die geschichtliche Fort- und Weiterbildung suchen und die historischen Denkmäler schätzen und deren Erhaltung wünschen.

In seiner Anfangszeit profitierte der Geschichtsverein besonders davon, dass durch das Engagement von Günther Bentele die Rettung der historischen Altstadt vorbildlich vorangetrieben wurde. Das beste Beispiel dafür ist das Hornmoldhaus. Bis in die 1970er Jahre hinein blieb das Hornmoldhaus ein vom Abbruch bedrohtes Bauwerk. Dennoch war damals die stadtgeschichtliche Bedeutung des Hauses noch nicht vollkommen vergessen. Historisch interessierte Bürger wiesen auf die hinter dem Putz zu vermutenden Malereien und auf das prachtvolle Fachwerk hin. Die Idee, den Abbruch des Hornmoldhauses zu verhindern, wurde von der »Bürgerinitiative für eine humane Stadt« aufgegriffen. Einen wichtigen Unterstützer fand das Projekt durch den damaligen Oberbürgermeister Manfred List. Diesem bürgerschaftlichen Engagement ist es zu verdanken, dass die Innenausmalung im Jahre 1976 wiederentdeckt wurde und dies der Anlass war, das Haus zu erhalten. Bereits im Folgejahr gab der Gemeinderat den Weg frei, das Haus umfassend zu renovieren. Der notwendige Rückbau, die Freilegung und Restaurierung von Fassade und Malereien erfolgten von 1979 bis 1981.

Erstmalig erschienen die »Blätter zur Stadtgeschichte« im Juni 1983. Herausgeber waren zunächst der »Arbeitskreis für Stadtgeschichte« und das Stadtarchiv Bietigheim-Bissingen. Seit der zweiten Ausgabe war der neu gegründete Geschichtsverein Mitherausgeber. Die damaligen Ergebnisse der geschichtlichen Forschungen sollten nicht in der Schublade verkümmern, sondern der Öffentlichkeit zugänglich gemacht werden. Autoren der ersten Stunde waren Stefan Benning, Günther Bentele, Erwin Mickler, Michael Schirpf und Peter Schremmer. Diese intensive Beschäftigung mit der örtlichen Geschichte führte auch dazu, dass die Akzeptanz des Geschichtsvereins in der Bevölkerung stetig stieg.

Vorstand und Ausschuss legen großen Wert auf eine umfangreiche Programmgestaltung. So gibt es von Anfang an monatliche Vorträge. Diese reichen von Berichten über die örtlichen Ausgrabungen, über die Kirchen der Stadt bis zur Geschichte der neueren Zeit und zur aktuellen politischen Weltlage.

Die regelmäßigen Exkursionen zu den Nachbarkommunen stehen unter dem Motto »Besuch beim Nachbarn« und führten die Geschichtsvereinsmitglieder in diesem Jahr nach Sachsenheim. Diese Reihe begann, als Manfred Kurz im Jahr 1987 den Vorsitz übernahm. Zusammen mit seiner Frau Anne planten und entwickelten sie alle Ausflüge mit großem Fachwissen und pädagogischem Gespür. Dieses Engagement fand großen Zuspruch, und so stiegen die Mitgliederzahlen in seiner Amtszeit stetig an.

Mit »Stuttgart wie es nicht jeder kennt« unter der Federführung von Gottfried Bauer entstand ein neues Format von Stadtspaziergängen zu den Besonderheiten der Landeshauptstadt. In diesem Jahr ging es in den Stuttgarter Osten.

Weiterhin gibt es seit der Gründung regelmäßig eintägige Exkursionen. Ziele der letzten Fahrt waren das Wasserschloss Glatt, das ehemalige Franziskanerkloster Kirchberg und das ehemalige Dominikanerinnenkloster Bernstein.

Seit dem Jahr 2010 gibt es auch mehrtägige Exkursionen, meistens vor dem Hintergrund geschichtlicher Jahrestage. Anlässlich des Jubiläums »Württemberg und das Elsass – 700 Jahre gemeinsame Geschichte« war das Ziel in diesem Jahr Riquewihr und Montbéliard.

Ein weiteres wichtiges Betätigungsfeld des Vereins ist der »Arbeitskreis Bunderforschung«. Der in der Brandhalde liegende Bunker RO 1 sollte der Bevölkerung zugänglich gemacht werden und interessierte Besucherinnen und Besucher über die Geschichte und Technik der Neckar-Enz-Stellung informieren. 1999 gründete sich zu diesem Zweck der Arbeitskreis Bunkerforschung innerhalb des Geschichtsvereins. Unter der Schirmherrschaft des Geschichtsvereins steht auch der Luftschutzstollen unter der Laurentiuskirche. Besichtigungstermine für beide Anlagen sind jeweils am ersten Sonntag im April, Juli und September.

Die Einbindung von Jugendlichen in das Programm des Geschichtsvereins ist ein zentrales Anliegen. Die Arbeit mit jungen Menschen ist daher seit der Vereinsgründung eine feste Größe im Vereinsleben. So war zur Auftaktveranstaltung in diesem Jahr die Geschichts-AG des Ellentalgymnasiums zu Gast in der GV-Monatsrunde. Die Schülerinnen und Schüler präsentierten im vollbesetzten Enzpavillon ihr von Bundespräsident Steinmeier prämiertes Projekt »Mehr als ein Dach über dem Kopf. Wohnen

Exkursion des Geschichtsvereins Bietigheim-Bissingen 2024 ins Elsass bei einer Stadtführung in Hunawihr. (Geschichtsverein Bietigheim-Bissingen)

hat Geschichte«. Geschichtsvereinsmitglieder als Zeitzeugen hatten das Projekt mit unterstützt. Es ist die Intention, junge Menschen weiterhin an den Geschichtsverein heranzuführen.

Im Schuljahr 2013/14 entstand im gemeinsamen Seminarkurs der Gymnasien im Ellental ein historisches Lesebuch von Schülerinnen und Schüler zusammen mit den betreuenden Lehrern Hans-Peter Lutsch und Dr. Christian Jung. Unterstützung bekamen die Schülerinnen und Schüler bei den Texten auch von Mitgliedern des Geschichtsvereins.

Das Buch enthält interessante Beiträge zur Stadtgeschichte – vom Mittelalter bis in die Neuzeit – mit vielen bisher unveröffentlichten Fotos. Sechs beteiligte Schülerinnen und Schüler stellten bei einer Veranstaltung des Geschichtsvereins das Buch im Enzpavillon Bietigheim-Bissingen vor.

Moritz Rothhaar, der beim PKC Freudental ein freiwilliges soziales Jahr absolvierte, befasste sich in seinem eigenverantwortlichen Projekt »Demokratie in Gefahr?! – Jugendliche engagieren sich« mit politischem Extremismus. Daraus ist ein Referat entstanden, das er beim Geschichtsverein vortrug. Auf beeindruckendem wissenschaftlichem Niveau erläuterte er das schwierige Thema.

Informiert zu sein ist für die Mitglieder und Freunde des Vereins wichtig. Schon seit Jahren betreibt der Geschichtsverein über verschiedene Kanäle Öffentlichkeitsarbeit. Beispielsweise in den Printmedien über Vereinsanzeigen und Pressemitteilungen und auch in den neuen Medien ist der Verein aktiv. Weitere Informationen zum Geschichtsverein Bietigheim-Bissingen erhalten Sie im Internet unter www.geschichtsverein-bietigheim-bissingen.de oder www.instagram.com/geschichtsverein.bietigheim sowie unter der E-Mail-Adresse info@geschichtsverein-bietigheim-bissingen.de.

Reiner Theurer

Ein wertvoller Schatz für die Nachwelt:

Archiv der Marbacher Zeitung geht an das Stadtarchiv Marbach

Seit 1845 ist die Marbacher Zeitung mit ihrer Lokalredaktion vor Ort fester Bestandteil der regionalen Berichterstattung in der Schillerstadt Marbach und im Bottwartal. Ursprünglich als »Der Postillon« bekannt, entwickelte sie sich von einem Oberamtsblatt zu einer modernen Lokalzeitung, die über das Geschehen in Marbach und Umgebung informiert. Im Jahr 2023 wurde das Archiv der Marbacher Zeitung als Schenkung vom einstigen Adolf Remppis Verlag an das Stadtarchiv Marbach übergeben. Um dieses wertvolle historische Erbe besser aufbereiten zu können, hat das Stadtarchiv Marbach das Zeitungsarchiv geteilt und alles, was nicht Marbach betrifft, an das Kreisarchiv Ludwigsburg abgegeben. Hier geht es hauptsächlich um die Bottwartalgemeinden sowie Murr, Kirchberg, Erdmannhausen, Affalterbach und die Stadt Ludwigsburg.

Die im Verlag für das Archiv zuständigen Mitarbeitenden haben entsprechende Zeitungsausschnitte fein säuberlich aufgeklebt, mit Datum versehen und thematisch sortiert. Das umfangreiche Archiv besteht aus vier Teilen, die unterschiedliche Zeitepochen betreffen, sowie einem Fotoarchiv. Der älteste Teil umfasst Ausschnitte ab 1926 und ist nach Ortschaften sortiert; es beginnt mit einer Dokumentation über die Feier zu Schillers Geburtstag – ein fesselnder Einblick in die damalige Zeit. Etwa ab 1930 werden die Berichte dann thematisch in Rubriken wie Personen, Sport, Kultur, städtische Angelegenheiten und politische Ereignisse gegliedert – eine facettenreiche Darstellung der Lokalgeschichte. Die neuere Dokumentation unterteilt die Zeitungsausschnitte in 92 unterschiedliche Themengebiete wie Kultur, Vereine, Partnerschaften mit Städten, Reportagen, Naturschutz oder auch geschichtliche Themen wie die Wiedervereinigung aus lokaler Perspektive, um nur einige zu nennen. Daraus ergibt sich eine detaillierte Historie von Marbach und vom Landkreis Ludwigsburg. Ab dem Jahr 1999 bis 2003 wurden die fertigen Zeitungsseiten mit zahlreichen Fotos auf CDs archiviert, die jetzt ebenfalls im Stadtarchiv verwahrt werden. Danach ermöglichte ein neues Redaktionssystem den Redakteurinnen und Redakteuren eine Volltextsuche, die keine weitergehende Archivierung mehr notwendig machte.

Beeindruckend ist auch das Fotoarchiv mit zahllosen Aufnahmen, darunter auch unveröffentlichte, die das gesellschaftliche Leben von Marbach und dem Bottwartal dokumentieren. Neben sorgfältig sortierten Bildern zu Themen wie Vereinen, Wirtschaft oder politischen Wahlen enthält die Sammlung auch noch unsortierte Fotos, die spannende Entdeckungen versprechen. Dazu gehören auch Zinkplatten aus den 1960er Jahren, die Einblicke in die aufwendige Zeitungsproduktion jener Zeit geben. Sie stehen sinnbildlich für die technische Entwicklung des Druckwesens und tragen zur geschichtlichen Bedeutung des Archivs bei. Mit der Umstellung des Druckverfahrens ab 1972 ging diese Epoche zu Ende, doch die Druckplatten bleiben als Zeugnis einer vergangenen Ära erhalten.

Die Sammlung wird zudem ergänzt durch viele Sonderausgaben und Jubiläumshefte, die das kulturelle und gesellschaftliche Leben der Region widerspiegeln. Besonders wertvoll für Historiker und Interessierte sind auch die historischen Ausgaben des »Postillon«, des »Bottwartal-Boten« und des »Schozachtälers«, die mittlerweile von der Württembergischen Landesbibliothek digitalisiert und online unter https://digital.wlb-stuttgart.de/projekte öffentlich zugänglich sind.

Fotos und Artikel aus verschiedenen Jahren dokumentieren die Geschichte Marbachs und Umgebung, beispielsweise hier anhand des Marbacher Rathauses. (Foto: Dr. Fenja Sommer, Stadtarchiv Marbach)

Das Archiv der Marbacher Zeitung stellt einen einzigartigen Schatz dar, den das Stadtarchiv Marbach nun mit großer Sorgfalt erschließt. Diese Sammlung bietet nicht nur einen tiefen Einblick in die Stadtgeschichte, sondern auch in die Entwicklung des Journalismus in der Region – eine unschätzbare Ressource für zukünftige Generationen.

Dr. Fenja Sommer, Stadtarchiv Marbach

Heimatverein Möglingen: Grabsteindatenbank – Aufnahmen von Grabsteinen aus dem Landkreis Ludwigsburg online verfügbar

Wer im Kreis Ludwigsburg nach verstorbenen Personen sucht, kann diese mittlerweile auf einer Internetseite des Vereins für Computergenealogie (CompGen) e.V. finden. Walter Reichert und Klaus-Martin Bardey haben im Laufe der letzten zwölf Jahre alle Grabsteine auf allen Friedhöfen im Kreis Ludwigsburg fotografiert und die Inschriften erfasst. Darüber hinaus gibt es auch internationale Datensätze, welche auf anderen Internetseiten, wie https://de.findagrave.com/ mit dem Schwerpunkt USA oder https://de.geneanet.org/friedhof/search/ mit dem Schwerpunkt Frankreich, recherchierbar sind

Walter Reichert beschäftigt sich schon seit Jahren mit Familien- und Ahnenforschung und hat ein Online-Ortsfamilienbuch von Möglingen erstellt. Die alten Personendaten aus den kirchlichen Geburts-, Heirats- und Sterbebüchern kann man heutzutage im Internet problemlos, aber kostenpflichtig finden. Neuere Daten unterliegen allerdings dem Datenschutz. Auf den Grabsteinen sind in der Regel Vor- und Familienname sowie die Lebensdaten veröffentlicht und damit freigegeben; sie unterliegen nicht dem Datenschutz. Das war für Walter Reichert im Jahr 2012 der Anlass, die Grabsteine zu fotografieren und die Gelegenheit, das Ortsfamilienbuch fortzuführen. Im Laufe der Jahre kamen Friedhöfe der engeren und weiteren Umgebung hinzu, weil Möglinger Einwohner auch nach auswärts gezogen und dort gestorben waren.

In vielen Fällen haben Personen durch die Suche in der Datei Verwandte und Bekannte »wiedergefunden«. Ein weiterer Aspekt ist die Dokumentation des Gesamtfriedhofs. In der Regel werden die Grabsteine nach 25 Jahren abgeräumt – und dann? Die Steine werden in den meisten Fällen vernichtet, die darauf angebrachten Informationen bleiben dafür in der Grabsteindatenbank erhalten. Interessant ist auch die Wandlung der Begräbniskultur und der Grabsteine. Vor 100 Jahren wurden je nach Bedeutung der Personen und finanzieller Möglichkeiten bis zu zwei Meter hohe Grabmale errichtet.

Eine mittlerweile beräumte Urnengrabplatte auf dem Friedhof Ludwigsburg-Eglosheim, 2017. (Foto: Walter Reichert)

Mehrere Generationen wurden in Familiengräbern bestattet. Heutzutage erinnern oft nur noch kleine Namenstäfelchen an Stelen oder Bäumen an die Verstorbenen.

Ehrenamtliche Mitarbeiter fotografieren unter Wahrung der Friedhofsordnungen sämtliche Grabsteine, die auf einem Friedhof stehen und erfassen die Inschriften in einer Datenbank. Die Daten und das Andenken an die Verstorbenen bleiben durch dieses Projekt digital erhalten.

Dieses öffentliche, nicht kommerzielle Grabstein-Projekt wurde 2007 von einer kleinen Gruppe Ahnen- und Familienforscher als informative Nebenquelle ins Leben gerufen. Anlass war ein Bericht in einer Tageszeitung über abgeräumte Grabsteine von Grabstellen, deren Liegezeiten abgelaufen waren. Bis jetzt, Stand August 2024, sind in ganz Europa fast 9.000 große und kleine Friedhöfe mit circa 3 Millionen Gräbern und fast 6 Millionen Personendaten erfasst.

Die Grabsteindatenbank ist unter https://grabsteine.genealogy.net/ kostenfrei im Internet zu finden.

Walter Reichert, Heimatverein Möglingen

Kreisarchiv Ludwigsburg: Heimatpflegetreffen im Landkreis Ludwigsburg am Samstag, 27. Mai 2023 in Oberstenfeld-Prevorst, am Samstag, 11. November 2023 in Affalterbach und am Samstag, 11. Mai 2024 in Bönnigheim.

In den Jahren 2023 und 2024 lud das Kreisarchiv Ludwigsburg die Vertreterinnen und Vertreter der Geschichts-, Heimat- und Museumsvereine im Landkreis Ludwigsburg zu mehreren gemeinsamen Treffen in verschiedenen Kommunen im Landkreis ein, um sich bei anregenden Gesprächen über aktuelle Themen und Anliegen sowie bevorstehende Veranstaltungen und Jubiläen auszutauschen.

Am 27. Mai 2023 fand das Heimatpflegetreffen in der Gemeinde Oberstenfeld, Ortsteil Prevorst statt. Nach einem Grußwort des Bürgermeisters Markus Kleemann wurden die Teilnehmerinnen und Teilnehmer zu einem kleinen Ortsrundgang unter der Leitung von Heidemarie Bücker, ehrenamtliche Leiterin des Gemeindearchivs Oberstenfeld, eingeladen. Dabei konnten die historisch gewachsenen Besonderheiten der höchst gelegenen Wohnstätte im Landkreis Ludwigsburg unter fachkundiger Leitung in Augenschein genommen werden.

Am 11. November 2023 wurden die Vertreterinnen und Vertreter der Geschichts-, Heimat- und Museumsvereine in Affalterbach von Bürgermeister Steffen Döttinger begrüßt. Neben der Möglichkeit einen Blick in das neu eingerichtete Gemeindearchiv zu werfen, konnte auch das Heimatmuseum Affalterbach zusammen mit Annemarie Paiani von der Arbeitsgruppe des Heimatmuseums besichtigt werden.

Am 11. Mai 2024 fand das Heimatpflegetreffen schließlich im Schwäbischen Schnapsmuseum in Bönnigheim statt. Nach einer kurzen Begrüßungsrede durch Bürgermeister Albrecht Dautel führte Museumsleiter Kurt Satorius die Teilnehmenden nicht nur durch das Schnapsmuseum, sondern auch zu ausgewählten historischen Stätten in der Altstadt.

Die Heimatpflegetreffen finden seit 1981 mindestens einmal im Jahr wechselnd in unterschiedlichen Kommunen des Landkreises Ludwigsburg statt. Die regelmäßigen Treffen sollen nicht nur dem Erfahrungsaustausch und der Diskussion dienen, sondern auch der Aktivierung und Vertiefung von Kontakten. Bei Interesse an einer Teilnahme können Sie sich an das Kreisarchiv Ludwigsburg wenden.

Sophie Froehlich

Ortsrundgang durch Oberstenfeld-Prevorst während des Heimatpflegetreffens am 28. Mai 2023 unter der Führung der Gemeindearchivarin Heidemarie Bücker und des Ortsvorstehers Eberhard Wolf. (Foto: Gemeinde Oberstenfeld)

Buchbesprechungen

Der politische Mörike und seine radikalen Freunde.

Ulrich Gaier und Monika Küble
Göttingen 2019, 338 S., Abb.

Der Erzähler Eduard Mörike

Barbara Potthast (Hrsg.)
Heidelberg 2023, 317 S., Abb.

»Mörike, alles«! notierte sich Theodor Fontane Ende des 19. Jahrhunderts unter der Überschrift »Was soll ich lesen?« – jetzt laden zwei aktuelle, durchaus unterschiedliche Sammelbände wieder einmal zur Lektüre der Texte des gebürtigen Ludwigsburgers ein, und zwar jeweils auf hohem, wissenschaftlichem Niveau.

»Der Erzähler Eduard Mörike« war Thema einer hochkarätig besetzten literaturwissenschaftlichen Tagung in Stuttgart 2017, initiiert und koordiniert von der umtriebigen Professorin Barbara Potthast und getragen von der Mörike-Gesellschaft sowie dem Institut für Germanistik der Universität Stuttgart. Nach einer pandemiebedingten Verzögerung dokumentiert nun endlich der gleichnamige Band in der ehrwürdigen Reihe *Beihefte zum Euphorion* des Heidelberger Universitätsverlags Winter die Beiträge. Klug zusammengestellt beleuchten insgesamt 17 Aufsätze in großer Breite den Gegenstand aus vielen Perspektiven. Dass das *Stuttgarter Hutzelmännlein* dabei gleich drei Mal unter die Lupe genommen wird, mag erwartet worden sein und wird gerade in der Region viele erfreuen. Eher überraschend ist, dass der einzige vollendete Roman Mörikes, *Maler Nolten*, mit Monika Ritzer nur eine Autorin direkt angezogen hat. Sie legt überzeugend dar, was unter jener »tieferen Idee«, von der Mörike in einem Brief an Friedrich Theodor Vischer geschrieben hat, verstanden werden kann.

Interpretationen einzelner Erzähltexte machen überhaupt den Großteil des Bandes aus. Obwohl Werke wie *Lucie Gelmeroth, Mozart auf der Reise nach Prag,* die *Idylle vom Bodensee* und auch *Der Schatz* (hier gleich zwei Mal) in den vergangenen Jahren und Jahrzehnten bereits oft, ja zum Teil sehr oft Gegenstand literaturwissenschaftlicher Forschung waren, werden ihnen hier dennoch neue Erkenntnisse entlockt. Auch wenn es ihn eigentlich gar nicht mehr braucht, ist das dennoch ein weiterer Beleg für die herausragende Qualität des in der breiteren Öffentlichkeit immer noch vor allem als Lyriker bekannten Prosaschriftstellers Eduard Mörike. An einer Schnittmenge der Gattungen versucht sich zudem Michael Perraudin, der »Mörikes lyrische Narrativik« in den Mittelpunkt stellt.

Eine kleinere Gruppe von Aufsätzen befasst sich mit weiteren übergreifenden Aspekten wie der Bildenden Kunst, der »narrativen Integration« sowie der Poetik der Dinge beim Erzähler Mörike. Es zeichnet aber den Reichtum des Bandes aus, dass auch Themen abseits der schon oft begangenen Pfade berücksichtigt werden, hier gibt es auch für Kenner noch viel zu entdecken. So analysiert Ulrich Gaier gründlich »Mörikes Poetik und die Musterkärtchen«, jene kleinen, leicht skurrilen Texte, die der Ludwigsburger Albrecht Bergold seinerzeit in Marbach im Rahmen der historisch-kritischen Gesamtausgabe edierte und für die Mörike-Gesellschaft einzeln kommentierte. Herausgeberin Potthast beschäftigt sich mit Mörikes anlässlich seiner Investitur als Pfarrer in Cleversulzbach vorgetragenem Lebenslauf, der obendrein komplett abgedruckt wird. Auch der unvollendete zweite Roman des Dichters *(Die geheilte Phantastin)* dürfte einem breiteren Publikum noch unbekannt sein, Jutta Heinz ordnet diesen Text kundig ein.

Es lohnt sich bekanntlich ganz allgemein, die Texte Mörikes zu lesen. Sigurd Paul Schleichl spricht aber in seinem Aufsatz über die Gattungsgeschichte des Aphorismus im Zusammenhang mit Eduard Mörike eine ergänzende Erkenntnis aus: »Es lohnt sich, auf die Ränder von Mörikes Werk zu blicken«. Man muss allen Beteiligten des Publikationsprojektes zutiefst dankbar sein für die vielen, facettenreichen und fundierten Einblicke in ein recht spezielles Gebiet. Deutlich wird immer wieder: Es ist die für Mörike charakteristische »Doppelwahrnehmung der Wirklichkeit« (so Jürgen Wertheimer im Zusammenhang mit der Schönen Lau aus dem Blautopf), die dafür verantwortlich ist, dass die Texte allenfalls mit einem wunderbaren »Krakenzahn« vollständig ausgelotet werden könnten.

Diese »Doppelbödigkeit« bei Mörike durchzieht auch den zweiten vorzustellenden Band vom Konstanzer Emeritus Ulrich Gaier und der Kunst- und Literaturwissenschaftlerin Monika Küble wie ein roter Faden: »Der politische Mörike und seine radikalen Freunde«. Bereits die vom Wallstein-Verlag verantwortete Umschlaggestaltung enthält die Grundthese in nuce. Der berühmte schwarze Turmhahn aus Cleversulzbach (sein blauer Doppelgänger ist ja leider aus dem Ludwigsburger Stadtbild verschwunden) wirft wie auf der weit verbreiteten Abbildung nach hinten versetzt einen Schatten; dieser aber ist nicht nur schwarz, sondern er verweist mit seinem gelben Schnabel sowie dem roten Gefieder im Kopfbereich auf die im neunzehnten Jahrhundert durchaus revolutionären deutschen Nationalfarben. Anders formuliert: Auch wenn es auf den ersten Blick nicht immer (vielleicht sogar eher selten) politisch klingt, was Mörike (meist sehr poetisch) schreibt, so ist doch (fast) immer eine entsprechende Lesart, die passende Kommentierung vorausgesetzt, möglich. Der umfangreiche Band gibt zahlreiche Beispiele.

Gegliedert ist er in drei große, recht unterschiedliche Blöcke. Den Anfang macht eine knappe Wiederholung der württembergischen Landesgeschichte seit Eberhard im Barte; ein wichtiges Gravitationszentrum ist der Tübinger Vertrag von 1514. Für das Anliegen des Buchs ist das sinnvoll, ja notwendig; Mörike bezieht sich wieder und wieder auf die Geschichte seiner Heimat, wenn auch oft verdeckt. Darauf aufbauend können Gaier/Küble im zweiten, umfangreichsten Teil überaus gründlich sehr unterschiedliche Werkteile Mörikes, das Briefkorpus eingeschlossen, aus allen Schaffensperioden mit ihrer doppelten Optik untersuchen.

Begonnen wird mit einem der ältesten überlieferten Texte, dem Gelegenheitsgedicht des Uracher Seminaristen mit dem bereits auf Herrschaft und Politik hinweisenden Titel *Die Liebe zum Vaterlande. Auf den 31. Dezember 1819*. Vordergründig ist das natürlich ein Fürstenlob Wilhelms I. und Gaier/Küble kontextualisieren allerdings entsprechend; die Gestalt Eberhard Friedrich Georgiis, Mörikes Onkel, Mentor und bekannter Altrechtler ist wichtig, und sichtbar wird, dass dieses Lob nur ironisch verstanden werden kann. Wilhelm war um diese Zeit in diesen Kreisen allein schon wegen der schnellen Übernahme der Metternich'schen Zensurvorschriften gelinde gesagt nicht gerade hoch angesehen. Es ist im Wesentlichen dieses satirische Verfahren, das auch für zahlreiche weitere Texte nachgewiesen wird.

Dabei bildet der gemeinsam mit Ludwig Amandus Bauer ersonnene »Orplid-Komplex« einen gewissen Schwerpunkt. Hier wird der Satire-Begriff sogar noch (mit Blick auf den kenntnisreichen Altphilologen Mörike sicher treffend) differenziert: Bei Mörike komme sie eher nach Juvenal (»Empörung«), bei Bauer hingegen nach Horaz. Überhaupt bieten die erzählerischen Texte naturgemäß viel Raum und verschiedene Möglichkeiten für das immer wieder aufgespürte satirische Verfahren. Deutlich wird das zum Beispiel beim *Stuttgarter Hutzelmännlein* mit seinen verschiedenen Zeitebenen, die zum Teil bis weit ins Mittelalter reichen. Hier spielt auch der Kauf der Markgröninger Reichssturmfahne durch den Grafen Ulrich III. eine gewisse Rolle. Es spricht für die Gründlichkeit des ganzen Buchprojekts aus dem Hause Wallstein, dass gerade hier eine für die Argumentation wichtige Farbabbildung passend und in guter Qualität reproduziert wird.

Der Band wartet insgesamt mit vielen spannenden Einzelbeobachtungen auf, von denen nicht alle so unmittelbar einleuchten wie die Identifikation des Dorfes Egloffsbronn in *Der Schatz* mit dem heutigen Ludwigsburger Vorort; weite Teile des württembergischen und auch russischen Hochadels erscheinen in Mörikes poetischer Welt zum Teil mehrfach chiffriert und werden im Text entschlüsselt. Darüber hinaus werden stimmige Verbindungen zu zeitgenössischen Diskursen gezogen: Das Märchen *Der Bauer und sein Sohn* erscheint bei Gaier/Küble als eine »Kampfschrift für den Tierschutz«, was wiederum hervorragend zum einschlägig interessierten Tierschutzaktivisten avant la lettre Friedrich Theodor Vischer passt. Das Autorenteam vermittelt immer wieder spürbar die diebische Freude beim Aufdecken solcher Zusammenhänge.

Es wird aber auch nicht mit deutlicher, wenn auch nachvollziehbarer Kritik gespart, vor allem an den Kommentaren der historisch-kritischen Gesamtausgabe der Werke Mörikes, die so manches eben nicht entdeckten. So mögen einige Kritikpunkte am neuen Buch gerechtfertigt sein. Beispielsweise bleibt die Frage nach der Autorschaft durchgehend offen, obwohl an einigen Stellen, gelegentlich auch im ausgesprochenen Vortragsstil, in der ersten Person Singular gesprochen wird. Zudem verraten einige inhaltliche Wiederholungen den kompilatorischen Charakter der Schrift, was im Vorwort allerdings auch ohne nähere Angaben angedeutet wird. Schließlich könnte die Rede von einer »Radikalität« im Umfeld oder gar bei Mörike selbst bereits im Titel etwas in die Irre führen – seine politische Position bleibt auch nach Gaier/Küble doch letztlich auf dem Boden eines eher mittigen Liberalismus des 19. Jahrhunderts, gegen Ende sogar dem nationalen Mainstream sich annähernd. Und dass Mörike nicht völlig bieder-unpolitisch war, ist spätestens seit den Aktivitäten rund um das Jubiläumsjahr 2004, allerspätestens jedoch seit der großen, Biographie und Werk miteinander verknüpfenden Studie von Ulrich Kittstein mit ihrem programmatischen Untertitel *Jenseits der Idylle* aus dem Jahre 2015 allgemein bekannt.

Biographien von rund zwei Dutzend Männern in Mörikes näherem und weiterem Umfeld, darunter David Friedrich Strauß, Justinus und Georg Kerner, Christian Friedrich Daniel Schubart, schließen den Hauptteil des gehaltvollen Buches. Es lädt damit auch zur Weiterarbeit ein, indem zum Beispiel den Kurzbiographien Literaturhinweise beigegeben werden und ein gründliches, nach Personen, Werken und Orten gegliedertes Register den Band erschließt. Das Literaturverzeichnis berücksichtigt auch Hinweise auf ältere Titel.

Beide Sammelbände in der Zusammenschau illustrieren den bedeutenden Rang Eduard Mörikes einmal mehr eindrucksvoll. Sie gehen ihrem jeweiligen Thema nachvollziehbar und seriös auf den Grund und zeigen dabei, dass dieser Ludwigsburger Literaturgigant, »Sohn des Horaz und einer feinen Schwäbin« (Gottfried Keller), immer noch aktuell ist und neu herausfordern kann. Wir rufen also dem märkischen Fontane vom Neckar aus zu: »Mehr Mörike!«

Uwe Jansen

Schlösser und Gärten in Baden-Württemberg. *Architektur und Selbstdarstellung des reichsfreien Adels und geistlicher Herrschaften zwischen 1450 und 1950*

Christian Ottersbach

Ostfildern 2022, 584 S., Abb., Baupläne, Skizzen, Karten

Band 19 der Forschungen und Berichte der Bau- und Kunstdenkmalpflege in Baden-Württemberg: Der gewichtige, reich bebilderte Band dokumentiert die Ergebnisse eines vom Landesdenkmalamt durchgeführten Forschungsprojekts, das die fotografische und baugeschichtliche Erfassung und Auswertung von repräsentativ ausgewählten baden-württembergischen Schlössern und Gärten zur Aufgabe hatte. Bei diesem Schlösserprojekt wurden allerdings, wie der Untertitel schon sagt, nicht die Residenz- und Lustschlösser der verschiedenen Landesherren näher untersucht, sondern die große Zahl von Schlossbauten der Reichsritter und Reichsgrafen sowie der geistlichen Herrschaften, das heißt, die Schlösser von Ludwigsburg, Stuttgart oder Mannheim wurden bei dem Projekt nicht berücksichtigt.

Im ersten Teil des Bandes stehen nicht einzelne Schlösser mit ihren Besonderheiten im Vordergrund, sondern charakteristische Merkmale, die bei allen Schlössern beobachtet werden können. Einige der typischen Kapitelüberschriften sind: das Schloss und die Wehrhaftigkeit – das Schloss als Ausdruck des adligen Selbstverständnisses – Lebenswelten des Adels wie Säle, Wandmalereien, Wirtschafts- und Wohnräume – Kapellen und Kirchen – die Entwicklung des Schlossbaus ab 1450 – Gärten und Gartenbaukunst.

Im zweiten Teil, dem Katalog, werden 35 ausgewählte Schlösser und Schlossanlagen mit Fotos, Plänen und Grundrissen näher beschrieben. Aus der näheren Umgebung von Ludwigsburg sind dies die Schlösser in Hochberg, Remseck und Oppenweiler. Ein ausführliches Quellen- und Literaturverzeichnis schließt den Band ab.

Günther Bergan

Heinrich Franck & Söhne. *Die Familien- & Firmengeschichte*

Georg Jarczewski
Halle (Saale) 2023, 184 S., Abb.

Die Söhne des Firmengründers Heinrich Franck verfolgten seit der Eröffnung des Ludwigsburger Werks im Jahr 1869 durch die Errichtung von Zweigwerken in Deutschland, wie auch im europäischen Ausland, eine zielstrebige Expansionspolitik. Diese sollte die Absatzgebiete erweitern und neue Märkte erschließen. Bedauerlicherweise existieren über die Geschichte dieser Werke keine umfassenden Informationen. Eine Ausnahme bildete bisher das 1879 eröffnete Werk in Linz, über dessen Geschichte Walter Schuster 2019 eine fundierte Dokumentation veröffentlichte (Rezension in den Geschichtsblättern 74/2019).

Als neuester Beitrag zur Geschichte der Franck-Werke erschien 2023 in Halle (Saale) das hier vorgestellte Buch von Georg Jarczewski. Der Autor war Mitarbeiter der VEB Kaffee Halle sowie Abteilungsleiter im Kombinat Nahrungsmittel und Kaffee. Aus dieser Sicht heraus schildert Jarczewski die Familien- und Firmengeschichte von Franck. Vieles dürfte den hiesigen Leserinnen und Lesern bekannt sein.

Neu und deshalb besonders interessant für Menschen, die hauptsächlich die Geschichte des Stammhauses in Ludwigsburg kennen, sind Jarczewskis Beiträge, die sich mit der Entwicklung des Werks in der Zeit nach 1945 beschäftigen: Die Überführung des Franck-Werks Halle in das VEB Kaffee- und Nahrungsmittelwerk Halle, innerhalb der Vereinigung volkseigener Betriebe der Nahrungsmittelindustrie Sachsen-Anhalt. Im Sommer 1993 erfolgte die Stilllegung der Produktionsanlagen. In den gut erhaltenen Fabrikanlagen wurde ein Handwerkerhof eingerichtet.

Der Text wird durch zahlreiche Abbildungen ergänzt, vor allem Familienbilder oder Innenansichten der Produktionsstätten des Werks in Halle. Zu bemängeln ist dabei, dass in dem Buch neben dem Literatur- und Quellenverzeichnis auch ein Bildverzeichnis vorhanden ist, das nur die bereits bekannten Bildunterschriften wiederholt, nicht aber die Herkunft der Abbildungen erwähnt.

Günther Bergan

Ziemann Brauereianlagen. *Vom Handwerksbetrieb zum Weltunternehmen*

Volker Grub

Ubstadt-Weiher 2023, 120 S., Abb.

Der Wirtschaftsanwalt und erfahrene Insolvenzverwalter Volker Grub, seit seiner Jugend mit Ziemann eng verbunden, schildert die Entwicklung des in Ludwigsburg tätigen Familienunternehmens. 1852 eröffnete August Andreas Ziemann im Stuttgarter Süden eine Schmiedewerkstatt für Apparate aus Kupfer und Messing, die sich schnell auf Brauereieinrichtungen spezialisierte. August Ziemann hatte Erfolg und verlegte 1889 seine Produktionsstätten nach Feuerbach, wo ihm 1891 mit der Entwicklung der ersten Dampfbraupfanne aus Kupfer der weltweite Durchbruch gelang.

Im Jahr 1924 folgte die Eröffnung des Ludwigsburger Zweigwerks in der Grönerstraße und die Errichtung der heute denkmalgeschützten Zollinger-Halle.

Der durch die Weltwirtschaftskrise verursachte Konkurs der Firma führte 1933 zur Gründung der »A. Ziemann AG«, deren Aufsichtsratsvorsitzender von 1935 bis 1937 Reinhold Maier, der spätere Ministerpräsident des Landes, war. Nach dem Verkauf der Feuerbacher Fertigungsanlagen an die »Robert Bosch GmbH« im Jahr 1936 befand sich jetzt die gesamte Ziemann-Produktion in Ludwigsburg. Während des Zweiten Weltkriegs musste sich auch Ziemann auf die Fertigung kriegswichtiger Produkte umstellen. 1953 wurde die »A. Ziemann AG« in eine GmbH mit Sitz in Ludwigsburg umgewandelt.

Neue Produkte ließen die Firma wachsen, Firmenbeteiligungen folgten. 1988 wurde die Apparatebaufirma Bauer in Bürgstadt gekauft. Anfang der 1990er Jahre machten Überlegungen, Ziemann zu verkaufen, die Runde. Im Jahr 2000 wurde der Fertigungsstandort Ludwigsburg aufgelöst. Das Kapitel »Höhenflug und Absturz« steht am Ende des Buches. 2012 wurde das Insolvenzverfahren eröffnet. Ziemann wurde mit den beiden Standorten Ludwigsburg und Bürgstadt vom niederländischen Tankbauer Holvrieka, einer Tochtergesellschaft des chinesischen Staatskonzerns »CIMC«, übernommen.

Günther Bergan

125 Jahre TV Neckarweihingen. *Eine Brücke zum Sport. 1899 bis 2024*

TV Neckarweihingen (Hg.)

Neckarweihingen 2024, 129 S., Abb.

Der TVN präsentiert sich zum großen Anlass mit einer kurzweilig zu lesenden Festschrift.

Auf die unverzichtbaren Grußworte zum Jubiläum folgt eine mit historischen Fotos bebilderte Chronik des Vereins. Danach stellen sich, reich mit aktuellen Farbfotos illustriert, die einzelnen Abteilungen des Vereins vor, vom Kinderturnen über den besonders stark vertretenen Fußball bis zum Gesang. Auf den nächsten Seiten kommen die Teilnehmer der vom TVN angebotenen Kurse zu Wort, von A wie Aqua Fit bis Z wie Zumba. Mit kurzen persönlichen Beiträgen stellen sich die Ehrenmitglieder vor. Ein herzliches Dankeschön an alle Sponsoren steht am Ende der Festschrift.

Günther Bergan

75 Jahre Deutsch-Französisches Institut. 75 ans Institut Franco-Allemand.

Deutsch-Französisches Institut (Hg.)
Ludwigsburg 2023, 80 S., Abb.

Eine zweisprachige, reich bebilderte Dokumentation des Festakts im Forum am Schlosspark, bei dem dfi-Direktor Frank Baasner Bundespräsident Frank-Walter Steinmeier, Ministerpräsident Winfried Kretschmann, dfi-Präsidentin Sylvie Goulard und den französischen Botschafter François Delattre begrüßen konnte. In der Dokumentation sind alle Festansprachen im Wortlaut wiedergegeben, ebenso die Schwerpunkte der Podiumsdiskussion mit den Beiträgen junger Bürgerinnen und Bürger aus Deutschland, Frankreich und Italien. Ausgewählte Ergebnisse einer großen Allensbach-Umfrage zu den Themen Gesellschaft und Europa werden anhand von Diagrammen kommentiert. Eine Fotogalerie des Festakts und des anschließenden Empfangs schließt die Dokumentation ab.

Günther Bergan

So isch's gwä. *Poppenweiler Urgroßeltern erzählen. Ein Streifzug durch Poppenweiler Geschichte*

Charlotte Kucher
Poppenweiler 2019, 274 S., Abb.

Zugegeben, das Erscheinen des Buches liegt schon einige Zeit zurück, aber der Inhalt hat nichts von seiner Unterhaltsamkeit und Frische verloren. Wer hat nicht schon einmal gedacht, warum habe ich meine Großmutter nie gefragt, wie zum Beispiel ihre Einschulung war oder wo sie im Neckar schwimmen gelernt hat, denn jetzt ist es zu spät dazu.

Charlotte Kucher wollte es nicht so weit kommen lassen, dass die in den letzten hundert Jahren erlebte Vergangenheit von Poppenweiler in Vergessenheit gerät. Als Gegenmaßnahme lud sie mehrere Monate lang über zwanzig Poppenweiler Seniorinnen und Senioren zu Erzähl-Nachmittagen ins Räuchle-Stift ein. Aus ihren Notizen, ergänzt durch viele Fotos, stellte Charlotte Kucher das vorliegende Buch zusammen und damit eine unverzichtbare Ergänzung zur Chronik von Theodor Bolay aus dem Jahr 1974.

Da alle Zeitzeugen aus Poppenweiler stammen, ließ sich, wie der Titel schon andeutet, der schwäbische Einschlag in dem Buch bewusst nicht vermeiden. Neu-Poppenweiler Bürger brauchen deswegen keine Angst haben, am Ende des Buches hilft ein umfangreicher Schwäbisch-Kurs beim Verstehen mancher Fremdwörter wie »Breschdleng« oder »någhagelt«.

Kucher ermöglicht der Leserin und dem Leser einen Rundgang durch das von Landwirtschaft und Weinbau geprägte Poppenweiler. Erlebnisse aus der Kinder- und Schul zeit sind genauso vertreten wie Geschichten von Läden, Wirtschaften oder heute ausgestorbenen Berufen, z. B. Farrenwärter oder Nachtwächter. Hochzeiten und Beerdigungen gehörten zum Alltag. Kartoffel-, Heu- und Getreideernte, Holzmachen, Keltern und Schlachttag bestimmten den Jahreslauf. Besonders interessant und lesenswert ist das umfangreiche Kapitel, in dem Charlotte Kucher die Eindrücke der Zeitzeugen während der Zeit des Nationalsozialismus zusammenfasst. Abzählverse, schwäbische Sprüche und Rezepte runden die Gesprächsnotizen ab.

Günther Bergan

Tobias Mayer oder die Vermessung der Erde, des Meeres und des Himmels

Thomas Knubben

Stuttgart 2023, 215 S., Abb.

Tobias Mayer, Kartograph, Mathematiker, Astronom, am 17. Februar 1723 in Marbach geboren, dreißig Jahre nach der verheerenden Brandschatzung der Stadt während des Pfälzischen Erbfolgekriegs, gestorben am 20. Februar 1762 als Professor an der Universität in Göttingen.

Thomas Knubben, Professor für Kulturmanagement und Kulturwissenschaften an der PH Ludwigsburg, erzählt in seiner Biographie von Tobias Mayer »faszinierend und geistreich anhand dieser genialen Gestalt, was wissenschaftliches Denken kennzeichnet. Mayer, ein talentierter, neugieriger und strebsamer Mann aus einfachen Verhältnissen gelang es im Zeitalter der Aufklärung, die Stellung eines Spitzenforschers zu erlangen«. Das Buch erschien im Stuttgarter Hirzel Verlag in der Reihe »Literarisches Sachbuch«. Knubben berichtet darin erzählerisch in Form eines Romans vom Leben und wissenschaftlichen Wirken Tobias Mayers. Er stellt dabei das forschende Arbeiten Mayers im Zusammenhang mit aktuellen Geistesströmungen dar. Die

Deutung des Erscheinens von Kometen, die Erde als Kugel oder Scheibe, die Kalenderreform von Papst Gregor oder die Abgrenzung der Astronomie zur Astrologie sind dabei nur einige der Themen.

Als Tobias Mayer ein halbes Jahr alt war, zogen die Eltern hochverschuldet nach Esslingen. Nach dem Tod des Vaters kam der Achtjährige ins Findel- und Waisenhaus und ab 1738 in die Lateinschule. Autodidaktisch bildete er sich in Mathematik weiter. Bereits als Sechzehnjähriger machte er mit einem exakten Stadtplan von Esslingen auf sich aufmerksam. Zwei Jahre später folgte seine erste Buchveröffentlichung über die Lösung von Aufgaben aus der Geometrie. Er beschäftigte sich mit Fortifikationstechnik und arbeitete an einem seiner frühen Hauptwerke, dem *Mathematischen Atlas,* den er nach seinem Abschied von Esslingen 1745 in Augsburg veröffentlichte. 1746 fand Mayer Anstellung in einem kartographischen Verlag in Nürnberg und entwarf bis 1751 insgesamt 29 Karten und eine überarbeitete, kritische Karte von Deutschland. Zur selben Zeit arbeitete er an einer Mondkarte, die allerdings erst nach seinem Tod veröffentlicht wurde, und an einem Mondglobus, der 2009 von der Tobias-Mayer-Gesellschaft fertiggestellt wurde. Mayers Verdienste um die Erforschung des Mondes wurden durch die Benennung eines Kraters mit seinem Namen gewürdigt. 1751 folgte Mayer dem Ruf an die Universität Göttingen, wo er in einer eigenen Sternwarte den Himmel erforschen konnte und durch die Bestimmung der Position von Schiffen auf dem Längengrad wissenschaftlichen Ruhm erlangte.

Eine Bemerkung zum Schluss: Als Ergänzung nach der Lektüre dieses Buches empfiehlt sich der Besuch des Tobias-Mayer-Museums im erweiterten Geburtshaus des Forschers in Marbach.

Günther Bergan

Thron und Spott. *Die Geschichte Ali Bahams, Nababs von Grebmettruw als Schlüsselroman über das Leben von Herzog Ludwig Eugen von Württemberg (1793–1795)*

Ina Ulrike Paul (Hg.)

Stuttgart 2023, 188 S., Abb.

Der Untertitel des Buches macht ratlos und neugierig zugleich. Ina Ulrike Paul hat mit ihrer Arbeit als Herausgeberin des Buches das Rätsel um den bisher unbekannten Baham von Grebmettruw gelöst. Herzog Ludwig Eugen regierte als Nachfolger seines Bruders Carl Eugen nur zwei Jahre von 1793 bis 1795. Nach seiner militärischen Laufbahn in französischen und österreichischen Diensten ließ sich Ludwig Eugen mit seiner Familie in der Schweiz nieder. Als Privatier verkehrte er in Kreisen der schweizerischen Aufklärung und korrespondierte mit bekannten Philosophen und Pädagogen, u.a. mit Jean Jaques Rousseau.

Als Ludwig Eugen 1793 die Regierungsgeschäfte übernahm, war er politisch unerfahren und galt bald als konfliktscheu, unentschlossen und kaisertreu.

Eine oppositionelle Gruppe um den Erbprinzen und späteren König Friedrich I. konnte sich mit diesem Verhalten nicht abfinden. Friedrich machte dadurch seinem Unmut über den herzoglichen Onkel Luft, dass er ein tendenziöses Lebensbild von Ludwig Eugen in Form einer verschlüsselten Satire verfasste. Alle Namen von Personen, Ländern und Städten sind dabei verschlüsselt (Ludwig Eugen wurde zu Ali Baham, Erbprinz Friedrich zu Ali Usuff oder Stuttgart zu Dragust). Das im Stuttgarter Staatsarchiv verwahrte handschriftliche Manuskript wurde nie gedruckt, es zirkulierte in Form von Abschriften in interessierten Hofkreisen.

Da eine Entschlüsselung uns heutigen Leserinnen und Lesern ohne Hilfe nur schwer möglich ist, hat Ina Ulrike Paul in ihrem Buch dem transkribierten Original die reale Lebensgeschichte von Ludwig Eugen vorangestellt, ergänzt um Hinweise zum Manuskript, zur Illustration und zur Transkription. Beide Geschichten können somit parallel gelesen und miteinander verglichen werden. Eine Entschlüsselungsliste liegt dem Buch bei, insgesamt ein zeithistorisch wichtiger, aber sicher kein einfacher Lesestoff.

Günther Bergan

Bildnachweise

Amazon Distribution GmbH, Leipzig: S. 232
Günther Bergan: S. 157, 161, 162, 163, 166
Deutsch-Französisches Institut: S. 234 (l.)
Erstes Deutsches Historic-Actien-Museum e.V.: S. 144
Hermann Ehmer: S. 102
Dr. Hans Dieter Flach: S. 89 (2), 90 (6), 91 (4), 92 (6), 93 (5)
Jürgen Frey: S. 81, 82
Fachbereich Hochbau und Gebäudewirtschaft der Stadt Ludwigsburg: S. 159
Geschichtsverein Bietigheim-Bissingen e.V.: S. 223
Geschichtsverein Kornwestheim e.V.: S. 50, 51, 52, 53 (2), 55, 56 (2), 58, 59, 68 (2), 69, 75, 79
Karl Gruber: S. 54
S. Hirzel Verlag GmbH, Stuttgart: S. 235
Familie Richard Hoffmann: S. 152, 165, 170
Kreisarchiv Ludwigsburg: S. 13, 15, 16, 17, 18, 48, 169, 214
W. Kohlhammer GmbH, Stuttgart: S. 236
Ruth Kappel: S. 73 (o.)
Günter Keller: S. 7, 8
Charlotte Kucher: S. 234 (r.)
Landesamt für Denkmalpflege im Regierungspräsidium Stuttgart: S. 11
Landesanstalt für Umwelt Baden-Württemberg: S. 193
Ludwigsburger Kreiszeitung: S. 62 (u.), 64, 74 (2), 77, 99, 146, 155, 156
Ludwigsburg Museum: S. 147
Marbacher Zeitung: S. 107 (2)
Gemeinde Oberstenfeld: S. 227
Susanne Opfermann: S. 216
Elias Pantle: S. 199
Markus Pantle: S. 190, 191 (2), 192, 197, 198, 201, 202 (4), 203 (2), 204 (3), 205, 206, 207 (3), 208, 209, 210, 211
Walter Reichert: S. 226
Erwin Ruff: S. 141
Schwäbisches Schnapsmuseum Bönnigheim: S. 218
Helmut Sorg: S. 97
Staatsarchiv Ludwigsburg: S. 200
Stadtarchiv Böblingen: S. 98
Stadtarchiv Bietigheim-Bissingen: Umschlagbild, S. 111, 112, 113, 114, 115, 116, 117, 123, 124, 125, 128, 130, 131, 132, 133, 134, 137, 139, 140
Stadtarchiv Großbottwar: S. 194, 195, 196
Stadtarchiv Heilbronn: S. 62 (o.)
Stadtarchiv Ludwigsburg: S. 63, 70, 87, 149, 154, 164, 168, 220, 221
Stadtarchiv Marbach am Neckar: S. 14, 96, 100, 104, 106, 225
Stadtarchiv Steinheim an der Murr: S. 177, 178, 179, 180, 181, 183, 184, 185, 186, 187
Dieter Sukowski: S. 167
Tourismus & Events Ludwigsburg: S. 73 (u.)
Bildverlag Arthur L. Traut, Welzheim, Slg. Martin Weißensee: S.80
Turnverein Neckarweihingen: S. 233
Ungeheuer + Ulmer KG GmbH + Co., Ludwigsburg: S. 28, 29, 36, 40, 44 (o.)
Universitätsverlag Winter GmbH, Heidelberg: S. 228 (u.)
Verlag Regionalkultur GmbH & Co. KG, Ubstadt-Weiher: S. 233
Verlagsgruppe Patmos, Schwabenverlag AG, Ostfildern: S. 231
Volksbank Ludwigsburg: S. 25, 26, 32, 33, 34, 35, 38, 42 (2), 44 (u.)
Wallstein Verlag GmbH, Göttingen: S. 228 (o.)

Ludwigsburger Geschichtsblätter 1900–2024

Heft	Jahr	Seiten
Redaktion Christian Belschner		
1	1900	87
2	1901	100
3	1903	106
4	1905	186
5	1909	115
6	1911	88
7	1913	57
8	1916	48
9	1923	119
10	1926	107
11	1930	133
12	1939	46
Redaktion Dr. Oscar Paret		
13	1957	140
14	1960	66
Redaktion Heinrich Gaese		
15	1963	162
16	1964	203
17	1965	207
18	1966	192
19	1967	164
20	1968	196
Redaktion Dr. Willi Müller		
21	1969	92
22	1970	116
23	1971	195
24	1972	272
25	1973	141
26	1974	141
27	1975	199
28	1976	161
29	1977	179
Redaktion Dr. Paul Sauer		
30	1978	128
Redaktion Dr. Wolfgang Schmierer		
31	1979	148
32	1980	188
33	1981	256
34	1982	176
35	1983	180

Heft	Jahr	Seiten
Redaktion Dr. Wolfgang Schmierer		
36	1984	242
37	1985	245
38	1985	196
39	1986	224
40	1987	252
41	1988	200
42	1988	224
43	1989	188
45	1991	236
46	1992	232
47	1993	168
48	1994	196
49	1995	264
50	1996	200
51	1997	244
Redaktion Dr. Thomas Schulz		
52	1998	240
53	1999	228
54	2000	220
55	2001	256
56	2002	204
57	2003	200
58	2004	296
59	2005	216
60	2006	224
61	2007	216
62	2008	220
63	2009	204
64	2010	248
65	2011	232
66	2012	240
67	2013	228
68	2014	248
69	2015	248
70	2016	248
71	2017	208
72	2018	272
73	2019	216
74	2020	236
75	2021	240
76	2022	272
Redaktion Wolfram Berner		
77	2023	220
78	2024	240

Band 73/2019

Band 74/2020

Band 75/2021

Band 76/2022

Band 77/2023

Band 78/2024

Bestellungen

bis Heft 72:
Stadtarchiv Ludwigsburg,
Mathildenstraße 21, 71638 Ludwigsburg,
Telefon (07141) 910-2412,
stadtarchiv@ludwigsburg.de
ab Heft 73:
Ungeheuer + Ulmer KG GmbH + Co.,
Körnerstraße 14–18, 71634 Ludwigsburg,
Telefon (07141) 130-311
buchverlag@u-u.de

Hefte 1–4, 11, 13, 26, und 28 vergriffen, alle anderen lieferbar.
Ebenfalls noch lieferbar ist der 1997 vom Historischen Verein zu seinem 100-jährigen Jubiläum herausgegebene Sammelband „Ludwigsburg. Erinnerungen aus Stadt und Kreis 1987–1997".